实验室技术管理与废物处理

史 玲 著

U0335191

吉林科学技术出版社

图书在版编目（CIP）数据

实验室技术管理与废物处理 / 史玲著 . -- 长春：
吉林科学技术出版社 , 2023.10
ISBN 978-7-5744-0919-4

Ⅰ . ①实… Ⅱ . ①史… Ⅲ . ①实验室管理②实验室—
废物处理 Ⅳ . ① G311 ② X7

中国国家版本馆 CIP 数据核字 (2023) 第 197958 号

实验室技术管理与废物处理

著	史　玲	
出 版 人	宛　霞	
责任编辑	王凌宇	
封面设计	乐　乐	
制　　版	乐　乐	
幅面尺寸	185mm×260mm	
开　　本	16	
字　　数	286 千字	
印　　张	16	
印　　数	1–1500 册	
版　　次	2023年10月第1版	
印　　次	2024年2月第1次印刷	

出　　版　吉林科学技术出版社
发　　行　吉林科学技术出版社
地　　址　长春市福祉大路5788号
邮　　编　130118
发行部电话/传真　0431-81629529 81629530 81629531
　　　　　　　　　81629532 81629533 81629534
储运部电话　0431-86059116
编辑部电话　0431-81629518
印　　刷　三河市嵩川印刷有限公司

书　　号　ISBN 978-7-5744-0919-4
定　　价　90.00元

前　言

  对于现代实验室而言，实验室的建设和管理在教学科研等诸多方面发挥着巨大的作用。随着信息时代的到来，实验室的不可替代性、实用性和重要性越来越显著。实验室不仅是高校进行综合素质教育的载体，还属于科研工作从事者进行理论实践的地方。显而易见，实验室的管理与安全责任重大，直接和相关人员的人身及财产安全紧密相关。安全是人们追求一切美好生活的出发点，是创造价值和享受美满和谐社会的基石。无论什么原因，一旦实验室管理不规范，安全出了问题，酿成重大事故，直接受害的将是实验室相关人员及他们的家庭，这是谁也不愿看到的结果。事实上，实验室事故中有很大一部分是人为因素造成的。由于相关人员安全知识的匮乏，一些人存在侥幸心理，导致实验室安全问题日益突出。科学规范实验工作，将安全管理制度化，可以最大限度保障实验室的安全运行。因此，在充分探索实验室管理与安全的内在规律、总结实验室管理与安全的宝贵经验的基础上，本书从安全角度出发，防微杜渐，致力于将实验室安全隐患消弭于萌芽，为实验室的管理与安全提供参考。

  本书是实验室管理方向的书籍，首先从实验室基础介绍入手，针对实验室与实验室管理、实验室建设、实验室设计进行了分析研究；其次，对实验室安全、实验室队伍、任务、材料、样品、药品、设备以及安全管理做了介绍；最后，剖析了实验技术与检测管理、分析化学技术、仪器分析技术、实验室废弃物处理等内容。本书论述严谨，结构合理，条理清晰，内容丰富。

  在本书的撰写过程中，参阅、借鉴和引用了国内外许多同行的观点和成果。各位同仁的研究奠定了本书的学术基础，对实验室技术管理与废物处理的展开提供了理论依据，在此一并表示感谢。另外，受水平和时间所限，书中难免有疏漏和不当之处，敬请读者批评指正。

目　　录

第一章 实验室基础

第一节 实验室与实验室管理

一、实验室概述

(一) 实验室的概念

学者们给实验室下了许多定义,说法不一,然而,这正反映了人们对实验室含义的认识逐步提高的过程。实验室是进行实验教学和科学研究的场所(或基地);实验室是开展教学实验和科研实验的场所。显然,这两种说法都不够严密和全面,因为这两种说法没有明确规定实验场所必须具备的特定条件,而只有具备特定条件的实验场所才能称作实验室。基于上述看法,人们又定义实验室为:实验室是设置各种设备、器材等物资,以便实验人员进行实验活动的特别建筑物。这个定义规定了实验室必须具备的条件、作用等,但仅将实验室作为一个特别建筑物的称谓来表示是不全面的,且概念也不是十分严谨。实验室是根据不同的实验性质、任务和要求,设置相应的实验装置以及其他专用设施,由教学、科研人员在实验技术人员合作下,有控制地进行教学、科研、生产、技术开发等实验的场所。这个定义从实验室目标要求、实验室运行条件和实验室内在功能方面概括地说明了实验室的基本特征。

(二) 实验室的任务

各级、各类的实验室是从事教学、科研、生产和技术开发的实验活动的技术部门,承担着建设社会主义物质文明和精神文明的任务。这个任务就是在国家及其主管部门的统筹下,为社会培养出高质量的人才,研究出高水平的成果,提供优质的科技服务,为国家的科技事业和经济发展作出贡献。不同类型的实验室,其任务的内容和范围是不同的。例如,高等院校的实验室首要任务是承担教学实验、培养人才,然后是科学研究(包括基础研究与应用研究)、技术开发;科学研究机构的实验室是以科学研究(包括基础研究与应用研究)为主、以培养人才为辅,并承担科技开发的任务;企业办研究院(所、室)及其实验室,主要任务是技术开发,应用研究为辅；企业各类检验室、中心分析室、理化实验室、实验中心等的主要任务是产品原材料检验、分析和成品或半成品的质量检查及其技术参数的测试等。

（三）实验室的分类

随着科学技术的进步与发展以及实验手段与设备的不断更新和精确化，实验室的种类越来越多。为加深对实验室的认识与理解，更好地推动实验室建设与管理，有必要对实验室进行分类。

1. 按实验室承担的主要任务分类

根据任务定位不同，分为教学型实验室、科研型实验室、科研教学型实验室、教学科研型实验室和综合服务型实验室。

（1）教学型实验室

教学型实验室专门从事现代人才的培养，其特点是以培养现代化应用型人才为目标和任务，该类型实验室有一定的实验教学任务和专门化的实验教学资源，能为进入实验室的学员提供相应专业的实验环境和学习资源，包括构造实验教学环境，提供实验教学教师、实验教学软件、教学实验项目和网上教学资源。单纯的教学型实验室一般设置在具有专门人才培养特色和基础的高等学院、专科层次和职业培训类院校以及部分大中型企业中。

（2）科研型实验室

科研型实验室专门从事科学研究，其特点是以支持科研项目的申报、研究、开发为目标和任务，为进入实验室的科研项目和研究开发人员提供仪器设备、智力资源、技术资源和知识系统的支持，包括构造科学实验环境，提供配套的专业化科学实验仪器设备、专业计算机软件系统、专业数据库、专门方法库和专题文献库等。单纯的科研型实验室一般设置于科研院所中。

（3）科研教学型实验室

科研教学型实验室以科研为主，兼顾人才培养，其特点是以支持科研项目的申报、研究、开发为主要目标和任务，同时承担一定的实验教学任务。该类实验室能为进入实验室的科研项目和研究开发人员提供仪器设备、智力资源、技术资源和知识系统的支持，其包括构造科学实验环境，提供配套的专业化科学实验仪器设备、专业计算机软件系统、专业数据库、专门方法库和专题文献库等，同时还可作为实验教学的场所。科研教学型实验室一般设置于研究力量较强、以研究生教育为主的高等学校中。

（4）教学科研型实验室

教学科研型实验室以人才培养为主，兼顾科学研究，其特点是以现代化人才培养为主要目标和任务，有大量实验教学任务和实验教学资源，同时还肩负一定的科研任务。该类实验室除了必须具备教学型实验室的基本功能外，还要提供特定学科、专业问题研究的研究环境和智力资源组织保障机制。教学科研型实验室一般设置在以应用型、复合型人才培养为目标的高等学院和综合性大学中。

（5）综合服务型实验室

综合服务型实验室承担的主要任务是为校内外提供实验教学、科学研究、分析测试和开发服务，具有多种功能。为提高仪器设备的使用率，避免小而全、重复购置而造成不必要的浪费而建立这类实验室，如计算机中心、分析测试中心、显微镜使用中心、电教中心等。这类实验室的特点是：配置多种技术装备、规模较大、实验能力较强；实验内容除兼有教学、科研实验室的某些性质外，还具有水平高、难度大和手段新的特点。

2. 根据建设与管理主体不同划分

根据建设与管理主体不同，分为国家级实验室、省市部委级实验室、学校实验室、科研机构实验室、企业实验室与实验实践社会化服务中心。

（1）国家级实验室

国家级实验室是国家拨专款，根据国家重大战略需求，以国家现代化建设和社会发展的重大需求为导向，开展基础性、前瞻性、战略性科技创新研究和社会公益研究，承担国家重大科研任务，产生具有原始创新和自主知识产权的重大科研成果，以及为经济建设、社会发展和国家安全提供科技支撑的研究型实验室。其在管理上直接或间接地接受国家主管部门的指导和控制。

（2）省市部委级实验室

省市部委级实验室一般为省市部委级重点建设的实验室，多面向行业的应用型研究而设置，承担行业中大中型科研项目的研究和技术开发工作，同时还承担培养国家高级研究人员的任务。其在管理上直接或间接地接受省市部委部门的领导。

（3）学校实验室

学校实验室是指各级、各类学校建设与管理的实验室。根据隶属关系不同，学校实验室又细分为校级实验中心、院（系）级中心实验室、教研室或课程级实验室。校级实验中心是一个院（系）级建制管理水平、直属学校领导、针对全校多个专业院（系）提供实验环境和资源的公共实验室。校级实验中心的特点是跨学科、跨专业、集中管理、资源共享。校级实验中心的优点是容易得到校级领导的理解和支持，便于全校发动和整体推进，在发展力度和达成共识方面较好；规范化、专业化程度和效益较高；地位超脱，有利于资源协调调度；对多学科之间的类比、启发、协同和融合有益。院（系）级中心实验室是一个教研室建制管理水平、隶属一个院（系）领导、针对一个专业院(系)或相关专业院(系)提供实验环境和资源的公用实验室。院(系)级中心实验室的特点与校级实验中心大体相似。教研室或课程级实验室是附属于教研室、发展管理水平较低的专用实验室。教研室或课程级实验室的特点是规模较小,一般承担一门课程或几门课程的实验教学任务。教研室或课程级实验室的优点是教师的教学环境比较宽松,但由于一个教研室能开发出有特色实验课程的专业教师数量有限,可能存在教师的视野不宽,不便于形成实验教学集体教研力量的情况,实验室的发展和管理也更容易受到人员、资金、政策和氛围的限制。

(4) 科研机构实验室

科研机构实验室是指由各级、各类科研机构建设与管理的实验室。科研机构实验室是进行科研实验活动的场所,其主要任务是提供科学实验方法及条件,客观地实施实验观察,准确地提供实验数据。科研机构实验室的建设目标应当是构筑科研技术平台,其工作水平主要体现为科研能力,其商品是科研实验服务。为了保证科研数据科学、真实、准确和具有可重复性,科研机构实验室建设的基本原则是标准化。此外,科研机构实验室的规范化、标准化建设是科研机构科研支撑条件建设最基本的环节。不同的科研机构实验室应当有不同的标准,但不论哪一类科研机构实验室,都应当达到实验室最基本的标准,包括硬件条件(房屋内环境、面积、温度、湿度、洁净度等)、仪器设备(种类、数量、型号、准确度、灵敏度等)、人员配备(知识结构、年龄结构、学历职称、上岗条件等)、实验方法(模型、操作规程等)、管理制度(人员管理、设备管理、经费管理、资料管理)等。

(5) 企业实验室

企业实验室是指由各级、各类企业建设与管理的实验室。随着经济的发展以及市场竞争的加剧,企业实验室将在企业工作中发挥越来越重要的作用。企业实验室必须达到以下条件:实验项目要满足企业的实验要求;实验流程要确保实验的可靠性;实验人员要具有较强的实验实践能力。企业实验室首先用于企业员工培训,其次用于企业应用研究。企业实验室的当前特点是规模较小,容易受到人员、资金、政策和氛围的限制。

(6) 实验实践社会化服务中心

实验实践社会化服务中心是指具有独立地位,不附属于任何学校、科研机构以及企业,创造社会化实验实践条件并有偿提供社会化实验实践服务的单位。为了节省社会资源,实现资源共享,可在学校、科研机构或企业比较集中的地方选择适当地点,建立综合性的、提供开放式有偿服务的实验实践社会化服务中心。

3. 按照实验室相对应的学科性质分类

按照相对应的学科(课程)性质,分为基础实验室、专业基础实验室和专业实验室三大类型。

（1）基础实验室

基础实验室对应的学科（课程）性质为各专业公共的基础性学科（课程），如物理实验室、化学实验室等。

（2）专业基础实验室

专业基础实验室对应的学科（课程）性质为专业内的基础性学科（课程），如计算机基础实验室、电气工程基础实验室等。

（3）专业实验室

专业实验室对应的学科（课程）性质为专业内的特定学科（课程），如经济管理实验室、检测技术实验室等。

二、实验室管理概述

（一）实验室管理原理

1. 系统原理

系统原理是实验室管理中的首要原理，它要求实验室管理者必须认清实验室管理系统的集合性、结构性、目的性、全局性、层次性等基本特征。① 集合性。实验室管理同世界上一切事物一样，呈现着系统形态，是由相关众多要素通过相互联系、相互作用、相互制约、有机结合而构成的系统集合体。② 结构性。实验室管理系统有属性和功能，但实验室管理系统要素不能直接形成实验室管理系统属性和功能，必须通过实验室管理系统结构这个中介来实现。实验室管理系统结构说明实验室管理系统的存在及实验室管理系统、实验室管理系统要素互相联系、互相作用的内在方式。而实验室管理系统要素间的相互关联，实验室管理系统要素与实验室管理系统的相互依存，是实验室管理系统结构性的基础。有机结合的实验室管理系统结构产生实验室管理系统属性和功能。③ 目的性。实验室管理系统有自己特定的目的，即目标，它在实验室管理系统中发挥启动、导向、激励、聚合和衡量作用。若没有目的，实验室管理系统各要素将是一盘散沙，实验室管理系统就不能存在和运转。实验室管理系统只能有一个总的目标，实验室管理系统内的各部分（子系统）都要围绕总目标统筹运动，确定或调整实验室管理子系统的具体目标必须服从实验室管理总目标。④ 全局性。实验室管理系统是一个相对独立的整体，它要求立足全局，对实验室管理诸要素进行科学组合，形成合理结构，使各局部性能融合为全局性能，从而发挥实验室管理系统的最佳整体效应。⑤ 层次性。它表现在实验室管理系统内或实验室管理系统与更大系统的关系都呈现出一定的层次性。认识实验室管理系统上述特征，是为了掌握实验室管理系统思想，树立关联观点、结构观点、目的观点、层次观点、开放观点、整体观点，学会优化与调控实验室管理过程，求得实验室管理的最佳功能。

2. 人本原理

人本原理强调实验室管理活动中的一切工作都离不开人，人是实验室管理系统中最活跃、最具有能动性与创造性的要素，是实验室管理系统中其他所有构成要素的主宰。做好人的工作是实验室管理的根本，所以要强调人本原理。这个原理不仅注重人在实验室管理中的主导地位，做到人尽其才，而且注重开发人才资源，提高实验室管理水平和价值。与人本原理相关联的是能级原理和动力原理。能级原理认为，在实验室管理系统中，人和其他要素的能量都有大小和等级，并会随着一定条件而发展变化；它强调知人善任，调动各种积极因素，把人的能量发挥在与实验室管理活动相适应的岗位上。动力原理则强调正确地、综合地运用实验室管理的三大基本动力，即物质动力、精神动力和信息动力，以充分调动人在实验室管理活动中的积极性、主动性和创造性；同时，它还强调要处理好个人动力与集体动力的关系，使实验室管理活动持续而有效地进行下去。能级原理和动力原理在一定程度上补充了人本原理。

3. 动态原理

动态原理是指实验室管理者要明确实验室管理对象及目标是在发展变化的，不能一成不变地看待它们；要根据实验室管理系统内外情况变化，注意及时调节，保持充分弹性，有效实现实验室动态运行与管理。动态原理是由实验室管理系统的动态性特征决定的，是辩证唯物主义思想观在实验室管理中的具体运用。在实验室管理过程中，运用动态原理，首先，要研究实验室管理动态优化问题；其次，要保持实验室管理系统充分弹性，即在实验室管理各个环节（尤其是关键环节）留有余地，以确保整个实验室管理系统具有可塑性和应变力；最后，要及时依据各种反馈信息对实验室管理系统作出调控，以保证实验室管理系统正常运转并发挥整体功能。

4. 效益原理

实验室管理活动的出发点和归宿在于利用最小的投入或消耗，创造出更多更好的综合效益。"效益"包括"效率"和"有用性"两方面：前者是"量"的概念，反映耗费与产出的数量比；后者属于"质"的概念，反映产出的实际意义。效益表现为量与质的综合，社会效益与经济效益的统一，其核心是价值。效益原理强调千方百计追求实验室运行与管理的更多价值。由于追求的方式不同，所创造的价值也不同，一般表现为下列情况：耗费不变而效益增加；耗费减少而效益不变；效益增加大于耗费增加；耗费大大减少而效益大大增加。显然，最后一种是最理想的目标。为了实现理想的实验室管理效益，必须大力加强科学预测，提高决策正确性，优化系统要素和结构，深化调控和评价，强化管理功能。

（二）实验室管理方法

1. 系统方法

系统方法是指将实验室当作一个系统来运行和管理的方法，是实验室管理工作中最基本的思想方法和工作方法。该方法主要包括通观全局、分解结构、认识关系、区分层次、跟踪变化、调节反馈、控制方向、实现目标等环节。上述环节必须统一组织，同步运行，不能分割，以求实验室管理的整体效应。

2. 计划方法

计划方法是指根据实验室目标与任务，利用计划体系对实验室相关工作及其相互关系进行协调平衡，从而促使经济管理实验教学和经济管理实验科研有序进行，使人、财、物、时间与空间得以充分利用的一种方法。该方法包括制订计划、执行计划、检查和分析计划、拟订改进措施4个阶段。

3. 制度方法

制度方法是指通过科学制定并严格执行必要的、合理的、切实可行的实验室管理制度来确保实验室管理工作规范化、程序化、条理化的一种方法。该方法是经济管理实验室管理工作中必须掌握和应用的一种方法。

4. 目标方法

目标方法是指以现代管理理论为基础、以系统理论为指导，在实验室管理工作中用目标进行管理的一种先进方法。该方法按其过程，一般分为4个阶段，即目标制定和展开、目标实施、目标完成情况检查、目标效果评价和总结。

5. 行为方法

行为方法在某种意义上就是政治思想工作方法，其是通过谈心、观察、满足、理解、奖惩等方法对实验室管理系统中各类人员的行为、思想进行科学分析和有效管理的方法。行为方法的目的是及时解决实验室管理系统内部人员的思想情绪和实际问题，充分调动各类人员的积极性和创造性。

6. 数量方法

数量方法就是在实验室管理过程中，借助数学规律分析和认识已经发生或尚未发生的现象的一种方法。数量方法是人们认识实验室管理过程辩证发展的辅助手段。

7. 决策方法

决策方法实际上是对未来不确定的事物认识的理论思维方法。它只有在辩证唯物主义思想的指导下，以及在把握大量定性信息的基础上，才能作出符合客观实际的、见之于行动的决策。

（三）实验室管理的原则

实验室的管理原则，是实施管理职能，从事管理活动所依据的准则或规则。要进行有效的管理，人们就需要依据一些原则，原则是重要的。

1. 实验室管理的一般原则

实验室管理的一般原则是指实验室管理系统的各个层次及所有管理人员都应遵循的原则。该原则有以下几项：

（1）政令统一原则

即要求管理活动中所发布的命令和指挥要统一，以避免由于政出多门、多头指挥而造成的混乱。

（2）责权相应原则

即要求实验室管理系统（或等级链）的每一个层次和每一个部门都应该毫无例外地贯彻责权相应原则。

（3）纪律严明原则

纪律是组织为了维护集体利益，并保证实验室活动正常进行而制定的要求每个成员都遵守的规章协定。

（4）公平合理原则

"公平"是指待人处事要合情合理，既不偏袒又不褒贬，平等对待每一个工作人员。"合理"是指对工作人员的报酬、奖惩要合理，使广大工作人员有公平感。

（5）团结上进原则

就是应尽最大的努力来增进广大工作人员的团结，以便同心协力办好实验室，发展实验室。所以，还要特别注意发挥广大实验室人员的主人翁责任感、上进心和首创精神。

2. 实验室中、高层管理者应遵循的原则

在实验室管理工作中，中、高层管理者除应贯彻实验室的一般原则外，更应遵循与其职位相称的特殊原则。该原则有以下几项：

（1）力抓主要矛盾原则

抓住了主要矛盾，一切问题就迎刃而解了，这是实验室中、高层管理者必须掌握和运用的一种艺术。

（2）例外原则

即不经常碰到的、没有规范化的新问题，往往是一些对组织影响大、处理起来难度也比较大的问题。中、高层管理者要亲自过问和处理这类问题，以便充分发挥下级的主动性、积极性和责任感，避免其由于陷入日常事务而顾此失彼。

（3）授权原则

即中、高层管理者将其所要处理的日常工作中的次要工作，授权于自己的下属处理，以达到提高管理效率的目的。

（4）决断原则

即强调中、高层管理者在处理管理问题时，绝不优柔寡断，而应当机立断，处事果断。

（5）集中领导、分级管理原则

即实施实验室管理的"专责制"，将块块与条条统一起来，用系统的力量来管理实验室。

（6）依势而行原则

即中、高层管理者在处理每一个重大问题时，都应在已有经验的基础上，经过科学分析，去认识和掌握事物的规律性。了解所处理的问题同周围事物的内在联系，把握事物的发展趋势，做到审时度势，依势而行。丢掉狭隘观点，树立看问题的全面性，从全体上、本质上去把握事物的总趋势，求得大面积丰收的观点。

（7）改革创新的原则

即要求实验室中、高层领导者的思维方式要不断标新，不仅管理方式要不断刷新，管理方法也要不断更新。

第二节　实验室建设

一、实验室建设的战略意义

（一）实验室在高等教育中的地位和作用

培养高级专门人才、发展科学技术及社会服务是高等学校的三大职能。实验室是高等学校进行实践教学和从事科学研究的重要场所，在培养创新型人才和发展科学技术中具有重要的地位和作用。实验室的建设水平体现了学校教学水平、科学水平和管理水平。高水平实验室是培养创新人才的重要阵地，是科技创新的主要场所，实验室的数量与水平是一所大学科技创新能力的基本标志之一。因此，实验室是最能体现高等学校三大职能的平台。

1. 实验室是培养高级专门人才的重要保障

随着高等教育的发展，培养理论与实践并重，具有较高综合素质与创新能力，适应社会发展需要的人才，是高等学校在新形势下所面临的新任务。

实验室是开展实验教学，培养学生实践能力与综合素质的主要场所，也是实现高等学校培养高级专门人才的目标和学生完成学业的必备条件。在高等学校的教学资源配置体系中，实验室建设的资金投入量和固定资产额占有相当大的比例。可以说，实验室集中了学校主要的技术装备与教学资源，特别是许多具有较高技术水平和功能的高、精、尖仪器设备，对教学、科研、技术开发等形成了强大的支撑。学生通过对这些设备的使用了解，可以亲身并直观感受到现代科学技术的成果与发展趋势，感受到浓厚的学术、技术氛围。

2. 实验室是科技创新的基地

科学技术是第一生产力，发展现代科学、知识创新有两个必要条件：一是人才，二是装备。高等学校创新人才聚集，有良好的基础设施、自由的学术氛围和多学科交叉的影响，这些特点使高等学校成为产生新知识、新思想的沃土，是科技知识生产和传播的重要基地。此外，高等学校是我国实施自主创新战略的一股十分重要的力量，其研究与开发人员承担了大量的国家自然科学基金等项目。其中大多数的科研成果是在实验室产生的，而新的成果也需要仪器的检测作为支撑。

3. 实验室是社会服务的基础

高等学校利用自身的知识（智力）和技术优势，直接为社会解决迫切的生产实际问题和社会发展问题服务，以满足社会各方面对高等学校的需求。相关统计表明，高等学校是我国科技活动的重要力量，尤其在基础研究活动中占有十分重要的地位。

(二) 实验室在企业中的地位和作用

1. 实验室成为企业开展应用基础研究和竞争前共性技术研究的重要载体

创新是一个企业生存和发展的灵魂，对于一个企业而言，创新可以包括很多方面，如技术创新、体制创新、思想创新等。简单来说，技术创新可以提高生产效率，降低生产成本。依托企业建设的重点实验室开展应用基础研究和竞争前共性技术研究实现技术创新。在研究方向和研究内容上凝练形成适合于企业发展的研究方向，促进企业长期开展应用基础研究，增强企业的自主创新能力，不仅保持了企业发展后劲，而且引领和带动了行业的发展。

2. 实验室成为高水平科技人才聚集和培养的重要基地

人才是科技创新的主体，企业重点实验室的重要任务之一就是要吸引、聚集和培养国内外一流人才长期到重点实验室工作。企业研发能力弱的重要原因之一就是企业高水平科研人才不足。有些企业，特别是民营企业，由于地域位置、研究环境、学术氛围等因素影响，很难吸引高水平科技人才。企业重点实验室作为一个地区或国家同领域最高水平的研究基地，本身具有吸引和凝聚人才的自身魅力。有了重点实验室这样的创新科研环境，就能够为企业引来和留下人才提供重要支撑。

3. 实验室创新促进企业夯实市场竞争基础

实验室是深化体制、机制创新的试验阵地。技术创新是根本，管理创新是灵魂，通过加强管理体制和运行机制的创新，进一步推动实验室开放运行、良性发展。一是引导完善企业的技术创新体系。二是加快推进以技术创新、人才培养、技术标准、知识管理等为主要内容的企业技术创新体系建设，形成技术标准化与成果产业化、产品市场化等创新环节的良性循环。

（三）实验室在科研中的地位和作用

1. 实验室为科研成果提供有力保障

实验室是进行科研必不可少的重要基地。实验室拥有环境、条件和人才方面的优势，积聚着科学技术的巨大潜力，是发展科学技术的重要基地。它不仅提供了大量的科研成果，还直接影响着科研与开发的质量，对国家的政治、经济、文化和教育各个方面都起着保证和平衡的作用，在各国的科学研究事业中占有极为重要的地位。许多科学发现和重大发明都是从实验室里得来的。著名的卡文迪许实验室进行了多种实验研究，如地磁、电磁波的传播速度、电学常数的精密测量、欧姆定律、光谱、双轴晶体等，这些工作为后来的科学发展奠定了基础。

2. 实验室产出科研成果

没有实验室，科研成果就无法产出。而与之相关学科的队伍建设、研究方向的设置、对外交流和合作以及学术水平的提高都需要依托实验室的建设来完成。实验室能够利用综合优势，培养研究人员，探索新方法、新技术、新理论，并重点围绕科研成果的产出和应用来进行，解决科研方面存在的诸多难题，攻克科研难关。

二、实验室建设面临的挑战与期望

（一）实验室建设面临的挑战

首先，实验室管理和研究队伍不能满足需要。人们对于实验室尤其是重点实验室的建设、管理与运行还认识得不到位，没有按照规定组建实验室的组织机构，很多实验室没有设专人负责实验室管理运行工作，更缺乏先进的科研设备和器材。组织机构的缺失和队伍的限制，导致实验室研究工作既缺少深度及广度，更缺乏深入研究解决现实问题的能力。

其次，实验室解决相关科研和教学问题缺乏系统性和连贯性。实验室的研究领域缺乏多角度、多学科交叉进行深入、全方位的探讨，很多实验室经常频繁更换研究方向和研究课题，有时刚刚在某个领域完成文献调研和重复别人的重要实验，还没有深入下去获得创造性的结果，就中止了该项研究工作，又开始申请新的课题，将研究工作转移到了另一个领域。这样原来完成了的前期准备性工作和基础，全部变成了低水平的重复性工作。这些工作往往并不能真正推动科研技术的发展，只是在很多可有可无的杂志中增加了几篇可有可无的文章。导致研究者这种过于频繁更换实验室研究方向的原因有两点：第一，研究者自身的急功近利心理；第二，高校和研究机构职称评定的功利性和机械性。

再次，科研成果缺乏有效的交流、推广与应用机制。一方面，实验室研究工作存在重理论、轻运用的现象，导致科研、教学和应用脱节，起不到相互促进和推动的作用。另一方面，由于缺乏有效的激励机制，受科研经费短缺等影响，高质量的科研成果得不到交流、推广和应用。此外，科研与其他学科的研究缺少横向联合，实验室的科技优势在科技工作中未能充分发挥出来。

最后，实验室的成果转化和应用不足。尤其是大量装备器材依然依靠进口为主，很多原创产品的科技含量不高。科技工作没有在扩大内需、推动产业发展、为社会经济发展方面作出应有的贡献，没有形成一批具有自主知识产权的、市场化的产品，科技"产学研"结合欠缺。

(二) 实验室建设展望与措施

第一，要转变观念，制定和完善实验室工作的管理机制。要充分重视实验室的管理工作，构建良性运行机制，为科研工作者创造条件和环境，营造浓厚的科技氛围，鼓励实验室工作人员提高业务素质和科研水平。重点实验室应组织科研力量，研究解决新形势下事业发展的重大问题，加强科技工作的国际交流与合作，学习借鉴先进的前沿方法和理论知识。

第二，建立一支稳定的科技服务团队，拓宽人才知识领域。要构建集科学研究、实验教学、实验室管理、实验室维护保障等多学科于一体的综合性科研团队，开展综合性科技攻关与服务，解决教育、科研和应用中的关键问题。通过拓宽实验室研究人员的知识领域，使其及时掌握科研的新知识、新技术和新方法，具备合理的知识结构，在科技工作中发挥优势。

第三，实验室产出的科研成果要紧密结合实际，在实践中广泛运用，真正解决国家、社会、企业所面临的实际问题。实验室科研工作必须紧密结合实际进行创新，并重视成果的运用，直接应用于实践，满足客户的实际需求。

第四，要加强科学研究，注重多学科交叉渗透，提升科学化水平。通过积极开发科研课题，实施科研奖励，建立学术交流机制等开阔视野，提升实验室的科学化程度。充分利用高校学科门类齐全和企业的市场优势，进行多学科的相互渗透、交叉，集成多学科优势，创新科技工作新途径。

第五，要促进学术交流与合作。国内外学术交流与科技合作是实验室提高研究水平、学术水平、管理水平和走向世界的重要渠道。实验室应坚持边建设、边研究、边开放的原则，加大开放力度，通过多种形式和途径积极参与国内外学术交流与科技合作。其中，发表论文、出版专著、参加国际会议、组织国际会议等是实验室向国内外同行展示自身学术水平和科研水平的主要形式。

第六，要坚持科技服务手段多样化和独特性相结合。在实验室研究工作中，要加强对科研方法论的研究，并逐步建立起科学的、适合科学特点综合研究的方法论体系。坚持定性研究与定量研究的结合与统一。既重视定性分析，又注重量化指标的研究和探索，推动科学的研究与发展。

三、建室宗旨、方针及任务选择

(一)瞄准国际科学发展前沿

实验室必须瞄准国际科学和发展前沿，确保研究方向的前瞻性、创新性和原创性。要根据世界科研发展的现状与趋势，站在国际相关领域科学发展的前沿，确立自己的主要研究方向。一旦研究方向确定，实验室就必须集中优势力量在既定研究方向上开展探索和研究，并沿着这一方向长期坚持下去。只有按照研究方向进行深入持久的研究才能发挥优势，形成特色，提高水平。研究所具有的连续性、长期性、累积性、探索性、原创性的特点也需要实验室保持稳定的研究方向，确保研究工作者始终沿着这一方向进行广泛、深入、持久的探索。只有沿着稳定的研究方向，持之以恒，才能吸引、稳定各方面的人才，才能形成特色，取得累积性和原创性的成果。如果为了眼前的利益，不断竞争新项目，势必会分散研究精力和科技资源，很难产出重大成果。然而，放弃自己的研究方向和优势，进行发散式的研究，也难以形成特色，甚至丧失优势，最终被淘汰。可见，保持稳定的研究方向，是实验室能否在科学前沿领域开展科研工作并具有强大竞争力的关键所在。当然，实验室研究方向的确定也不是一劳永逸的，要随着科技和教研事业的发展需要和趋势适时调整研究方向和主攻目标。这就要求实验室还应具有几个辅助的、探索性的研究方向，作为将来的主攻方向的预备点，这是实验室始终保持研究方向前瞻性的关键所在，也是保证实验室可持续稳定发展的关键所在。

(二) 突出科研事业发展战略目标

实验室要按照"自主创新、重点跨越、支撑发展、引领未来"的指导方针，紧密围绕我国科研事业发展的战略目标，在不同研究领域作出贡献。在科研领域，随着世界科学技术的飞速发展，国家间的竞争越来越表现为科技的竞争。为了保持领先地位，各国都在通过提高科技实力来取得竞争上的优势。在科技竞争日趋激烈的今天，要想赢得先机，就必须更多地依靠科技的支持，向科技要成绩已成为国人的共识。此外，实验室还必须一如既往地坚持面向企业，充分发挥自身优势，服务普通大众。将科学前沿研究与社会重大需求结合，会成为推动社会文明发展的强大动力。结合国家发展需求和科学前沿研究，制定统一的研究方向和主攻目标，是实验室建设计划本身的要求，也是实验室制订研究计划，开展集成创新研究，产生自主创新研究成果的内在要求。

(三) 立足自身优势和研究基础

与取得原始创新成果一样，主要研究方向的凝练也不是短期能够做到的，需要长期的探索和积淀，离不开已有的研究基础与科学积累。对于一个具体的研究机构而言，如果没有厚实的研究基础和长期的科学积累，再好的研究方向也无法落实。因此，实验室在选择研究方向时，必须认真分析自身已有的研究基础、科研实力和优势，综合考虑自己的综合优势、特色和潜力，把理论的或潜在的研究方向变成现实的研究方向，引领实验室勇攀高峰。也就是说，实验室的研究方向必须是其过去研究工作的优势领域、研究特色的延续与发展，即使是一个全新的研究方向，也应该有相关的研究基础。只有在这个基本前提下，才能根据学科交叉发展的需要，进行创新和拓展。因此，科学研究方向的选择，既要与国家科研事业的发展目标相协调，又要符合科技发展的客观规律，还要兼顾自身优势和研究基础。只有充分发挥实验室的优势力量和凝聚作用，集中优势兵力，才有可能积极探索科学前沿，体现创新思想，开展重大科技问题的研究。

纵观我国的各级、各类实验室，只有为数不多的实验室能提出明确的实验室建室宗旨。作为实验室，不论是面向基础研究的重点实验室，还是培养学生的教学实验室，抑或是侧重于技术创新的企业实验室，均应首先梳理实验室的宗旨，才能始终如一地朝既定目标迈进。

第三节　实验室设计

一、实验室的建筑设计

(一) 实验室设计的主要内容

实验室的设计，一般包括实验室建筑设计、结构设计和设备设计等几部分，它们之间既有分工，又相互密切配合。

设计人员进行建筑设计时所依据的是主管部门有关建设任务、使用要求、建筑面积、单方造价和总投资的批文，以及国家或地方的有关部门规定的相关设计定额和指标，还有工程设计任务书、城建部门同意设计的批文等相关文件。此外，设计单位在接受委托设计该工程项目后，还要通过大量的调研，收集必要的原始数据和勘探设计资料，综合考虑总体规划、基地环境、功能要求、结构施工、材料设备、建筑经济及建筑艺术等多方面的问题进行设计，并绘制成实验室的建筑图纸，编写主要意图说明书与图纸，编写各实验室的计算书、说明书以及概算和预算书。

(二) 实验室建筑设计的过程和阶段

1. 设计准备工作

(1) 熟悉设计任务书

具体着手设计前，首先要熟悉设计任务书，以明确实验室建设项目的设计要求。设计任务书内容有：① 实验室建设项目总的要求和建造目的说明；② 各实验室的具体使用要求、建筑面积以及各类实验室之间的面积分配；③ 实验室建筑的总投资和单方造价，并说明土建费用、房屋设备费用以及道路等室外设施费用情况；④ 实验室基地范围、大小，周围原有建筑、道路、地段环境的描述，并附有地形测量图；⑤ 供电、供水和采暖、空调等设备要求，并附有水源、电源接用许可文件；⑥ 公害处理要求，如对废气、废水、废物、噪声、辐射、震动等的技术处理要求；⑦ 设计期限和实验室项目的建设进程要求。

(2) 收集必要的设计原始数据

① 气象资料所在地区的温度、湿度、日照、雨雪、风向和风速以及冻土深度等；② 基地地形及地质水温资料，基地地形标高、土壤种类及承载力、地下水位以及地震烈度；③ 水电等设备管线资料，基地地下的给水、排水、电缆等管线布置，以及基地上的架空线路情况；④ 设计项目的有关定额指标，国家或所在省市地区有关实验室设计项目的定额指标，如实验室面积定额、建筑用地、用材等指标；⑤ 设

计前的调查研究。

各实验室的使用要求：通过调查、了解实验室各岗位人员的工作需求以及同类已建实验室的实际使用情况，对于楼栋间的相互关系、楼层间的布置安排、各实验室间的布局设置以及主要仪器设备的安置位置和设施需求，设计人员要做到心中有数。建筑材料供应和结构施工等技术条件：了解设计实验室所在地区的建材供应的品种、规格、价格、性能及采用的可能性等。基地勘探：根据城建部门所划定的实验室基地图纸，进行现场勘探，依据现状考虑拟建实验室的可能性。当地经验和习惯：可根据拟建实验室的当地具体情况，借鉴和选取当地传统建筑中结合当地地理、气候条件而形成的设计布局和创作经验，同时在建筑设计时，也应考虑当地的生活习惯和社会审美需求。

2. 初步设计阶段

(1) 初步设计的主要任务

初步设计的主要任务是提出设计方案，其内容包括：确定实验室的组合方式，选定所用建筑材料和结构方案，确定实验室的建设位置，说明设计意图，分析设计方案的合理性以及提出概算书。

(2) 初步设计的图纸和设计文件

① 建筑总平面比例尺为 1：500 ~ 1：2000，实验室在基地上的位置、标高，以及设施的布置和说明；② 各层平面及主要剖面、立面比例尺为 1：100 ~ 1：200，标出各实验室的主要尺寸，实验室的面积、高度以及门窗位置，部分实验室室内用具和设备的布置等；③ 说明书设计方案的主要意图、主要构造方案和特点以及主要技术经济指标等；④ 建筑概算书，根据不同需要，还可附上建筑模型图或透视图。

3. 技术设计阶段

技术设计是实验室建筑设计的中间阶段。它的主要任务是进一步确定各实验室之间的技术问题。

技术设计的内容为各实验室相互提供资料、提出要求，并共同研究、协调编制拟建各实验室的图纸和说明书，为各实验室编制施工图打下基础。

技术设计的图纸和设计文件，要求实验室建筑的图纸标明与技术工种有关的详细尺寸，并编制实验室建筑部分的技术说明书，结构工种应有实验室结构布置方案图，并附初步计算说明，仪器设备也应提供相应的设备图纸及说明书。

4. 施工图设计阶段

(1) 施工图设计的主要任务

施工图设计是实验室建筑设计的最后阶段。它的主要任务是满足施工要求，即在初步设计或技术设计的基础上，综合建筑、结构、设备各工种，相互交底、核实核对，深入了解材料供应、施工技术、设备等条件，把满足实验室工程施工的各项具体要求反映在图纸中，做到整套图纸齐全统一、明确无误。

（2）施工图设计的内容

施工图设计的内容包括：确定全部工程尺寸和用料，绘制实验室建筑、结构、设备等全部施工图纸，编制实验室工程说明书、结构预算书。

（3）施工图设计的图纸及设计文件

① 建筑总平面比例尺为 1∶500，详细标明基地上实验室建筑物、道路、设施等所在位置的尺寸、标高，并附说明。② 各层实验室建筑平面、各个立面及必要的剖面比例尺为 1∶100～1∶200。③ 实验室建筑结构节点详图。④ 各实验室工种相应配套的施工图。⑤ 实验室建筑、结构及设备等的说明书。⑥ 实验室结构及设备的计算书。⑦ 实验室工程的预算书。

（三）实验室的建设规划与设计布局

1. 实验室的建设规划

实验室的建设规划是实验室具体设计的指导思想，其依据来源于实验室的实际检验工作需要。要建设一套完善的实验室系统，必须符合企业产品质量检验的要求；根据生产检验的需要设置日常检验仪器、设备和辅助装置的安置场所及工作环境；根据技术进步的需要，增添或更新技术装备的场所等；根据内部质量控制工作的需要，适当地设置专用工作间、标准样品间等。

2. 实验室的总体布局

（1）实验室总体布局原则

在对实验室建设提出整体规划要求的同时，也应根据安全和防干扰原则安排各功能实验室的组合，并充分考虑到如下问题：① 方便开展实验工作，避免室间干扰，注意各功能实验室的基本要求，一般情况下是工作联系密切或要求相似的实验室相邻布置，有干扰的实验室尽量远离布置。必要时可以对高温加热室的墙体增加隔热屏障，以减少对邻室的影响。② 便于给排水、供电及其他工程管线的布置。③ 容易发生危险的实验室，应布置在便于疏散且对其他实验室不发生干扰（或干扰较少）的位置。④ 可能发生燃烧、爆炸的实验室要考虑灭火禁忌；凡对使用的灭火剂有可能发生干扰的实验，应分室布置。⑤ 总体布局要符合安全要求。

（2）实验室平面布置图的制作

实验室的平面布置是根据实验室性质、目标定位、功能要求、实验类型以及实验工艺流程等因素，按照国家相关标准针对实验室既有场地进行科学、合理的功能间区分和布局的工作。在绘制单个实验室平面图和整个实验室总体组合布置图时，应注意以下几点要求：① 根据规划，绘制单个实验室平面布置图，应尽可能详尽，以利于实验室建成后的室内装修和实验设施定位。② 总体组合平面布置图的绘制，应显示主要用电、用水和主要工作台位置，以利于配套设施（包括工程管网、环保设施等）的设计。③ 为利于建筑设计部门进行建筑设计，应对允许修改的尺寸范围作出尽可能详尽的说明。

此外，为了保证实验室职能的充分发挥，由建筑设计部门完成的实验室建筑设计图纸，在最后定案前应征得实验室的认同。

3. 实验室设计布局的基本要求

（1）实验室的尺寸要求

① 平面尺寸要求

实验室的平面尺寸主要取决于实验工作的要求，并考虑安全和发展的需要等因素。如实验台、仪器设备的放置和运行空间，通常情况下，岛式实验台宽度为1.2～1.8m（带工程管网时不小于1.4m）；靠墙的实验台宽度为0.75～0.9m（带工程管网时可增加0.1m）；靠墙的储物架（柜）宽度为0.3～0.5m。实验台的长度一般是宽度的1.5～3倍。在通道方面，实验台间通道一般为1.5～2.1m，实验台与墙之间的通道不小于1.25m，岛式实验台与外墙窗户的距离一般为0.8m。

在工作空间方面，单人单面工作空间的通道为1.2m，双人双面工作空间的通道为1.5m，实验台与安全设备间通道均为1.8m。1台分析天平需要占用工作台3～4m^2，2台分析天平需要5～6m^2，4台以上分析天平，每台需2m^2。通常情况下，天平台面宽度为0.6m，高0.7～0.75m。一台普通精密仪器连同准备工作台在内，通常需要8～10m^2；一台大型精密仪器则需要15～25m^2，甚至更大的室内空间，需要配备专用的辅助实验室；一位承担多项分析检验工作的化验人员往往需要占有15～50m^2（必要时可以更大）的室内工作区间面积。

② 实验室的高度尺寸

实验室的一般功能实验室：操作空间高度不应小于2.5m，考虑到建筑结构、通风设备、照明设施及工程管网等因素，新建的实验室，建筑楼层高度应采用3.6m或3.9m。

专用电子计算机室：工作空间净高一般要求为2.6～3m，加上活动地板（考虑到电缆铺设、空调静压力等功能需要，高度为0.25～0.4m）及天花板、装修等因素，建筑高度须高于一般实验室。

（2）走廊要求

① 单面走廊适用于狭长的条形建筑物，净宽1.5m左右。

② 双面走廊适用于长而宽的建筑物，中间为走廊，净宽1.8～2m，走廊上空布

置有通风管道或其他管线时，应加宽到 2.4 ~ 3m，以保证各个实验室的通风要求。

③ 检修走廊宽度一般采用 1.5 ~ 2m。

④ 安全走廊安全要求较高的实验室或工作人员较多、人员疏散有困难的实验室需设置安全走廊，一般在建筑物外侧建设，以便于紧急疏散，宽度一般为 1.2m。

(3) 建筑模数要求

① 开间模数要求。实验室的开间模数主要取决于实验人员活动空间以及工程管网合理布置的必需尺度。对于目前常用的框架结构，开间尺寸比较灵活，常用的"柱距"有 4.0m、4.5m、6.0m、6.5m、7.2m 等。一般旧式的混合结构为 3.0m、3.3m、3.6m。

② 进深模数要求。实验室的进深模数取决于实验台的长度和其布置形式，即采用岛式还是半岛式实验台，此外还取决于通风柜的布置形式。目前采用的进深模数有 6.0m、6.6m、7.2m、8.4m 等。

③ 层高模数要求。实验室层高指相邻两楼板之间的高度，净高是指楼板底面至楼板的距离，一般层高采用 3.6 ~ 4.2m。

(4) 实验室的朝向

实验室一般应取南北朝向，并避免在东西朝向(尤其是西向)的墙上开门窗，以防止阳光直射实验室仪器、试剂，影响化验工作的进行。若条件不允许，或取南北朝向后仍有阳光直射室内，则应设计局部遮阳或采取其他补救措施。在进行室内布局设计的时候，也应考虑朝向的影响。

(5) 建筑结构和楼面载荷

① 实验室宜采用钢筋混凝土框架结构，可以方便地调整房间间隔及安装设备，并具有较高的载荷能力。对于旧有楼房改建的实验室，必须注意楼板的承载能力，必要时应采取加强措施。

② 标准值一般取 2.0kPa。此要求可以满足一般实验室的使用要求，但对于一些特殊实验室，如包含试生产设备实验室、拥有较多储水设备的实验室、重型箱体设备集中的实验室等，在设计时需要考虑增加局部载荷标准。当需要载荷量较大而采取加强措施又不太经济时，实验室应安置在底层。

③ 在非专门设计的楼房内，实验室宜安排在较低的楼层。

④ 实验室应使用不脱落的墙壁涂料，也可以镶嵌瓷片(或墙砖)以避免墙灰掉落。

⑤ 实验室的操作台及地面应作防腐蚀处理；实验室如安装地板应考虑防静电。

(6) 实验室建筑的防火

① 实验室建筑的耐火等级应按一、二级耐火等级设计，吊顶、隔墙及装修材料应采用防火材料。

②疏散楼梯位于两个楼梯之间，实验室的门至楼梯的最大距离为30m，走廊末端的实验室的门至楼梯的最大距离不超过15m。

③走廊净宽要满足安全疏散要求，单面走廊净宽最小为1.3m，中间走廊净宽最小为1.4m。不允许在实验室走廊上堆放储物柜及其他物品、设施。此外，为确保人员安全疏散，专用的安全走廊净宽应达到1.2m。

④实验室的出入口。单开间实验室的门可以设置一个出入口，双开间及以上的实验室的门应设置两个出入口，如两个出入口不能全部通向走廊，则其中之一可以通向邻室，或在隔墙上留有方便出入的安全通道。

(7)采光和照明

进行精密实验的工作室，采光系数应取0.2～0.25(或更大)。当采用电气照明时，其照度应达到150～200lx。

一般工作室采光系数可取0.1～0.12，电气照明的照度为80～100lx。

在有裸露旋转机械的工作区，人工照明应避免使用荧光灯具，以免因灯光的"频闪"现象而产生"停转"的错觉。

存有感光性试剂的实验室，在采光和照明设计时可以加滤光装置以削弱紫外线的影响。

凡可能由于照明系统引发危险，或有强腐蚀性气体的环境的照明系统，在设计时应采取相应的防护措施，如使用防爆灯具等。

二、实验室的基础设施与环境建设

(一)各主要实验室对环境的基本要求

为了实现职能，实验室必须配备各种精密的计量、测试仪器和装备、各种化学试剂、实验器材，以及电子计算机等现代技术设施。这些仪器、设备和相关装置，对环境都有相当严格的要求，如果条件不合适，即使是最先进的仪器和检测方法，再熟练的检验操作者，也不可能取得准确可靠的检验结果，甚至可能导致实验仪器损坏或其他器材、物资的过度消耗，造成经济损失。一般来说，任何实验室都应该使实验室内的各种仪器设备、装置、化学试剂等免受环境如阳光、温度、湿度、粉尘、烟雾、震动、磁场等的影响及有害气体的侵入。此外，还要注意实验室对环境的影响，避免对环境发生污染和破坏。不同功能的实验室由于实验性质不同，其对环境也有不同的要求。

(二) 实验室的基础设施建设

实验室的基础设施建设主要包括基本实验室的基础设施建设、精密仪器室的基础设施建设和辅助室的基础设施建设三部分。根据实验室功能及工作环境要求的不同，基础设施建设的内容与标准也有不同。

1. 基本实验室的基础设施建设

(1) 基本实验室的室内布置

基本实验室内的基础设施有：实验台与洗涤池；通风柜与管道检修井；带试剂架的工作台或辅助工作台；药品橱及仪器设备等。

① 实验台的规格

实验台一般有两种：单面实验台 (或称为靠墙实验台) 和双面实验台 (包括岛式实验台和半岛式实验台)。在实验工作中，双面实验台的应用比较广泛。实验台的尺寸一般有如下要求：

长度：实验人员所需用的实验台长度，由于实验性质的不同，其差别很大，一般根据实际需要选取其宽度的 1.5 ~ 3 倍。

台面高度：一般选取 850mm。

宽度：实验台的每面净宽一般考虑 650mm，最小不应小于 600mm，台上如有复杂的实验装置也可取 700mm，台面上药品架部分可考虑宽 200 ~ 330mm。一般双面实验台采用 1500mm，单面实验台为 650 ~ 850mm。

② 实验台的结构形式

实验台的结构形式包括全钢结构实验台、钢木结构实验台、铝木结构实验台、全木结构实验台、PP 结构实验台等不同种类。目前，市场上以全钢结构实验台和钢木结构实验台应用最为广泛。

全钢结构实验台具备承重性能好、使用寿命长和性价比优良等优点，近年来其市场发展很快，是未来国内实验室的发展大势所趋。全钢结构实验台整体采用电脑辅助设计、数控制造，为单元体结构，制造精确度高，可以随意搭配、组装方便、适应性强。实验操作台整体以 1.2mm 厚一级冷轧 / 镀锌钢板为基材，全自动压模成型；表面经过磷化、酸洗，再通过环氧树脂 (EPOXY) 粉末烤漆处理，无突出漆块，光洁亮丽，抗强酸、强碱性能突出。

钢木结构实验台是选用钢材和木材做成的实验台。钢木结构实验台包含两种结构：一种是 C-frame 型，另一种是 H-frame 型。C-frame 型结构简单，灵活多变，可以随意组合，通常选用悬柜和推柜式结构，便于安装拆卸，有利于实验室清洁工作；H-frame 型结构端庄大方，承重性能好，其钢架结构使得实验台承重能达到 500kg

以上，可满足大型精密仪器的使用要求。

③ 实验台的台面

实验台的台面要求耐酸碱腐蚀、耐高温、耐撞击等。台面应比下面的器皿柜宽，台面四周可设有小凸缘，以防止台面冲洗时的水或台面上的药液外溢。常见的台面有如下几种：

环氧树脂板：环氧树脂板又叫绝缘板、环氧板、3240 环氧板，其具有黏附力强、收缩性强、力学性能和电性能优良、化学稳定性强、耐久、耐腐蚀、耐霉菌等诸多优点。

实芯理化板：实芯理化板可独立使用而不需粘贴在任何基材上，相比贴面板，具有更高强度、防水、美观，成本较低，抗撞击、抗高温性能较好，耐刮磨，易清洁等特点，目前应用最为广泛。

陶瓷板：采用氧化锆或氧化铝生产的陶瓷板具有极强的耐候性，无论日照、雨淋（甚至酸雨），还是潮气，都对表面和基材没有任何影响。陶瓷板具有抗撞击、耐刮磨、易清洗、防潮湿、防火、防静电、耐化学腐蚀等诸多优点，但成本较高。

不锈钢板：不锈钢板一般是不锈钢板和耐酸钢板的总称。不锈钢板是指耐大气、蒸汽和水等弱介质腐蚀的钢板，而耐酸钢板则是指耐酸、碱、盐等化学侵蚀性介质腐蚀的钢板。不锈钢板表面光洁，有较高的塑性、韧性和机械强度，耐酸、碱性气体、溶液和其他介质的腐蚀，沾污物容易去除，适用于放射性化学实验、有菌的生物化学实验和油料化验等。

④ 实验台的配套设施

化学实验台主要由台面和台下支座或器皿构成。为了实验操作方便，在台上常设有药品架、管线盒和洗涤池等配套设施。

管线通道、管线架与管线盒：实验台上的设施通常先从地面以下或由管道井引入实验台中部的管线通道，然后再引出台面以供使用。管线通道的宽度通常为 300～400mm，靠墙实验台为 200mm。

药品架：药品架的宽度不宜过宽，一般以能并列两个中型试剂瓶（500mL）为宜，通常的宽度为 200～330mm，靠墙药品架宜取 200mm。

实验台下的器皿柜：实验台下空间通常设有器皿柜，既可放置实验用品，又可满足实验人员坐在实验台边进行记录的需要。

实验台的排水设备：通常包括洗涤池、台面排水槽等。

（2）基本实验室的通风系统

在实验过程中，经常会产生各种难闻的、有腐蚀性的、有毒的或易爆的气体。这些有害气体如不及时排出室外，就会造成室内空气污染，影响实验人员的健康与安全，影响仪器设备的精确度和使用寿命。

实验室的通风方式有两种，即局部排风和全室通风。局部排风是在有害物质产生后立即就近排出，这种方式能以较少的风量排走大量的有害物，效果比较理想，在实验室中被广泛地采用。对于有些实验不能使用局部排风，或者局部排风满足不了要求时，应该采用全室通风。

① 通风柜

通风柜是实验室中最常用的一种局部排风设备，种类繁多，由于其结构不同，使用的条件不同，其排风效果也各不相同。通风柜的种类有以下几种：

顶抽式通风柜：这种通风柜的特点是结构简单、制造方便，在过去使用的通风柜中是最常见的一种。

狭缝式通风柜：这种通风柜是在其顶部和后侧设有排风狭缝，后侧部分的狭缝，有的设置一条（在下部），有的设置两条（在中部和下部）。

供气式通风柜：这种通风柜是把占总排风量 70% 左右的空气送到操作口，或送到通风柜内，专供排风使用，其余 30% 左右的空气由室内空气补充。供给的空气可根据实验要求来决定是否需要处理（如净化、加热等）。由于供气式通风柜排走室内空气很少，因此对于有空调系统的实验室或洁净实验室，采用这种通风柜是很理想的选择。

自然通风式通风柜：这种通风柜是利用热压原理进行排风的，其排风效果主要取决于通风柜内与室外空气的温差、排风管的高度和系统的阻力等。为此，这种通风柜一般都用于加热的场合。

活动式通风柜：其化验工作台、洗涤池、通风柜设备都可随时移动，不用时也可推入邻近的储藏室。

实验室内通风柜的平面布置：通风柜在实验室内的位置，对通风效果、室内的气流方向都有很大的影响。下面介绍几种通风柜的布置方案。

靠墙布置：这是最常用的一种布置方式。通风柜通常与管道井或走廊侧墙相接，这样可以减少排风管的长度，而且便于隐藏管道，使室内整洁。

嵌墙布置：两个相邻的房间内，通风柜可分别嵌在隔墙内，排风管道也可布置在墙内，这种布置方式有利于室内整洁。

独立布置：在大型实验室内，可设置四面均可观看的通风柜。

此外，对于有空调的实验室或洁净室，通风柜宜布置在气流的下风向，这样既不干扰室内的气流组织，又有利于室内被污染的空气被排走。

排风系统的划分：通风柜的排风系统可分为集中式和分散式两种。集中式排风系统是把一层楼面或几层楼面的通风柜组成一个系统，或者整个实验楼分成一两个系统。它的特点是通风机少，设备投资省。分散式排风系统是把一个通风柜或同一实验室的几个通风柜组成一个排风系统。它的特点是可根据通风柜的工作需要来开关通风机，相互不受干扰，容易达到预定的效果，而且比集中式节省能源，缺点是通风机的数量多、系统多。

排风系统的通风机，一般都装在屋顶上或顶层的通风机房内，这样可不占用使用面积，而且使室内的排风管道处于负压状态，以免有害物质由于管道的腐蚀或损坏，或者由于管道不严密而渗入室内。此外，也有利于检修方便，易于消声或减振。

排风系统的有害物质排放高度，一般情况下，如果附近50m以内没有较高建筑物，则排放高度应超过建筑物最高处2m以上。

② 排气罩

有些情况下，由于实验设备装置较大，或者实验操作上的要求无法在通风柜中进行，但又要排走实验过程中散发的有害气体时，可采用排气罩。实验室常用的排气罩，大致有围挡式排气罩、侧吸罩和伞形罩3种形式。排气罩的布置应注意以下几点：尽量靠近产生有害物的源头。对于有害物不同的散发情况应采用不同的排气罩。如对于色谱仪，一般采用围挡式排气罩。对于实验台面排风或槽口排风，可采用侧吸罩。对于加热槽，宜采用伞形罩。排气罩的安装要便于实验操作和设备的维护检修。

③ 全室通风

实验室及有关辅助实验室（如药品库、暗室及储藏室等），由于经常散发有害物，需要及时排除。实验室内设有通风柜时，因为通风柜的排风量较大，往往超过室内换气要求，可不再设置通风设备；室内不设通风柜而又须排除有害物时，应进行全室通风。全室通风的方式有自然通风和机械通风两种。

自然通风：主要是利用室内外的温度差，把室内有害气体排至室外。当依靠门窗让空气任意流动时，称为无组织自然通风；当依靠一定的进风口和出风竖井，让空气按所要求的方向流动时，称为有组织的自然通风。

机械通风：当使用自然通风满足不了室内换气要求时，应采用机械通风。尤其是危险品库、药品库等，尽管有了自然通风，但为了防止事故进行通风，也必须采用机械通风。

2. 精密仪器室的基础设施建设

精密仪器室主要设施有各种现代化的高精密度仪器，通常可与基本实验室一样沿外墙布置，并可将它们集中在某一区域内，这样有利于各实验室之间的联系，并可统一考虑如空调、防护等方面的布置，同时应综合考虑仪器设备对温度、湿度、防尘、防震和噪声等方面的要求。

（1）天平室

① 天平室的设计

天平是实验室必备的常用仪器。天平室应靠近基本实验室，以方便使用，如基本实验室为多层建筑，应每层都设有天平室。天平室以北向为宜，还应远离震源，并不应与高温室和有较强电磁干扰的实验室相邻。高精度微量天平应设在底层。

天平室应采用双层窗，以利于隔热防尘，高精度微量天平室应考虑有空调，但风速应小。天平室内一般不设置洗涤池或有任何管道穿过室内，以免管道渗漏、结露或在管道检修时影响天平的使用和维护。天平室应有一般照明和天平台上的局部照明，局部照明可设在墙上或防尘罩内。

② 天平台的规格和结构形式

实验室里常用的天平大多为台式。一般精度天平可以设在稳固的木台上；半微量天平可设在稳定的不固定的防震工作台上，亦可设在固定的防震工作台上；高精度天平的天平台对防震的要求较高。

单面天平台的宽度一般采用 600mm，高度一般采用 750mm，天平台的长度可按每台天平 800～1200mm 考虑。天平台可由台面、台座、台基等多个部分组成，有时在台面上还附加抗震座。

一般精密天平可采用 50～60mm 厚的混凝土台板，台面与台座（支座）间设置隔震材料，如隔震材料采用 50mm 厚的硬橡皮。高精度天平的部分台面可以考虑与台面的其余部分脱离，以消除台面上可能产生的震动对天平的影响。天平台经试用或测试尚不能完全符合化验要求时，可在台上附加减震座，也可采用特别的弹簧减震盒。

（2）高温室

高温炉与恒温箱是实验室的必备设备，一般设在工作台上，特大型的恒温箱则需落地设置。高温炉与恒温箱的工作台分开较好，因恒温箱大多较高大，工作台应稍低，可取 700mm 高，而高温炉可采用通常的 850mm 高的工作台。另外，恒温箱的型号较多，工作台的宽度应根据设备尺寸确定，通常取 800～1000mm 宽；而高温炉的尺度一般较小，可取 600～700mm 宽。

（3）低温室

低温室墙面、顶部、地面都应采取隔热措施，室内可设置冷冻设备。房间温度如保持在 4℃，则人可在里面进行短时间的工作；如温度很低（低于 -2℃），则这种房间仅适于储藏。

（4）防火室

防火室有两个主要用途：

① 凡连续长时间（超过 12h）使用燃烧炉或恒温箱的实验工作都应在防火室内进行，以防自动控制仪出问题，导致恒温箱爆炸、火灾等情况的发生。

② 凡大量使用易燃液体或溶剂如乙醚等的实验，以及连续长时间的蒸馏工作，也应在防火室内进行。

防火室除了首先应满足实验的工艺要求外，与其他实验室房间的不同之处在于房间的结构设置：采用实体楼板与顶棚；房间应靠外墙，所有隔墙应通到顶部结构层，并由砖或混凝土预制板砌筑，设置能自闭的防火门；房间要有第二安全出口；根据实验内容，应考虑烟、热检测装置及自动灭火装置；通风柜及其排风道应由耐火材料制成，而且风机在火警发生时能自动断路；房间里如有冷冻设备，应采用不产生火花的类型；高压电泳作业使用大量易燃液体时，应遵守防火规定中有关使用易燃液体的规定。

（5）离心机室

大型离心机会产生热量，同时也产生一定程度的噪声，常将实验室里较大的离心机集中在单独的房间里。根据离心机的数量按一定间距设置电源插座；室内应有机械通风，以排除离心机产生的热量；墙与门要有隔声措施；门的净宽应考虑到离心机的尺度；室内可按需要设工作台及洗涤池等设备。

3. 辅助室的基础设施建设

辅助室主要功能即是为基本实验室与精密仪器实验室服务，它主要包括以下各室：

（1）中心（器皿）洗涤室

这是作为实验室里集中洗涤实验用品的房间。房间的尺度应根据日常工作量决定，但一般不应小于一个单间（一个开间大小）。洗涤室的位置应靠近基本实验室，室内通常设有洗涤台，其水池上有冷热水龙头，并配置干燥炉、干燥箱和干燥架等。工作台面需耐热、耐酸。房间应有良好的排风设备。

（2）中心准备室与溶液配制室

中心准备室一般设有实验台，台上有管线设施、洗涤池和储藏空间。

溶液配制室用来配制标准溶液和各种不同浓度的溶液。一般可由两个房间组成，其中一间放置天平台，天平可按两人一台考虑；另一间作为存放试剂和配制试剂之用，室内应有通风柜、滴定台、辅助工作台、写字台、物品柜等。

（3）普通储藏室

普通储藏室是指供某一楼层或实验室专用的一般储藏室，不作为有特殊毒性或易燃性的化学试剂以及大型仪器设备的储藏房间。室内可按实际情况配备一定数量与尺寸的储物柜，要求有良好通风，避免阳光直射，应保持干燥、阴凉、清洁。

（4）放射性物品储藏室

有些实验楼中设置有放射性实验室，故同位素等放射性物质大多应在衬铅的容器里存放，并放置在专门的储藏室里，同时放射性废物也必须进行相应封存和处理。

（5）危险药品储藏室

带有危险性的物品，通常储存在主体建筑物以外的独立小建筑物内。这种储藏室应结构坚固，有防火门，保持常年良好通风，屋面能防爆，有足够的泄压面积，所有柜子均应由防火材料制作，设计时应参照有关消防安全规定。

（6）蒸馏水制备室

实验室中溶液的配制、器皿的洗涤要用到大量的蒸馏水，蒸馏水可在专门的设备中制取。蒸馏水室的面积一般为一个单间左右，可设在顶层，由管道送往各实验室，也可按层设立或可将小型蒸馏水设备直接设在基本实验室里面。

（三）实验室的工程管网布置与公用设施建设

1.实验室的工程管网布置

工程管网包括供水管道、电线管道、进风管道、燃气管道、压缩空气管道、真空管道等各种供应管道，以及排水、排风管道等各种排放管道系统。工程管网布置的基本原则如下：① 在满足化验要求的前提下，应尽量使各种管道的线路最短、弯头最少，以利于节约材料和减少阻力损失；② 工程管网的间距和排列次序应符合安全要求，并便于安装、维护、检修、改造和增添等需要；③ 管网的铺设应尽可能做到整齐有序、美观大方。

2.工程管网的布置方式

管网系统通常由总管、干管和支管3部分组成。总管是指从室外管网到实验室内的一段管道；干管是指从总管分送到各单元的侧面管道；支管是指从干管连接到化验台和化验设备的一段管道。各种管道一般总是以水平和垂直两种方式布置。

（1）干管与总管的布置

① 干管垂直布置：指总管水平铺设，由总管分出的干管都是垂直布置。水平总管可铺设在建筑物的底层，也可铺设在建筑物的顶层。对于高层建筑物，水平总管不仅铺设在底层或顶层，有的还铺设在中间的技术层内。

② 干管水平布置：指总管垂直铺设，在各层由总管分出水平干管。通常把垂直总管设置在建筑物的一端，水平干管由一端通到另一端。

（2）支管的布置

① 沿墙布置：无论干管是垂直布置还是水平布置，如果实验台的一面靠墙，那么，从干管引出的支管可沿墙铺设到化验台。

② 沿楼板布置：如果实验台采用岛式布置，由干管到实验台的支管一般都沿楼板下面铺设，有的支管穿过楼板，向上连到实验台。

3. 采暖

有的地区由于冬季气温较低，实验室必须加装暖气系统以维持适当的室温。但无论是电热还是蒸汽，均应注意合理布置，避免局部过热。

天平室、精密仪器室和计算机房不宜直接加温，可以通过由其他房间的暖气以自然扩散的方法采暖。

4. 空调

对精度要求较高的实验室，尤其是精密计量、实验仪器或其他精密实验设备及电子计算机，它们对实验室的温度、湿度有较高的要求，这时需要考虑安装空调装置，进行空气调节。空调布置一般有 3 种方式，如下所述：

（1）单独空调

在个别有特殊需要的实验室安装窗式空调机，空气调节效果好，可以随意调节，能耗较少，但噪声较大。

（2）部分空调

部分需要空调的实验室，在进行设计的时候要把它们集中布置，然后安装适当功率的大型空调机，进行局部的集中空调，达到既可部分装置空调又可降低噪声的目的。

（3）中央空调

全部实验室都需要空调的时候，可以建立全部集中空调系统，即中央空调。集中空调可以使各个实验室处于同一温度，有利于提高检验及测量精度，而且集中空调的运行噪声极低，可以保持实验室环境安静。缺点是能量消耗较大，且不一定能满足个别要求较高的特殊实验室的需要。

5. 实验室供电系统

实验室的多数仪器设备在一般情况下是间歇工作的，多属于间歇用电设备，但实验一旦开始便不宜频繁断电，否则可能使实验中断，影响实验的精确度，甚至导致试样损失，仪器或装置破坏以致无法完成实验。因此，实验室的供电线路宜直接由总配电室引出，并避免与大功率用电设备共线，以减少线路电压波动。

在使用易燃、易爆物品较多的实验室，还要注意供电线路和用电器运行中可能引发的危险，并根据实际需要配置必要的附加安全设施（如防爆开关、防爆灯具及其他防爆安全电器等）。

6. 实验室的给水和排水系统

（1）实验室的给水

在保证水质、水量和供水压力的前提下，从室外的供水管网引入进水，并输送到各个用水设备、配水龙头和消防设施，以满足实验、日常生活和消防用水的需要。

① 直接供水

在外界管网供水压力及水量能够满足使用要求的时候，一般是采用直接供水方式，这是最简单、最节约的供水方法。

② 高位水箱供水

属间接供水，当外部供水管网系统压力不能满足要求或者供水压力不稳定的时候，各种用水设施将不能正常工作，此时就要考虑采用"高位储水槽（罐）"，即常见的水塔或楼顶水箱等进行储水，再利用输水管道送往用水设施。

③ 加压泵供水

由于高位水箱供水普遍存在二次污染问题，对于高层楼房使用加压供水已经逐渐普及。此法也可用于实验室，但在单独设置时运行费用较高。

（2）实验室的排水

由于实验的不同要求，实验室需要在不同的实验位置安装排水设施：① 排水管道应尽可能少拐弯，并具有一定的倾斜度，以利于废水排放。② 当排放的废水中含有较多的杂物时，管道的拐弯处应预留清理孔，以备不时之需。③ 排水干管应尽量靠近排水量最大、杂质较多的排水点设置。④ 注意排水管道的腐蚀，最好采用耐腐蚀的塑料管道。⑤ 为避免实验室废水污染环境，应在实验室排水总管设置废水处理装置，对可能影响环境的废水进行必要的处理。

第二章　实验室安全

第一节　实验室消防安全

一、燃烧与爆炸基本知识

(一) 燃烧基础知识

燃烧是一种复杂的物理化学过程。燃烧过程具有发光、发热、生产新物质三个特征。

1. 燃烧条件

燃烧是有条件的，它必须在可燃物质、助燃物质和点火源这三个基本条件同时具备时才能发生。

（1）可燃物质

通常把所有物质分为可燃物质、难燃物质和不可燃物质三类。可燃物质是指在火源作用下能被点燃，并且当火源移去后能继续燃烧直至燃尽的物质；难燃物质是指在火源作用下能被点燃，当火源移去后不能维持继续燃烧的物质；不可燃物质是指在正常情况下不能被点燃的物质。可燃物质是防火防爆的主要研究对象。

凡能与空气、氧气或其他氧化剂发生剧烈氧化反应的物质，都可称为可燃物质。可燃物质种类繁多，按物理状态可分为气态、液态和固态三类。化工生产中使用的原料、生产中的中间体和产品很多都是可燃物质。气态如氢气、一氧化碳、液化石油气等；液态如汽油、甲醇、酒精等；固态如煤、木炭等。

（2）助燃物质

凡是具有较强的氧化能力，能与可燃物质发生化学反应并引起燃烧的物质均称为助燃物。例如，空气、氧气、氯气、氟和溴等物质。

（3）点火源

凡能引起可燃物质燃烧的能源均可称为点火源。常见的点火源有明火、电火花、炽热物体等。

可燃物质、助燃物质和点火源是导致燃烧的三要素，三者缺一不可，是燃烧的必要条件。上述"三要素"同时存在，燃烧能否实现，还要看是否满足了数值上的要求。在燃烧过程中，"三要素"的数值发生改变时，也会使燃烧速度改变甚至停止燃烧。例如，空气中氧气的含量降到14%～16%时，木柴的燃烧会立即停止。如果在可燃气体与空气的混合物中，减少可燃气体的比例，则燃烧速度会减慢，甚至停止燃烧。例如，氢气在空气中的含量小于4%时就不能被点燃。点火源如果不具备一定的温度和足够的热量，燃烧也不会发生。例如，飞溅的火星可以点燃油棉丝或刨花，但火星如果溅落在大块的木柴上，它会很快熄灭，不能引起木柴的燃烧。这是因为这种点火源虽然有超过木柴着火的温度，却缺乏足够热量。因此，对于已经进行着的燃烧，若消除"三要素"中的一个条件，或使其数量有足够的减少，燃烧便会终止。这就是灭火的基本原理。

2. 燃烧过程

可燃物质的燃烧都有一个过程，这个过程随着可燃物质的状态不同，其燃烧过程也不同。气体最容易燃烧，只要达到其氧化分解所需的热量便能迅速燃烧。可燃液体的燃烧并不是液相与空气直接反应而燃烧，而是先蒸发为蒸气，蒸气再与空气混合而燃烧。对于可燃固体，若是简单物质，如硫、磷及石蜡等，受热时经过熔化、蒸发、与空气混合而燃烧；若是复杂物质，如煤、沥青、木材等，则是先受热分解出可燃气体和蒸气，然后与空气混合而燃烧，并留下若干固体残渣。由此可见，绝大多数可燃物质的燃烧是在气态下进行的，并产生火焰。有的可燃固体如焦炭等不能成为气态物质，在燃烧时则呈炽热状态，而不产生火焰。

综上所述，根据可燃物质燃烧时的状态不同，燃烧有气相和固相两种情况。气相燃烧是指在进行燃烧反应过程中，可燃物和助燃物均为气体，这种燃烧的特点是有火焰产生。气相燃烧是一种最基本的燃烧形式。固相燃烧是指在燃烧反应过程中，可燃物质为固态，这种燃烧亦称为表面燃烧，特征是燃烧时没有火焰产生，只呈现光和热，如焦炭的燃烧。一些物质的燃烧既有气相燃烧，也有固相燃烧，如煤的燃烧。

3. 燃烧类型

（1）闪燃和闪点

可燃液体的蒸气（包括可升华固体的蒸气）与空气混合后，遇到明火而引起瞬间（延续时间少于5s）燃烧，称为闪燃。液体能发生闪燃的最低温度，称为该液体的闪点。闪燃往往是着火的先兆，可燃液体的闪点越低，越易着火，火灾危险性越大。

应当指出，可燃液体之所以会发生一闪即灭的闪燃现象，是因为它在闪点的温度下蒸发速度较慢，所蒸发出来的蒸气仅能维持短时间的燃烧，来不及提供足够的蒸气补充维持稳定的燃烧。

除了可燃液体以外，某些能蒸发出蒸气的固体，如石蜡、樟脑、萘等，其表面上所产生的蒸气可以达到一定的浓度，与空气混合而成为可燃的气体混合物，若与明火接触，也能出现闪燃现象。

（2）着火与燃点

可燃物质在有足够助燃物（如充足的空气、氧气）的情况下，由点火源作用引起的持续燃烧现象，称为着火。使可燃物质发生持续燃烧的最低温度，称为燃点或着火点。燃点越低，越容易着火。

可燃液体的闪点与燃点的区别是，在燃点时燃烧的不仅是蒸气，而是液体（液体已达到燃烧温度，可提供保持稳定燃烧的蒸气）。另外，在闪点时移去火源后闪燃即熄灭，而在燃点时则能继续燃烧。

控制可燃物质的温度在燃点以下是预防发生火灾的措施之一。在火场上，如果有两种燃点不同的物质处在相同的条件下，受到火源作用时，燃点低的物质首先着火。用冷却法灭火，其原理就是将燃烧物质的温度降到燃点以下，使燃烧停止。

（3）自燃和自燃点

可燃物质受热升温而不需明火作用就能自行着火燃烧的现象，称为自燃。可燃物质发生自燃的最低温度，称为自燃点。自燃点越低，则火灾危险性越大。

化工生产中，由于可燃物质靠近蒸气管道，加热或烘烤过度，化学反应的局部过热，在密闭容器中加热温度高于自燃点的可燃物一旦泄漏，均可发生可燃物质自燃。

（4）热值和燃烧温度

① 热值

指单位质量或单位体积的可燃物质完全燃烧时所发出的热量。可燃性固体和可燃性液体的热值均以"J/kg"表示，可燃气体（标准状态）的热值以"J/m^3"表示。可燃物质燃烧爆炸时所达到最高温度、最高压力及爆炸力等均与物质的热值有关。

② 燃烧温度

可燃物质燃烧时所放出的热量，一部分被火焰辐射散失，而大部分则消耗在加热燃烧上，由于可燃物质所产生的热量是在火焰燃烧区域内析出的，火焰温度也就是燃烧温度。

（二）爆炸的基础知识

爆炸是物质在瞬间以机械功的形式释放出大量气体和能量的现象。由于物质形态的急剧变化，爆炸发生时会使压力猛然增高并产生巨大的声响。其主要特征是压力的急剧升高。上述所谓"瞬间"，就是说爆炸发生于极短的时间内。如乙炔罐里的乙炔与氧气混合发生爆炸时，大约是在1/100s内完成化学反应。

化学反应同时释放出大量热量和二氧化碳、水蒸气等气体，使罐内压力升高10～13倍，其爆炸威力可以使罐体升空20～30m。这种克服地心引力将重物举高一段距离，则是所说的机械功。

在化工生产中，一旦发生爆炸，就会酿成工伤事故，造成人身和财产的巨大损失，使生产受到影响。

1. 爆炸的分类

(1)按照爆炸能量来源的不同分类

① 物理性爆炸

物理性爆炸是由物理因素(如温度、体积、压力等)变化而引起的爆炸现象。在物理性爆炸的前后，爆炸物质的化学成分不改变。

如锅炉的爆炸就是典型的物理性爆炸，其原因是过热的水迅速蒸发出大量的蒸汽，使蒸汽压力不断升高，当压力超过锅炉的极限强度时，就会发生爆炸。又如氧气钢瓶受热升温，引起气体压力增高，当压力超过钢瓶的极限强度时即发生爆炸。发生物理性爆炸时，气体或蒸气等介质潜藏的能量在瞬间释放出来，会造成巨大的破坏和伤害。

② 化学性爆炸

化学性爆炸是使物质在短时间内完成化学反应，同时产生大量气体和能量而引起的爆炸现象。化学性爆炸前后，物质的性质和化学成分均发生了根本的变化。

如用来制造炸药的硝化棉在爆炸时放出大量热量，同时产生大量气体(CO、CO_2、H_2和水蒸气等)，爆炸时的体积会突然增大47万倍，燃烧可在万分之一秒内完成，因而会对周围物体产生毁灭性的破坏作用。

(2)按照爆炸的瞬时燃烧速度分类

① 轻爆

物质爆炸时的燃烧速度为每秒数米，爆炸时无多大破坏力，声响也不大。如无烟火药在空气中的快速燃烧、可燃气体混合物在接近爆炸浓度上限或下限时的爆炸即属于此类。

② 爆炸

物质爆炸时的燃烧速度为每秒十几米至数百米，爆炸时能在爆炸点引起压力激增，有较大的破坏力，有震耳的声响。可燃气体混合物在多数情况下的爆炸，以及被压火药遇火源引起的爆炸即属于此类。

③ 爆轰

物质爆炸时的燃烧速度为每秒1000～7000m，爆轰时的特点是突然引起极高压力，并产生超声速的"冲击波"。由于在极短时间内发生的燃烧产物急剧膨胀，像活塞一样挤压其周围气体，反应所产生的能量有一部分传给被压缩的气体层，于是形成的冲击波由它本身的能量所支持，迅速传播并能远离爆轰的发源地而独立存在，同时可引起该处的其他爆炸性气体混合物或炸药发生爆炸，从而发生一种"殉爆"现象。

2. 化学性爆炸物质

根据爆炸时所进行的化学反应，化学性爆炸物质可分为以下几种：

(1) 简单分解的爆炸物

这类物质在爆炸时分解为元素，并在分解过程中产生热量。属于这一类的物质有乙炔铜、乙炔银、碘化氮、叠氮铅等，这类容易分解的不稳定物质，其爆炸危险性是很大的，受摩擦、撞击，甚至轻微震动即可能发生爆炸。

(2) 复杂分解的爆炸物

这类物质包括各种含氧炸药，其危险性较简单分解的爆炸物稍低，含氧炸药在发生爆炸时伴有燃烧反应，燃烧所需要的氧由物质本身分解供给。如苦味酸、梯恩梯、硝化棉等都属于此类。

(3) 可燃性混合物

可燃性混合物是指由可燃物质与助燃物质组成的爆炸物质。所有可燃气体、蒸气和可燃粉尘与空气 (或氧气) 组成的混合物均属此类。

通常称可燃性混合物为有爆炸危险的物质，它们只是在适当的条件下，才会成为危险的物质。这些条件包括可燃物质的浓度、氧化剂浓度及点火能量等。

3. 爆炸极限

(1) 爆炸极限的含义

可燃气体、蒸气或粉尘与空气组成的混合物，并不是在任何浓度下都会发生燃烧或爆炸，而是必须在一定的浓度比例范围内才能发生燃烧和爆炸。而且混合的比例不同，其爆炸的危险程度亦不同。例如，由一氧化碳与空气构成的混合物在火源作用下的燃爆试验情况如下：

上述试验情况说明：可燃性混合物有一个发生燃烧和爆炸的含量范围，即有一个最低含量和最高含量。混合物中的可燃物只有在这两个含量之间，才会有燃爆危险。通常将最低含量称为爆炸下限，最高含量称为爆炸上限。混合物含量低于爆炸下限时，由于混合物含量不够及过量空气的冷却作用，阻止了火焰的蔓延；混合物含量高于爆炸上限时，则由于氧气不足，使火焰不能蔓延。可燃性混合物的爆炸下限越低，爆炸极限范围越宽，其爆炸的危险性越大。

必须指出，含量在爆炸上限以上的混合物绝不能认为是安全的，因为一旦补充进空气就具有危险性了。

(2) 可燃气体、蒸气爆炸极限的影响因素

爆炸极限受许多因素的影响，给出的爆炸极限数值对应的条件是常温常压。当温度、压力及其他因素发生变化时，爆炸极限也会发生变化。

4. 粉尘爆炸

(1) 粉尘爆炸的含义

人们很早就发现某些粉尘具有发生爆炸的危险性。如煤矿里的煤尘爆炸，磨粉厂、谷仓里的粉尘爆炸，镁粉、碳化钙粉尘等与水接触后引起的自燃或爆炸等。

粉尘爆炸是粉尘粒子表面和氧作用的结果。当粉尘表面达到一定温度时，由于热分解或干馏作用，粉尘表面会释放出可燃性气体，这些气体与空气形成爆炸性混合物，而发生粉尘爆炸。因此，粉尘爆炸的实质是气体爆炸。使粉尘表面温度升高的原因主要是热辐射的作用。

(2) 粉尘爆炸的影响因素

① 物理化学性质。燃烧热量越大的粉尘越易引起爆炸，如煤尘、碳、硫等；氧化速度越大的粉尘越易引起爆炸，如煤、燃料等；越易带静电的粉尘越易引起爆炸；粉尘所含的挥发分越大越易引起爆炸，如当煤粉中的挥发分低于10时则不会发生爆炸。

② 粉尘颗粒大小。粉尘的颗粒越小，其比表面积越大 (比表面积是指单位质量或单位体积的粉尘所具有的总表面积)，化学活性越强，燃点越低，粉尘的爆炸下限越小，爆炸的危险性越大。爆炸粉尘的粒径范围一般为 $0.1 \sim 100 \mu m$。

③ 粉尘的悬浮性。粉尘在空气中停留的时间越长，其爆炸的危险性越大。粉尘的悬浮性与粉尘的颗粒大小、密度、形状等因素有关。

④ 空气中粉尘的浓度。粉尘的浓度通常用单位体积中粉尘的质量来表示，其单位为 mg/m^3。空气中粉尘只有达到一定的浓度时，才可能会发生爆炸。因此，粉尘爆炸也有一定的浓度范围，即有爆炸下限和爆炸上限。通常情况下，粉尘的浓度均低于爆炸浓度下限，粉尘的爆炸上限浓度很少使用。

二、防火防爆技术

(一) 火灾爆炸危险物的控制

1. 根据物质的危险特性进行控制

首先，在工艺上进行控制，以火灾爆炸危险性小的物质代替危险性大的物质；其次，根据物质的理化性质，采取不同的防火防爆措施。

对本身具有自燃能力的物质，遇空气能自燃，遇水能燃烧、爆炸的物质，应分别采取隔绝空气、防水防潮或采取通风、散热、降温等措施，防止发生燃烧或爆炸。

两种相互接触能引起燃烧爆炸的物质不能混存，更不准相互接触；遇酸碱能分解、燃烧、爆炸的物质要严禁与酸碱接触，对机械作用比较敏感的物质要轻拿轻放。

对易燃、可燃气体或蒸气要根据它们对空气的比重采用相应的排空方法和防火防爆措施。密度轻于空气的可燃气体可直接向高空排放，而相对密度重的丙烷（密度为 1.51mg/m3），就要采用火炬的方式排空。对可燃液体，要根据物质的沸点、饱和蒸气压考虑设备的耐压强度、储存温度、保温降温措施，根据它们的闪点、爆炸范围、扩散性采取相应的防火防爆措施。

对于不稳定的物质，在贮存中应添加稳定剂。异戊二烯、苯乙烯、氯乙烯、丙烯腈等有聚合放热自燃爆炸的危险，储存中要加入对苯二酚、苯醌等作为阻聚剂。对受到阳光作用能生成具有爆炸性过氧化物的某些液体，必须存放在金属桶内或暗色的玻璃瓶中。

物质的带电性能直接关系到在生产、储运过程中是否能产生静电危险，对能产生静电的物质要采取防静电措施。

2. 防止可燃物外溢泄漏

密闭设备系统是防止可燃气体、蒸气、粉尘与空气形成爆炸性混合物的最有力措施之一。对于有压设备，更需要保持其密闭性，防止可燃气体、蒸气、粉尘溢出到空气中。负压操作可有效地防止系统中的爆炸性气体、有毒气体向系统外的逸散，但在负压条件下，要防止由于系统的密闭性差，导致空气吸入系统内。特别是在打开阀门时，外界空气通过缝隙进入负压系统，达到气体混合物的爆炸极限而导致爆炸。为了保证设备的密闭性，应注意以下几点安全要求：① 有燃烧爆炸危险的设备管道，应少用法兰连接，尽量使用焊接。必须使用法兰连接的，应根据压力的要求，选用不同的法兰。密封垫圈的选用要符合温度、压力、介质的要求，一般工艺采用石棉橡胶垫圈；高温高压、腐蚀性介质的工艺，采用聚四氟乙烯塑料垫圈。② 输送可燃气体、液体的管道应采用无缝钢管，盛装腐蚀性介质的容器底部尽量不装设阀门，腐蚀性液体应从顶部抽吸排出。③ 接触高锰酸钾、氯酸钾、硝酸钾、漂白粉等氧化剂的生产传动装置要严加密封，定期更换润滑油，防止粉尘进入变速箱中与润滑油混合引起火灾。④ 对正压和负压的设备系统，要严格控制压力，防止超压。在定期检修时，要做气密性检验和耐压强度实验。在设备运行过程中，可用皂液、pH试纸或其他方法检查密闭情况。

实际生产过程中发生的可燃物泄漏，包括正常运转中的泄漏，停水、停电、停气等异常情况下的泄漏，以及检修开、停车时引起的泄漏。按泄漏时的压力情况可分为高压喷出、常压流出和真空吸入。造成可燃物泄漏的原因很多，而预防泄漏的关键则是防止误操作，加强设备的维修保养，严禁超量、超温、超压。防止设备管道的泄漏，必须在设备管道的运行过程中做好各种安全检查，定期检修，并制定好制止突然泄漏的应急措施。对危险大的装置，应设置远距离遥控断路阀，以备装置异常时立即和其他装置隔离。为防止误操作，重要的阀门应采取两级控制，并采取挂标志、加锁等措施。各种管线应涂不同颜色，不同管线上的阀门也应相隔一定的距离。

3. 惰性气体保护

在化学实验中常用的惰性气体有氮气、二氧化碳、水蒸气及烟道气等没有燃爆危险的气体，使用最为广泛的是氮气。惰性气体作为保护性气体可以阻止形成燃烧爆炸系统的形成，常在以下几个方面使用：① 压碎、研磨、筛分、混合易燃固体物质及粉状物料输送时，用惰性气体做覆盖保护；② 在可燃气体或蒸气的物料系统中，充入惰性气体，使系统保持正压，防止形成爆炸性混合物；③ 利用惰性气体进行正压输送易燃液体或高温物料；④ 对能产生火花的电器仪表采用充氮正压保护；⑤ 对易燃易爆系统进行动火检修时，用惰性气体吹扫，置换出系统中的可燃气体和蒸气；⑥ 有火灾爆炸危险的设备、贮槽、管线等与惰性气体管路相连，当发生危险时，可用惰性气体覆盖，进行保护和灭火。

惰性气体在危险生产场所中应用很广，输送惰性气体的管路往往与多种危险物质生产系统相连通，必须采取措施防止危险物料窜入惰性气体系统。若易燃易爆或具有腐蚀性的介质窜入惰性气体系统，不但起不到保护作用，反而能产生很大的危险。

4. 通风置换

在有火灾爆炸危险的场所内，尽管采取很多措施使设备密闭，但总会有部分可燃气体、蒸气或粉尘泄漏出来。采用通风置换、除尘可以降低场所内可燃物的含量，是防止形成爆炸性混合物的一个重要措施。

用于通风措施的空气，如果空气中含有易燃易爆危险气体，不应循环使用。排风设备和送风设备应独立设置通风室，与易燃易爆气体、粉尘隔绝，温度超过80℃的空气或其他气体的排风设备，应用非燃烧材料制成。有燃烧爆炸危险的粉尘排风系统，应采用不产生火花的除尘设备。粉尘与水接触能生成爆炸性气体时，不应采用湿式除尘系统，通风管道不宜穿过防火墙，以免发生火灾时，火势顺管道通过防火墙而扩散蔓延。

5. 安全监测及联锁

(1) 信号报警

在化工生产中，出现危险状态时，信号报警装置可以警告操作人员并使其采取措施，消除事故隐患。通常发出的报警信号有声、光、颜色等形式，而报警装置一般都和测量仪表相联系，当有关测量参数超过控制指标时，该装置就会发出相应的报警信号。保险装置在信号装置发出危险信号时，能自动采取措施消除不正常状态或扑救危险状况。例如，气体燃烧炉在燃料压力降得太低时，便会熄火。此时可燃气体仍继续流出，并扩散到整个炉内，重新点火时就有可能发生爆炸。为防止这种事故，可在输气管上安装保险装置。炉火熄灭时，自动切断气源。又如当可燃物发生局部燃烧时，信号系统把测出的信号传至保险装置，扑灭已点燃的小火，避免造成灾害。

(2) 安全联锁

安全联锁是利用机械或电气控制依次接通各仪器或设备，并使之彼此发生联系，若不符合规定的程序，则仪器和设备便不能启动、运转或停止，以达到安全生产的目的。在化工生产中，联锁装置常被用于如下一些情况：① 同时或依次开启两种物料的阀门时；② 在反应的一定程度需要用惰性气体保护时；③ 打开设备前应预先解除压力或降温时；④ 当两种或多种部件、设备、机器由于误操作而容易引发事故时；⑤ 当工艺控制参数达到某一危险值，立即启动紧急处理装置时；⑥ 危险部位或区域禁止无关人员入内时。

(3) 火灾爆炸监测装置

火灾爆炸监测装置主要是指火灾监测仪和爆炸监测仪。

火灾监测仪，是发现火灾苗头的设备，它能测出火灾初期陆续出现的火灾信息，主要有感温式、感烟式、感光式、感气式等多种类型。利用以上各种探测可以组装成火灾报警器、报警网、自动灭火系统。

爆炸监测仪，主要是指在生产和使用爆炸性气体的场所使用的监控爆炸性气体的泄漏和其在空气中含量的监测仪。在易泄漏可燃气体或蒸气的部位，设置固定式可燃气体报警器，以随时监测泄漏情况。

(二) 点火源的控制

1. 明火

明火包括加热用火、检修用火、高架火炬、吸烟及机动车辆的排气管火星等。根据化工系统火灾爆炸重大事故的统计，明火引发的事故占 50% 以上。因此，严格控制管理好明火，对防火防爆十分重要。

　　生产用明火加热炉应集中布置在厂区的边缘，位于有易燃物料设备全年最小频率风向的下风侧，与露天布置的液化烃设备和甲类生产厂房的防火间距不小于15m。加热炉的燃料室与设备应分开或隔离，加热炉的钢支架应覆盖耐火极限不小于1.5h的耐火层，烧燃料气的加热炉应设长明灯和火焰监测器。为防止烟囱飞火，炉膛内的燃烧要充分，烟囱要有足够的高度并安装熄火器。对熬炼设备要经常检查，防止烟道蹿火和熬锅破漏。熬锅内物料不能过满，以防溢出并要严格控制加热温度。

　　使用气焊、电焊、喷灯进行安装和维修时，必须办理动火证，在采取了防护措施，确保安全后方能动火。在对生产、盛装易燃物料的设备、管道进行动火作业时，要严格执行隔离、置换、清洗、动火分析等规定，使用惰性气体进行吹扫置换并经气体分析合格后方可动火。化工企业动火前半小时的合格分析的标准：① 爆炸下限小于4%的可燃气体、蒸气，其含量不超过0.2%；② 爆炸下限大于或等于4%的可燃气体、蒸气，其含量不超过0.5%；③ 混合气体则以爆炸下限最低的为合格标准；④ 氧气设备的氧含量不超过22%。

　　当需要动火的系统与其他设备连通时，应将相连接的管道拆下断开或加堵金属盲板隔绝，防止易燃的物料进入检修系统，在动火时发生燃烧或爆炸。金属盲板除保持严密不漏气外，还应能承受一定的压力。

　　在积存有可燃气体或蒸气的管沟、深坑、下水道内及其附近区域，没有消除危险前，不能进行动火作业。电焊线破损应及时更换或修理，不能利用与有燃烧爆炸危险的生产设备相连接的金属件连接电焊地线，以防在电路接触不良的地方产生高温或电火花。在有爆炸危险的场所使用喷灯，应按动火制度将周围可燃物清理干净。

　　高架火炬应布置在生产区全年最小频率风向的上风侧，与相邻居住区、工厂的防火间距不小于120m，与厂区内的装置、储罐、设施的防火间距不小于90m。火炬的顶部应有可靠的点火设施和防止下"火雨"的措施。严禁排入火炬的可燃气体携带可燃液体，火炬周围的30m范围内，禁止可燃气体放空。装置内火炬的高度应使火焰的辐射热不致影响到人身和设备的安全。

　　香烟的燃烧温度，在吸着时为650~800℃，点燃放下时为450~500℃。为防止吸烟引发火灾爆炸事故，化工企业禁止吸烟。可采取的措施包括：设立明显的禁烟标志，建立严格的吸烟制度，生产区域内严禁吸烟；在使用易燃液体的场所，以及在大量易燃液体、挥发性物质存在的场所，严禁带入火柴、打火机和香烟等。

　　汽车、拖拉机等机动车辆的排气管喷火，也能引起可燃物料的燃烧爆炸。为防止各种车辆排气管喷火引起火灾，进入厂区或生产区域的车辆，必须在排气管上安装火星熄灭器。

2. 摩擦和撞击

机器上转动部分的摩擦，铁器的互相撞击或铁器工具打击混凝土地面等，都有可能产生高温火花，这种火花可以认为是撞击或摩擦下来的高温固体颗粒。如果火花微粒的直径是 0.1mm，根据测试其携带的热量是 1.76mJ；如果火花微粒的直径是 1mm，其带有的热能就是 176mJ。火花带有的能量超过了大多数可燃气体、蒸气、粉尘的最小点火能量，摩擦与撞击往往成为火灾爆炸的起因，在易燃易爆的场所，要避免发生摩擦和撞击，防止发生火灾爆炸的危险。

机器上的轴承缺油、润滑不均时，会因摩擦而发热，引起附着的可燃物着火。因此，对设备的轴承待传动部位要经常检查、及时加油，保持良好润滑，并及时清除附着的可燃污垢。

易燃易爆场所内，避免使用铁器工具，应采用铍青铜合金制作的安全工具。具有燃烧、爆炸危险的生产厂房内，禁止穿带钉子的鞋，地面应使用不发生火花的材料铺设。

装运盛装易燃易爆危险品的金属容器时，不要拖拉、抛掷、震动，防止互相撞击产生火花。倾倒或抽取可燃液体时，用铜锡合金或铝皮等不发火花的材料将容易摩擦撞击的部位覆盖起来。

为了防止钢铁零件随物料带入设备内发生撞击起火，可在粉碎机、搅拌机、混合机等设备上安装磁力离析器，吸出、剔出钢铁零件。在破碎、研磨特别危险物质（如碳化钙）的加工过程中，采用惰性气体保护。

3. 高温表面

危险化学品生产的加热、干燥装置，高温物料输送管线，高压蒸气管路及某些反应设备的金属表面等，其表面温度都比较高，能成为燃烧爆炸的点火源。为防止发生事故，采取的主要措施是采用绝热材料对热表面进行保温隔热处理，防止易燃物料与高温设备、管道表面相接触。高温表面上的污垢和物料要经常清除，不准在高温管道或设备上搭晒衣物。

4. 自燃发热

某些易燃易爆物质具有自燃发热的特性。如硝化棉、赛璐珞、黄磷及一些含油物质等。硝化棉、赛璐珞的自燃一般发生在高温潮湿的条件下，它们应存放在通风阴凉干燥处。黄磷应存放在水中与空气隔绝，防止发生自燃。油布、油纸应放入铁桶内，放置在安全地方，并应及时清理，以防自燃。

5. 电气、静电火花

电火花是引起可燃气体、蒸气及粉尘与空气混合物燃烧爆炸的重要着火源。在具有爆炸、火灾的危险场所，如果电气设备不符合防爆规程的要求，则电气设备所产生的火花、电弧和危险温度就可能导致火灾爆炸事故的发生。静电火花也可引起可燃性气体、蒸气及可燃性粉尘的燃烧或爆炸。在化工生产中，物料泄漏喷出、摩擦搅拌，液体以及粉体物料的输送均可因产生静电而导致火灾爆炸事故的发生。

（三）工艺参数的安全控制

1. 温度控制

温度是化工生产中的主要控制参数之一。不同的化学反应都有其最适宜的反应温度，正确控制反应温度不但对保证产品质量、降低消耗有重要意义，而且也是防火防爆所必需的。温度过高，能引起剧烈的反应而发生冲料或爆炸，也可能引起反应物的分解着火；温度过低，有时会造成反应减慢或停滞，而一旦反应温度恢复正常时，往往会由于未反应的物料过多而发生剧烈反应甚至爆炸。同时，温度过高还会使降温设施发生故障，液化气体和低沸点介质气化，发生超压爆炸；而温度过低还会使某些物料冻结，造成管路堵塞或破裂，致使易燃物泄漏发生火灾和爆炸。

2. 投料控制

（1）控制投料速度

对于放热反应，投料速度不能超过设备的传热能力，否则会引起温度急剧升高，并引发副反应或引起物料的分解、突沸而导致冲料着火、爆炸。如果投料速度突然减小，能引发两种情况：一是加料量太少，使温度计接触不到液面而导致误判断，造成事故；二是导致物料温度降低，反应物不能完全反应而积累下来，若此时采取了不适当的升温措施，会使积聚物同时参与反应，温度和压力突然升高而造成事故。

（2）控制投料配比

反应物料的配比关系要严格控制，对反应物料的浓度、含量、流量、重量等影响配比的因素都要准确地进行分析和计量。

对连续化程度较高、危险性较大的生产，尤其要注意投料的配比。例如，环氧乙烷生产中乙烯和氧的混合反应，硝酸生产中氨和空气的氧化反应，丙烯腈生产中丙烯、氨、空气的氧化反应等，其投料配比应临近爆炸下限，反应温度接近或超过其自燃点，一旦比例失调，就能引发爆炸火灾事故。特别是在开、停车过程中，反应物的浓度在发生变化，开车时催化剂活性较低，容易造成反应器出口氧浓度过高而引发事故。为了保证安全，应尽量减少开、停车次数，经常分析核对气体含量，并设置联锁装置，控制好原料的投料配比。

催化剂对化学反应速度的影响很大，一旦配比失误，催化剂过量，就可能发生危险。可燃或易燃物与氧化剂的反应，要严格控制氧化剂的投料量和投料速度。在某一比例下能形成爆炸性混合物的生产过程，其物料配比应严格控制在爆炸极限范围以外。如工艺条件允许，可添加水、水蒸气或惰性气体进行稀释保护。

（3）控制投料顺序

化工生产中，按照规定的顺序进行投料既是工艺的需要，也是安全的要求。如氯化氢的合成，必须先加氢后加氯，三氯化磷的生产是先加磷后加氯，否则就有燃爆危险。又如，用2，4- 二氯酚、对硝基氯苯加碱生产除草醚时，三种原料必须同时加入反应罐。如只加2，4- 二氯酚和碱，就会生成二氯酚钠盐，在240℃下就能分解爆炸；若只加硝基氯苯和碱，则反应后生成对硝基氯酚钠盐，在200℃下也能分解爆炸。为了防止顺序颠倒，应将进料阀门进行互相联锁。

（4）控制原料纯度和副反应

有许多化学反应，往往由于反应物料中含有危险性杂质而造成副反应或过反应，以致造成燃烧或爆炸事故。因此，对生产原料、中间产品及成品应有严格的质量检验，以保证其纯度和含量。

例如，在以乙炔和氯化氢为原料生产聚氯乙烯的过程中，氯化氢中游离氯一般不允许超过0.005%。因为过量游离氯与乙炔反应会生成四氯乙烷而立即爆炸；同样，乙炔生产中要求电石中含磷不超过0.08%，因为电石中的磷是以磷化钙的形式存在的，它遇水后生成磷化氢，遇空气即燃烧，可导致乙炔与空气混合气体的爆炸。

反应原料中的少量有害成分未清除干净，在生产的初始阶段可能没有太大的影响。但随着物料的不断循环，就会越积越多，最终导致事故的发生。在生产过程中，可以采用定期排空或其他处理办法来防止爆炸性气体的积累。在高压法合成甲醇的生产中，在甲醇分离器之后的气体管道上设置放空管，通过控制放空量来保证系统中甲烷和氯气的含量在13%～15%的范围内。

有时有害杂质来源于未清除干净的设备，对此类设备一定要清除干净，符合要求后才能投料生产。

三、火灾扑救

（一）灭火的原理和方法

1. 窒息灭火法

窒息灭火法即阻止空气进入燃烧区，或用惰性气体稀释空气，使燃烧物质因得不到足够的氧气而熄灭的灭火方法。运用窒息灭火法时，可采用石棉布、浸湿的棉被、帆布、沙土等不燃或难燃材料覆盖燃烧物或封闭孔洞；用水蒸气、惰性气体通入燃烧区域内；利用建筑物上原来的门窗以及储运设备上的盖、阀门等封闭燃烧区，阻止新鲜空气流入等。此外，也可采取用水淹没（灌注）的方法灭火。

2.冷却灭火法

冷却灭火法即将灭火剂直接喷洒在燃烧着的物体上，将可燃物质的温度降到燃点以下，终止燃烧的灭火方法。也可用灭火剂喷洒在火场附近的未燃的易燃物上起冷却作用，防止其受辐射热作用而起火。冷却灭火法是一种常用的灭火方法。

3.隔离灭火法

隔离灭火法即将燃烧物质与附近未燃的可燃物质隔离或疏散开，使燃烧因缺少可燃物质而停止。这种灭火方法适用于扑救各种固体、液体和气体火灾。隔离灭火方法也是一种常用的灭火方法。

隔离灭火法常用的具体措施有：将可燃、易燃、易爆物质和氧化剂，从燃烧区域移出至安全地点；关闭阀门，阻止可燃气体、液体流入燃烧区，用泡沫覆盖已着火的易燃液体表面，把燃烧区与液面隔开，阻止可燃蒸气进入燃烧区；拆除与可燃物相连的易燃、可燃建筑物；在着火林区周围挖隔离沟；用水流或用爆炸等方法封闭井口，扑救汽油井火灾等。

4.化学抑制灭火法

在灭火过程中，使用窒息、冷却、隔离灭火法，灭火剂不参与燃烧反应，属于物理灭火方法。而化学抑制灭火法则是使灭火剂参与到燃烧反应中去，起到抑制反应的作用。具体地说，就是使燃烧反应中产生的自由基与灭火剂中的卤素离子相结合，形成稳定分子或低活性的自由基，从而切断了氢自由基与氧自由基的连锁反应链，使燃烧终止。

根据上述四种基本灭火方法所采取的灭火措施是多种多样的。在灭火中，应根据可燃物的性质、燃烧特点、火灾大小、火场的具体条件以及消防技术装备的性能等实际情况，选择一种或几种灭火方法。一般来说，几种灭火法综合运用效果较好。

(二) 灭火剂的种类和选用

1.水和水蒸气

水是消防上应用最普遍的灭火剂。水的来源丰富，取用方便，成本低廉，其有很好的灭火效能。它可以单独使用，也可与不同的化学剂组成混合液使用。

(1) 水的灭火原理

水的灭火原理主要包括冷却作用、窒息作用和隔离作用。

①冷却作用。水的比热容较大（4.1868kJ/kg·℃），水的蒸发热也较大（2.2567kJ/kg），常温水与炽热的燃烧物接触时，在被加热和汽化的过程中，就会大量吸收燃烧物的热量，使燃烧物的温度迅速降低而灭火。

②窒息作用。常压下，水汽化成水蒸气体积能增大1700倍，可稀释燃烧区中

的可燃气体和氧气，使它们的浓度下降，从而使可燃物因"缺氧"而停止燃烧。

③隔离作用。加压的水流能喷射到较远的地方，具有机械冲击作用，能冲进燃烧表面而进入内部，破坏燃烧分解的产物，使未着火的部分隔离燃烧区，防止燃烧物质快速分解而熄灭。

（2）灭火用水的几种形式

①普通无压力用水。用容器盛装，人工浇到燃烧物上。

②加压的密集水流。用专用设备喷射，灭火效果比普通无压力用水好。

③雾状水。用专用设备喷射，因水呈雾滴状，吸热量大，灭火效果好。

（3）不能用水扑灭的火灾

①相对密度小于水和不溶于水的易燃液体，如汽油、煤油、柴油等油品。（相对密度大于水的可燃液体，如硫化碳，可用喷雾水扑救，或用水封阻火势的蔓延）某些芳香烃类能溶或稍溶于水的液体，如苯类、醇类、醚类、酮类、脂类及丙烯腈等大容量储存罐，如用水扑救，易造成可燃液体的飞溅和溢流，使火势扩大。

②遇水能燃烧的物质。如金属钾、钠、碳化钙等，不能使用水或含有水的泡沫液灭火，而应用沙土灭火。

③硫酸、盐酸和硝酸引发的火灾，不能用强大的水流冲击。因为强大的水流能使酸飞溅，流出后遇可燃物质，有引起爆炸的危险。而酸溅到人身上，能使人烧伤。

④电器火灾未切断电源前不能用水扑救。因为水是良导体，容易造成触电。

⑤高温状态下的生产设备和装置的火灾不能用水扑救。以防高温设备遇冷水后骤冷，引起形变或爆裂。

2. 化学泡沫灭火剂

常用的化学泡沫灭火剂，主要是酸性盐（硫酸盐）和碱性盐（碳酸氢钠）与少量的发泡剂（植物的水解蛋白质或甘草粉）、少量的稳定剂（三氯化铁）等混合后，相互作用而生成的泡沫。

化学泡沫灭火剂发生作用后生成大量的二氧化碳气体，反应中生成的 CO_2 气体在发泡剂的作用下，形成以 CO_2 为核心的泡沫从喷嘴中压出。由于泡沫中含有胶体 $Al(OH)_3$ 且泡沫相对密度小（0.2左右），易于黏附在燃烧物表面，并可增强泡沫的热稳定性。灭火剂中的稳定剂不参加化学反应，但它分布于胞膜中可使泡沫稳定、持久、提高泡沫的封闭性能，起到隔绝氧气的作用，达到灭火的效果。

泡沫灭火剂主要用于扑救各种不溶于水的可燃、易爆液体，如石油产品等；也可用来扑救木材、纤维、橡胶等固体的火灾。化学泡沫灭火剂不能用来扑救忌水、忌酸的化学物质和电气设备的火灾。

泡沫灭火剂由于发泡剂不同有多种类型，有蛋白泡沫灭火剂、水成膜泡沫灭火剂、抗溶性泡沫灭火剂、高倍数泡沫灭火剂等。

3. 二氧化碳灭火剂

二氧化碳是以液态形式加压充装于钢瓶中的。当它从灭火剂中喷出时，由于突然加压，一部分二氧化碳绝热膨胀、汽化，吸收大量的热量，另一部分二氧化碳迅速冷却成雪花状固体（又称为干冰）。"干冰"（温度 -78.5℃）喷向着火处时，立即汽化，起到稀释氧浓度的作用；同时，又起到冷却作用；而且大量二氧化碳气体笼罩在燃烧区域周围，还能起到隔离燃烧物与空气的作用。因此，二氧化碳的灭火效率也较高，当二氧化碳占空气浓度的 30% ~ 35% 时，燃烧就会停止。

二氧化碳灭火剂在消防工作中有较广泛的作用。它有很多优点，灭火后不留任何痕迹，不损坏被救物品，不导电，无毒害，无腐蚀，用它可以扑救电气设备、精密仪器、电子设备、图书资料档案等火灾。但忌用于某些金属，如钾、钠、镁、铝、铁等的火灾，也不适用于某些在惰性介质中自身供氧燃烧的物质，如硝化纤维火药的火灾，也难以扑灭一些纤维物质内部的阴火。

除二氧化碳外，其他惰性气体如氮气，也可用作灭火剂。

4. 干粉灭火剂

干粉灭火剂是比较典型的灭火剂，由于它的灭火效率比较高，用途日益广泛。干粉灭火剂是一种干燥的、易于流动的微细固体粉末，由能灭火的基料（90% 以上）和防潮剂、流动促进剂、结块防止剂等添加剂组成。在救火中，干粉借助于气体压力从容器中喷出，以粉雾的形式灭火。

5. 其他

用沙、土等覆盖物也可进行灭火，把它们覆盖在燃烧物上，主要起到空气隔离的作用。另外，沙、土等也可从燃烧物吸收热量，起到一定的冷却作用。

（三）安全疏散和逃生自救

1. 安全疏散

安全疏散是指发生火灾时，现场人员及时撤离建筑物并到达安全地点的过程。人员疏散工作应由专人指挥，分组行动，互相配合。疏散过程中，疏散人员应保持冷静，不要乱跑或盲目随从别人，应辨清着火源方位和有毒烟雾流动方向，尽可能避开烟雾浓度高的区域，向火场上风处进行疏散。现场负责人通过口头或火警广播及时通报火场情况，组织现场人员按照预定的顺序、路线进行疏散。首先应疏散着火层人员，其次是着火层以上楼层人员，最后是着火层以下楼层人员。在消防人员到达现场之前，火场上受火灾威胁的人员必须服从现场负责人的指挥；当公安消防人员到场后，由公安消防部门组织指挥。

生命是最重要的，不要因寻找、携带贵重物品而浪费宝贵的逃生时间，也不要在疏散过程中因携带过多财物而影响逃生速度。已经逃离险境的人员，切莫重返险地。发生火灾时，建筑物内随时有可能断电，正在运行中的电梯会突然停止，使人员被困电梯内，故疏散时不可乘电梯。

2. 逃生自救

火灾发生后，由于火场上火势的不同，被困人员所处的位置也不一样，逃生自救的方法也不尽相同。被困人员应根据现场情况，采取相应的措施和方法进行逃生自救。

当疏散通道着火，火势不大时，可用水把身上的衣服淋湿，或将毛毯、棉大衣等淋湿披在身上，用湿毛巾、口罩等捂住口鼻，低姿势走出或爬出烟雾区。如果身上已经着火，应设法把着火的衣服脱掉或就地打滚，压灭火苗。若能及时跳进水中或让人向身上浇水，则更为有效。如疏散通道被大火封堵，可将床单、被罩或窗帘等撕成条拧成麻花状或将绳索一端拴在门或暖气管道上，用手套、毛巾将手保护好，顺着绳索爬下逃生。也可借助建筑物外墙的落水管、电线杆、避雷针引线等竖直管线下滑至地面。通过攀爬阳台、窗口的外沿及建筑周围的脚手架、雨棚等突出物，也可以躲避火势和烟气。

无法撤离时，应退回房间或卫生间内，关闭通往着火区域的门窗，将毛巾、毛毯等织物钉在或夹在门上，有条件时可向门窗上浇水，以延缓火势蔓延或烟雾侵入。千万不要躲避在可燃物多的地方。如房间内烟雾太浓，不宜大声呼叫，可用湿毛巾等捂住口鼻，防止烟雾进入口腔和呼吸道。在夜晚可使用手电筒或向室外扔出小东西发出求救信号。

火场逃生时切勿轻易跳楼，在万不得已的情况下，要选择较低的地面作为落脚点，或可将沙发垫、厚棉被等抛下做缓冲物。

第二节　实验室基本安全操作

一、实验室用电安全

(一) 用电安全的重要性

1. 人身安全

保证人身安全，是任何安全工作中第一重要的，用电安全最根本的目的也在于此。当然，人身安全是一个广义的概念，几乎所有安全工作都存在人身安全问题。这里重点讲述人体不慎触电对人身安全构成的伤害，以及如何防止人体触电和触电抢救等方面知识。

人体触电指的是电流通过人体时对人体产生的生理和病理伤害。无论是交流电还是直流电，在通过同样电流的情况下，对人体都有相似的危害。

电流对人体的伤害可分为电击和电伤两种类型。

（1）电击

电击是电流通过人体时对体内组织器官、神经系统造成的损害，严重时会危及生命。按照人体触电及带电体的方式和电流流经人体的途径，电击可分为以下三种形式：

① 单相电击

单相电击是指人站在导电性地面或其他接地导体上，身体某一部位触及一相带电导体造成的触电事故。单相电击的危险程度不但与带电体电压高低、人体电阻、鞋和地面状态等因素有关，还与人体离接地地点的距离及配电网对地运行形式有关。据统计，大部分人体触电事故都是单相电击事故。

② 两相电击

两相电击是指人体离开接地导体，身体某两部位同时触及两相带电导体造成的触电事故。两相电击的危险程度主要取决于两相带电导体之间的电压高低和人体电阻大小等因素，一般说来，其危险性是比较大的。

③ 跨步电压电击

跨步电压电击是指人体进入地面带电区域时，两脚之间承受的跨步电压造成的触电事故。所谓跨步电压，即当电流流入地下时，电流自接地体向四周流散，于是接地体周围的土壤中产生电压降低，接地点周围地面将呈现不同的对地电压。

（2）电伤

电伤是电流以热效应、机械效应、化学效应等形式对人体外表造成的局部伤害。这种伤害通常发生在机体外部，是外伤，一般无生命危险。电伤可分为以下几种情况：

① 电烧伤

电烧伤是指电流的热效应对人体造成的伤害，是最常见的电伤。电烧伤包括电流灼伤和电弧烧伤。

② 电烙印

电烙印是指在人体与带电体接触的部位留下的永久性痕迹，如同烙印。痕迹处一般不发炎也不化脓，而是皮肤失去弹性、色泽，表皮坏死，失去知觉。

③ 皮肤金属化

皮肤金属化是指在电弧极高温度（中心温度可高达8000℃）作用下，金属熔化、汽化，其微粒溅入皮肤表层致使皮肤金属化。金属化的皮肤粗糙坚硬，经过较长时间后可自行脱落。

(3) 影响电流对人体作用的几个因素

① 电流强度

通过人体的电流越大，对人体的伤害越严重。根据电流对人体的伤害程度，可以将电流分为感知电流、摆脱电流和致命电流。

感知电流：能够引起人体感觉的最小电流。成年男性平均感知电流为1.1mA，成年女性为0.7mA。感知电流不会对人体构成伤害。

摆脱电流：人体触电后能够自主摆脱电源的最大电流。成年男性平均摆脱电流为16mA，成年女性为10.5mA。

致命电流：在很短时间内导致生命危险的电流。一般情况下，50mA的电流可使心室颤动，100mA以上的电流足以致命。

② 持续时间

电流通过人体的持续时间越长，对人体的伤害越严重。这主要是由于持续通电时间过长，外电能在体内积累越多，较小的电流就可使心室颤动；持续通电时间过长，导致人体出汗和体内组织电解，使人体电阻逐渐降低，电流增大，触电后果愈加严重。人的心脏每收缩扩张一次就有0.1s的间歇，在这0.1s时间内，心脏对电流最敏感。如果电流在这一瞬间流经心脏，即使电流不大，也会给心室造成很大伤害。

③ 电流频率

不同频率的电流对人体的伤害程度有所区别。50~60Hz的工频电流对人体的伤害最为严重。高频电流（2000Hz以上）对人体的伤害反而比工频电流低，低频电流（20Hz以下）对人体的伤害更小。

④ 电流流经人体的途径

电流通过心脏、中枢神经（脑部和脊椎）、呼吸系统都会对人体造成极大的伤害。电流从左手通过前胸到脚是最危险的电流途径，这时心脏、肺部等重要器官都在电路内，极易导致心室颤动和中枢神经失调而死亡；电流从右手到脚危险性要小一些，但会因痉挛而摔伤；从右手到左手的危险性又比从右手到脚要小一些；脚到脚的危险性更小。

⑤ 人体状况

触电危险性和触电者的性别、年龄、健康状况等因素有直接关系。身体健壮、经常从事体育锻炼的人要比患心脏病、结核病、内分泌器官疾病及精神状态不好或经常醉酒的人的触电后果要轻；老年人、儿童的触电后果比年轻人重；女性比男性重。

(4) 防止人体触电的基本措施

人体触电事故是电气事故中最常见的、最危险的，也是和用电者关系最密切的一类电气事故，必须做好这类事故的防范工作。

① 绝缘防护

使用绝缘材料将导电体封护或隔离起来，保证电气设备及线路能够正常工作，防止人体触电，这就是绝缘保护。要注意两点：一是绝缘材料质量要好，包括电气性能、机械性能、热性能、耐冲击性能、化学稳定性等；二要经常检查设备和线路的绝缘情况，发现问题及时处理。绝缘被破坏可能有三个原因：一是击穿，包括电击穿、热击穿、电化学击穿等各种方式；二是自然老化；三是由于机械磨损、有害物质腐蚀等因素造成的损坏。

② 屏护

屏护是采用遮栏、围栏、护罩、护盖或隔离板、箱闸等把危险带电体同外界隔绝开来，以减少触电事故发生的可能性，还起到防止电弧伤人、弧光短路和便利检修工作的作用。屏护装置主要用于电气设备不便于绝缘或绝缘不足以保证安全的场合。如开关电器的可动部分一般不能加包绝缘，而需要屏护；不论高压设备是否已经绝缘，都要采取屏护措施，并加以明显标志，如"止步，高压危险！"等标示牌，必要时还应上锁。

③ 电气设备外壳要良好接地

当电气设备一旦漏电或被击穿时，平时不带电的金属外壳和金属部件便带有电压，人体触及时就会发生危险。如果外壳接地，就会明显降低触电电压，大大减轻危险程度。大型仪器和电热设备更需要这样做。

④ 安装漏电保护装置

漏电保护是目前比较先进、比较安全的技术措施。它的主要作用是：当电气设备或线路发生漏电或接地故障时，能在人体尚未触及之前把电源切断。万一人体不慎触电时，也能在0.1s内切断电源，从而减轻电流对人体的伤害。高压电（300V以上）使用者、特殊的用电环境、重要场所、大型仪器设备等必须安装漏电保护器，有条件的一般用电单位最好也要装上。

⑤ 其他常识

还有一些防止触电的常识，也应该高度重视。例如，操作电器时手必须干燥；不能用试电笔去试高压电；修理或安装电气设备时先切断电源；在必要时要在安全电压下工作等。另外，也要注意高频电磁场对人体造成的生理伤害以及静电在某些特殊环境中的危害。

2. 用电线路安全

电气线路包括室外高压、低压架空线路，电缆线路，室内低压配线，二次回路等。以下主要介绍实验室内低压配线的线路安全。

(1) 实验室线路

高校化学实验楼所有室内线路，都必须按照国家或行业相关标准和要求进行设计和敷设。实验室线路要有动力电和照明电两个独立系统。单相电是三线制（相线、零线、地线），三相电是五线制（三根相线、一根零线和一根地线）。实验室要安装配电箱。各实验台的分闸和照明灯的开关在配电箱内。所有动力电和照明电的电闸全部是空气开关，每一个回路都配有漏电保护器，某些特殊环境还需进行防爆处理。有条件时，还应实施双路供电。

配电箱是安全用电的重要部位，一旦发生事故，必须争取时间首先拉断电闸。所以，各实验室和办公室的配电箱前面不允许放置遮挡物（冰箱、仪器等）。万一实验室电闸因故不能断开，也要尽快把楼道配电柜内控制该房间的电闸断开。楼道配电柜的电闸和室内配电箱各空气开关都要有永久性标志，并注明各自负责的范围。

(2) 对导线的要求

① 导线的种类

常见的导线有铜芯、铝芯和铁芯三种。铜芯导线电阻最小，导电性能最好；铝芯导线次之；铁芯导线电阻最大，但机械强度最好，能承受较大外力。导线也有裸导线和绝缘导线之分，裸导线主要用于室外架空线路、变配电站等场所，绝缘导线广泛用于生产、生活的各个方面。

② 导线的安全载流量

导线长期允许通过的电流称为导线的安全载流量。它主要取决于线芯的最高允许温度。如果通过导线的实际电流超过了安全载流量，电流的热效应会使线芯温度增高，超过最高允许温度，加速绝缘层的老化甚至被击穿，容易引起火灾。因此，导线的安全载流量要大于电气设备的额定电流值，这是保证线路安全最重要的措施。

③ 导线的绝缘性能

无论使用哪一种导线，它的绝缘材料各方面性能都要处在良好状态。如果绝缘材料开始老化或某些部位的金属线芯已经裸露在外，应及时更换。

(3) 不允许私自拆改实验室线路

实验室内各种线路都是按标准敷设的，三相电的负荷平均分配。如果私自拆改线路，增大或减小了某一相电的负荷量，就会出问题。若用临时电线，不仅影响实验室美观，还容易造成用电不平衡。如果确因需要一定要改造实验室电气线路，必须经过相关部门同意，并由专业电工操作完成。

（4）插头、插座

要根据电流电压的要求选用质量好的合格产品。劣质产品如铜材料的质量、厚度、面积都会有问题，使接触电阻过大或实际载流量偏大，容易发生危险。插销板要放在台面上或绝缘物品上，不要放在地面上，以免漏水时发生短路。插头也要经常检查内部接线处是否脱落。

大型仪器、电热设备及有保护接零要求和单相移动式电气设备，都应使用三孔插座。

（5）增加过多仪器设备注意增容

实验室新增过多仪器设备，尤其是大型仪器，要考虑室内配电总容量。如果容量不够，必须增容，以免过载。

（6）防爆灯及防爆开关

化学实验楼的某些房间，如试剂库、有机和高分子的部分实验室，由于易燃性气体浓度过高，遇火源会发生爆炸或火灾，还可能爆炸和火灾同时发生，造成严重的人身伤亡和经济损失。所以，在这些房间必须安装防爆灯及防爆开关，主要是因为这些防爆电气设备通过特殊设计与制作，能防止其内部可能产生的电弧、火花和高温引燃周围环境里的可燃性气体，从而达到防爆要求。当然，不同的可燃性气体混合物环境对防爆灯及防爆开关的防爆等级和防爆形式有不同的要求。

防爆灯和防爆开关按防爆结构形式分为隔爆型、增安型、正压型、无火花型和粉尘防爆型五种主要类型，也可以由其他防爆类型和上述各种防爆类型组合为复合型或特殊型。

隔爆型防爆设备是目前高校化学院（系）使用的主要类型。这类设备能承受内部爆炸性混合物的爆炸而不致受到破坏，而且通过外壳任何接合面或结构孔洞，不致使内部爆炸引起外部爆炸性混合物的爆炸。隔爆型设备的外壳主要用钢板、铸钢、铝合金、灰铸铁等材料制成，其耐压性和密封性要符合标准要求。

3. 用电设备安全

化学院（系）的用电设备种类繁多，近几年又不断增加，尤其是大型仪器。所以，用电设备的安全问题日趋突出。如果出现问题，不仅用电设备本身受损，还有可能伤及人身或引发爆炸、着火等恶性事件。因此，用电设备安全应注意以下几点：

（1）仪器设备安装、使用前

① 熟悉仪器设备的各项性能指标

性能指标包括主要额定参数（如额定电压、额定电流、额定功率）以及工作环境允许的温度和湿度范围等，这些数据在仪器后面铭牌处都有注明。仪器设备的额定电压要和电气线路的额定电压相符，工作电流不能超过额定电流，否则绝缘材料易过热而发生危险。

② 清楚仪器设备的使用方法和测量范围

待测量必须与仪器仪表的量程相匹配。若待测量大小不清楚时，必须从仪器仪表的最大量程开始测量。

③ 仪器设备电源不能接错

实验室大部分仪器设备的电源是220V、50Hz交流电，但也有少量仪器是380V三相交流电或直流或低压电源。所以，使用陌生仪器时一定要看准使用哪种电源，并正确连接。

（2）仪器设备使用过程中

① 要严格按照说明书的要求正确操作仪器设备，这是避免仪器设备损坏和保护使用者人身安全最重要、最关键的方法。实验室绝大多数仪器设备事故是由于操作者违规操作导致的。

② 仪器设备工作时使用者不能离开现场，更不能长时间处于无人照看状态。

③ 定期检查仪器设备使用状态，发现问题及时解决。检查的主要内容有：电源线绝缘、发热情况怎样，是否有裸露部分；插头是否接触不良；保护接地是否正确；仪器设备性能是否正常等。

④ 需要水冷的仪器设备，在停水时要有报警和保护措施。

（3）仪器设备使用完毕

① 仪器设备使用完毕一定要关好电源，做好清理工作，各项指标、参数要恢复到原始状态。

② 定期对仪器设备进行维护和保养，尤其是由于各种原因长时间不使用的仪器设备更要经常开启、调试、保洁。

4. 用电环境安全

无论是电气线路的敷设还是电气设备的使用，都需要一个安全、良好的用电环境，否则，在危险环境中用电，极易发生电气火灾事故。安全用电环境的基本要求如下：① 实验室内环境的温度、湿度要合适。一般来讲，室内温度不能超过35℃，如果室内过于炎热，电气设备将由于散热不好容易烧毁。室内空气相对湿度也不要超过75%，空气太潮湿，容易导致短路事故。② 实验室内的易燃、易爆品（特别是挥发性大的）不要超量存放。如果大量存放易燃、易爆品，这些物质的蒸气浓度超过爆炸极限时，遇电火花会引起爆炸、着火。③ 实验室内的导电粉尘（如金属粉末等）浓度不能过高。如果导电粉尘浓度过高，透入仪器设备内部，容易引起短路事故。

（二）引起电气火灾的主要因素

1.短路

火线与地线或与火线的某一点在电阻很小或完全没有电阻的情况下碰在一起，引起电流突然增大的现象叫短路，俗称碰线、混线。短路一般有相间短路和对地短路两种。造成短路的主要原因有以下几点：① 电线年久失修或长时间过热，使绝缘层老化或受损脱落。② 电源电压过高，击穿绝缘层。③ 电线与金属等硬物长期摩擦，使绝缘层破裂。④ 劣质插头、插座或仪器内部线头脱落，相互搭接等。

2.过载

过载就是输电线路实际负载的电流量超过了导线的安全载流量。造成过载的主要原因有两个：一是电线截面选择不当，实际负载超过了电线的安全载流量；二是原来设计安装的输电线路是符合安全载流量的，但后来在线路上接入了过多或功率过大的用电器具，超过了输电线路的负载能力。

3.接触电阻过大

接触电阻过大是指输电线路或仪器内部线路上接线点的电阻过大。接触电阻过大会使接线处过热，导致绝缘层燃烧。其可能是由于以下几种情况引起的：① 电气安装质量差，造成线与线、线与电器间的接线不牢靠。② 接线点由于长期受震动或热胀冷缩等影响，使接头松动。③ 接线点周围污染严重或环境潮湿，使接线点生锈腐蚀，电阻增大。④ 铜铝线复接时，由于接头处理不当，在电腐蚀作用下接触电阻会很快增大。

4.控制器件失灵

某些仪器，特别是电热设备，如果控制器件失灵，到限定温度还继续加热，或不停机连续运转，将造成设备损坏或引起火灾。

5.电火花和电弧

静电积累到一定程度就会发生放电现象，各种开关、接触器、带电刷的设备运行时都会有电火花产生。如果化学实验室易燃、易爆气体浓度过大，一旦有电火花产生，就会造成爆炸，引起火灾。

6.散热不好

各类仪器设备都必须在散热条件好、无污染、温度和湿度适中的环境中使用，防止因散热不好导致仪器损坏。另外，仪器内部的灰尘也要定期清扫，以利于散热。

（三）实验室安全用电的技术指标

1. 人体抗电参数

人体的抗电参数是指与人体抵抗各种电气危害相关的参数。

（1）人体电阻、电容。人体电阻是动态变化的，最高可达几十千欧，最低可下降到 800 欧。人体对地的电容为 100～150pF。

（2）人体耐受电流。人体耐受电流分为不同的层级，即无感知电流、有感知电流、二级电击电流（可摆脱电流）和一级电击电流（不可摆脱电流）。一般情况下，2mA 以下的电流通过人体时，仅产生麻感，对人体影响不大；8～12mA 电流通过人体时，肌肉会自动收缩，身体常可自动脱离电源，除感到"一击"外，对身体损害不大；超过 20mA 即可导致接触部位皮肤灼伤，皮下组织也可因此碳化；25mA 以上的电流即可引起心室纤颤，导致循环停顿而死亡。同时，电流伤害程度还和通电时间有关，如果通电时间过长，即使电流小到 8mA 左右，也可使人死亡或给人以永久性重创。

2. 电场强度限值

我国多个技术标准规定，作业场所的工频电场强度限值为 5.0kV/m，居民区工频电场推荐限值为 4.0kV/m，公众磁感应强度推荐限值为 0.1mT（运动阈值）。

3. 安全电压

我国技术标准规定，工频交流安全电压的上限为 42V，直流安全电压的上限为 72V，实际采用值如下。

工频交流安全电压：≤ 36V；较危险电压：48V，60V；危险电压：≥ 110V。

直流安全电压：≤ 48V；较危险电压：60V，72V，96V；危险电压：≥ 110V。

（四）实验室常用仪器设备的用电安全

1. 电热设备

电炉、电烤箱、干燥箱（烘箱）等都是用来加热的电热设备，加热用的电阻丝是螺旋形的镍铬合金或其他加热材料，温度可达 800℃以上，使用时必须注意安全，否则容易发生火灾。使用中应注意以下几个问题：

（1）电热设备应放在没有易燃、易爆性气体和粉尘及有良好通风条件的专门房间内，设备周围不能有可燃物品和其他杂物。

（2）电热设备最好有专用线路和插座，因为电热设备的功率一般都比较大，如将它接在截面积过小的导线上或使用老化的导线，容易发生危险。

（3）电热设备接通后不可长时间无人看管，要有人值守、巡视。要经常检查电热设备的使用情况，如控温器件是否正常、隔热材料有否破损、电源线是否过热、老化等。

（4）不要在温度范围的最高限值长时间使用电热设备。

（5）如果加热用电阻丝已坏，更换的新电阻丝一定要和原来的功率一致。

（6）不可将未预热的器皿放入高温电炉内。

（7）电热烘箱一般用来烘干玻璃仪器和加热过程中不分解、无腐蚀性的试剂或样品。挥发性易燃物或刚用乙醇、丙酮淋洗过的样品、仪器等不可放入烘箱加热，以免发生着火或爆炸。

（8）烘箱门关好即可，不能上锁。

总之，电热设备的使用要有严格的操作规程和制度。

2. 电冰箱

电冰箱在实验室的使用越来越普遍，由于违规使用导致的实验室事故也非常多。冰箱在使用过程中应高度重视以下内容：

（1）保存化学试剂的冰箱应安装内部电器保护装置和防爆炸装置，最好使用防爆冰箱。

（2）不要把食物放在保存化学试剂的冰箱内。

（3）冰箱内保存的化学试剂，应有永久性标签并注明试剂名称、物主、日期等。化学试剂应该放在气密性好，最好是充满氮气的玻璃容器中。

（4）不要将剧毒、易挥发或易爆化学试剂存放在冰箱里。

（5）不要在冰箱内进行蒸发重结晶，因为溶剂的蒸气可能会腐蚀冰箱内部器件。

（6）应该定期擦洗冰箱，清理药品。

3. 空调器

空调器如果使用不当，也会引起火灾。主要原因是：电容器耐压值不够；受潮；电压过高被击穿；轴流风扇或离心风扇因故障停转使电机温度升高，导致过热短路起火；空调出风口被窗帘布阻挡，使空调机逐步升温，先引燃窗帘布再引起机身着火；导线过细载流量不足，造成超负荷起火等。因此，在使用空调时应做到以下几点：

（1）空调器应配有专用插座且保证良好接地，导线和空调器功率要匹配。

（2）空调器周围不得堆放易燃物品，窗帘不能搭在空调器上，要有良好的散热条件。

（3）空调开启后，温度不要调得太低，更不要长时间在太低温度下运行。门窗要关好，以提高空调使用效率。

（4）经常检查空调器元件，定期检查制冷温度，定期清洗空气过滤网，杂物障碍及时排除。

4. 变压器

不少化学实验室都在使用各种类型电器变压器，但有些方面使用不规范，存在安全隐患。使用中应注意以下问题：

（1）变压器应远离水源，如最好不要放在通风柜内水嘴旁，以免溅上水引起短路。

（2）变压器的功率要和电器的功率一致或者略大一些。

（3）变压器电源进线上最好装上开关并接好指示灯，以提醒在电器使用完毕后及时切断电源。

（4）不要在变压器周围堆放可燃性物质。

（5）经常检查变压器在使用过程中的状况，如发现有异味或较大噪声，应及时处理。

为了更好地解决化学实验室常用设备的安全问题，建议最好购买带有防爆功能的电烘箱、电冰箱、空调器、变压器等电气设备。这类电气设备的控制电路、各种元器件以及内外部结构，都必须经过科学防爆设计，特别适合化学实验室使用。例如，化学防爆电冰箱，具有数字化 LED 温度设定与显示、外置式自保护控制线路、工作传感器和安全传感器，确保设备不会短路和断电；压缩机过载保护功能，在有故障的情况下，设备将自动断电，同时发出声光报警信号；内壁的防静电涂层确保不会产生静电，储存腔内没有任何线路，不会产生电火花；夹层内特制缓冲层，保证紧急情况下的安全等。化学实验室的易燃、易爆和易挥发化学品最好存放在化学防爆电冰箱里。

二、实验室用水安全

（一）实验室用水分类

我国把实验室用水分为三级。我们通常使用三级水即可：① 三级水用于一般化学分析实验，可用蒸馏或离子交换等方法制取。② 二级水用于分析实验室用水 GB/T 6682 二级水应用；食品微生物学检验 GB 4789 的应用；缓冲液、微生物培养、滴定实验、水质分析实验、化学合成、组织培养、动物饮用水、颗粒分析用水以及紫外光谱分析；可通过多次蒸馏或离子交换制得。③ 一级水用于仪器分析实验：液相色谱 / 质谱、原子吸收、ICP/MS、离子色谱。

实验中的用水，由于实验目的不同对水质各有一定的要求，如冷凝作用、仪器的洗涤、溶液的配制以及大量的化学反应和分析及生物组织培养，对水质的要求都有所不同。因此，需要把水提纯，纯水常用蒸馏法、离子交换法、反渗透法、电渗析法等方法获得。了解实验室用水安全，首先要清楚实验室用水的种类，用蒸馏方法制得的纯水叫作蒸馏水，用离子交换法等制得的纯水叫去离子水。

1. 自来水

自来水是实验室用得最多的水，一般器皿的清洗、真空泵中用水、冷却水等都是用自来水。如果使用不当，就会造成麻烦，如与电接触。针对上行水和下行水出现的故障，如水龙头或水管漏水、下水道排水不畅时，应及时修理和疏通；冷却水的输水管必须使用橡胶管，不得使用乳胶管，上水管与水龙头的连接处及上水管、下水管与仪器或冷凝管的连接处必须用管箍夹紧，下水管必须插入水池的下水管中。

2. 蒸馏水

实验室最常用的一种纯水，虽设备便宜，但极其耗能和费水且速度慢，以后应用会逐渐减少。蒸馏水能去除自来水内大部分的污染物，但挥发性的杂质无法去除，如二氧化碳、氨、二氧化硅以及一些有机物。新鲜的蒸馏水是无菌的，但储存后细菌易繁殖。此外，储存的容器也很讲究，若是非惰性的物质，离子和容器的塑形物质会析出造成二次污染。

3. 去离子水

应用离子交换树脂去除水中的阴离子和阳离子，但水中仍然存在可溶性的有机物，可以污染离子交换柱从而降低其功效。此外，去离子水存放后也容易引起细菌的繁殖。

4. 反渗水

其生成的原理是水分子在压力的作用下，通过反渗透膜成为纯水，水中的杂质被反渗透膜截留排出。反渗水克服了蒸馏水和去离子水的许多缺点，利用反渗透技术可以有效去除水中的溶解盐、胶体，细菌、病毒、细菌内毒素和大部分有机物等杂质，但不同厂家生产的反渗透膜对反渗水的质量影响很大。

5. 超纯水

其标准是水电阻率为 $18.2M\Omega \cdot cm$。但超纯水在 TOC（总有机碳）、细菌、内毒素等指标方面并不相同，要根据实验的要求来确定。如细胞培养对细菌和内毒素有要求，而 HPLC 则要求 TOC 低。

(二) 实验室中用水注意事项

(1) 实验室的上、下水道必须保持通畅。应让师生员工了解实验楼自来水总闸的位置，以便发生水患时，立即关闭总阀。

(2) 实验室要杜绝自来水龙头打开而无人监管的现象，要定期检查上下水管路、化学冷却冷凝系统的橡胶管等，避免发生因管路老化等情况所造成的漏水事故。

（3）冬季须做好水管的保暖和放空工作，防止水管受冻爆裂。

三、实验室用气安全

（一）气体分类

气体按其危险性的大小可分为三类。

1. 易燃气体

易燃气体是指温度在20℃、标准大气压为101.3kPa时，爆炸极限 ≤ 13%（体积分数），或不论易燃下限如何，与空气混合，燃烧范围的体积分数至少为12%的气体。如压缩或液化的氢气、甲烷等。

2. 非易燃无毒气体

非易燃无毒气体是指在20℃时，蒸气压力不低于280kPa或作为冷冻液体运输的不燃、无毒气体，如氮气、稀有气体、二氧化碳、氧气、空气等。此类气体虽然不燃、无毒，但处于压力状态下，仍具有潜在的爆裂危险。其可分为：

（1）窒息性气体。会稀释或取代通常在空气中氧气的气体。

（2）氧化性气体。通过提供氧气比空气更能引起或促进其他材料燃烧的气体，如氧气、压缩空气等。

（3）不属于其他项的气体。

3. 毒性气体

毒性气体是指吸入半数致死浓度 $LC_{50} < 5mL \cdot L^{-3}$ 的气体。此类气体对人畜有强烈的毒害、窒息、灼伤、刺激作用，如氯气、一氧化碳、氨气、二氧化硫、溴化氢等。

（二）气体危险特性

1. 物理性爆炸

储存于钢瓶内压力较高的压缩气体或液化气体，受热膨胀压力升高，当超过钢瓶的耐压强度时，即会发生钢瓶爆炸。特别是液化气体，这种气体在钢瓶内是液态和气态共存，在运输、使用或储存中，一旦受热或撞击等外力作用，瓶内的液体会迅速汽化，从而使钢瓶内压力急剧增大，导致爆炸。钢瓶爆炸时，易燃气体及爆炸碎片的冲击能间接引起火灾。

2. 化学活泼性

易燃和氧化性气体的化学性质很活泼，在普通状态下可与很多物质发生反应或爆炸燃烧。例如，乙炔、乙烯与氯气混合遇日光会发生爆炸；液态氧与有机物接触能发生爆炸；压缩氧与油脂接触能发生自燃。

3. 可燃性

易燃气体遇火源能燃烧，与空气混合到一定浓度会发生爆炸。爆炸极限宽的气体发生火灾、爆炸的危险性更大。

4. 扩散性

比空气轻的易燃气体逸散在空气中可以很快地扩散，一旦发生火灾会造成火焰迅速蔓延。比空气重的易燃气体泄漏出来，往往漂浮于地面或房间死角中，长时间积聚不散，一旦遇到明火，易导致燃烧爆炸。

5. 腐蚀性、致敏性、毒害性及窒息性

大多数气体都有毒性，如硫化氢、氯乙烯、液化石油气、一氧化碳等。有些气体还具有腐蚀性，这主要是一些含硫、氮、氟元素的气体，如硫化氢、氨、三氟化氮等。这些气体不仅可引起人畜中毒，还会使皮肤、呼吸道黏膜等受到严重刺激和灼伤而危及生命。当大量压缩或液化气体及其燃烧后的直接生成物扩散到空气中时，空气中氧的含量降低，人就会因缺氧而窒息。因此，在处理或扑救具有毒性、腐蚀性、窒息性的气体火灾时，应特别注意自身的防护。

（三）气瓶储存和使用

（1）应远离火源和热源，避免受热膨胀而引起爆炸。

（2）性质相互抵触的应分开存放，如氢气与氧气钢瓶等不得混放。

（3）有毒和易燃易爆气体钢瓶应放在室外阴凉通风处。

（4）钢瓶不得撞击或横卧滚动。

（5）在搬运钢瓶过程中，必须给钢瓶配上安全帽，钢瓶阀门必须旋紧。

（6）压缩气体和液化气体严禁超量灌装。

（7）使用前要检查钢瓶附件是否完好、封闭是否紧密、有无漏气现象。如发现钢瓶有严重腐蚀或其他严重损伤，应将钢瓶送至有关单位进行检验。若超过使用期限，不准延期使用。

（四）气体火灾的扑救

（1）首先应扑灭外围被火源引燃的可燃物，切断火势蔓延途径，控制燃烧范围。

（2）扑救压缩气体和液化气体火灾切忌盲目灭火。即使在扑救周围火势过程中不小心把泄漏处的火焰扑灭了，在没有采取堵漏措施的情况下，也必须立即用长的点火棒将火点燃，使其稳定燃烧。否则，大量气体泄漏出来与空气混合，遇火源就会发生爆炸，后果不堪设想。

（3）如果火场中有压力容器或有受到火焰辐射热威胁的压力容器，应尽可能将压力容器转移到安全地带，不能及时转移时应用水枪进行冷却保护。

（4）如果是输气管道泄漏着火，应设法找到气源阀门将阀门关闭。

（5）堵漏工作做好后，即可用水、干粉、二氧化碳等灭火剂进行灭火。

（五）特殊气体的性质和安全

1. 乙炔

乙炔是一种无色无味气体，微溶于水，溶于乙醇、丙酮、氯仿、苯，混溶于乙醚。闪点为 -17.7℃（OC），爆炸极限为 2.5% ~ 82%。

乙炔极易燃烧爆炸，与空气混合，可形成爆炸性的混合物，遇火源能引起燃烧爆炸。与氧化剂接触发生猛烈反应。能与铜、银等的化合物生成爆炸性物质。乙炔对人体具有弱麻醉作用，急性中毒可引起不同程度的缺氧症状，如出现头痛、头晕、全身无力等。若吸入高浓度乙炔，初期为兴奋、多语、哭笑无常，后期为眩晕、头痛、恶心和呕吐，严重者甚至昏迷、发绀、瞳孔对光反应消失。

乙炔气体钢瓶应储存在通风良好的库房里竖立放置，严禁在地面上卧放。库房温度不宜超过30℃，应远离火源、热源，防止阳光直射，与氧化剂、酸类、卤素分开存放。

注意事项：

（1）乙炔气瓶在使用、运输、贮存时，环境温度不得超过40℃。

（2）乙炔气瓶的漆色必须保持完好，不得任意涂改。

（3）乙炔气瓶在使用时必须装设专用减压器、回火防止器，工作前必须检查是否好用，否则禁止使用，开启时，操作者应站在阀门的侧后方，动作要轻缓。

（4）使用压力不超过 0.05MPa，输气流不应超过 1.5 ~ 2.0m³/h。

（5）使用时要注意固定，防止倾倒，严禁卧倒使用，对已卧倒的乙炔气瓶，不准直接开气使用，使用前必须先立牢静止 15min 后，再接减压器使用，否则危险，此外禁止敲击、碰撞等粗暴行为。

（6）存放乙炔气瓶的地方，要求通风良好。使用时应装上回闪阻止器，还要注意防止气体回缩。如发现乙炔气瓶有发热现象，说明乙炔已发生分解，应立即关闭气阀，并用水冷却瓶体，同时最好将气瓶移至远离人员的安全处加以妥善处理。发生乙炔燃烧时，绝对禁止用四氯化碳灭火。

泄漏应急处理：迅速撤离泄漏污染区人员至上风处，并进行隔离，严格限制出入，切断火源。建议应急处理人员佩戴自给正压式呼吸器，穿防静电工作服。尽可能切断泄漏源。合理通风，加速扩散。喷雾状水稀释、溶解。构筑围堤或挖坑以收容产生的大量废水。如有可能，将漏出气用排风机送至空旷地带或装设适当喷头烧掉。漏气容器要妥善处理，一定要修复、检验后再用。

2. 氢气

密度小，易泄漏，扩散速度很快，易和其他气体混合。氢气与空气混合气的爆炸极限：空气中含量为 18.3%～59.0%（体积比），此时，极易引起自燃自爆，燃烧速度约为 2.7m/s。

注意事项如下：

（1）室内必须通风良好，保证空气中氢气最高含量不超过体积比的 1%。室内换气次数每小时不得少于 3 次，局部通风每小时换气次数不得少于 7 次。

（2）与明火或普通电气设备间距不应小于 10m，工具要用无火花工具，能够防止静电积累并有良好静电导除措施，着装要以不产生静电为原则。现场应配备足够的消防器材。

（3）氢气瓶与盛有易燃、易爆物质及氧化性气体的容器和气瓶间距不应小于 8m，最好放置在室外专用的小屋内，旋紧气瓶开关阀，以确保安全。

（4）禁止敲击、碰撞，不得靠近热源。

（5）必须使用专用的氢气减压阀，开启气瓶时，操作者应站在阀口的侧后方，动作要轻缓。

（6）阀门或减压阀泄漏时，不得继续使用；阀门损坏时，严禁在瓶内有压力的情况下更换阀门。

（7）瓶内气体严禁用尽，应保留 2MPa 以上的余压。

3. 氧气

氧气是一种无色无味的气体，相对分子质量 32.00，熔点 -218.4℃，沸点 -183℃。1L 液态氧为 1.41kg，在 20℃、101.3kPa 下能蒸发成 860L 氧气。氧气虽然是生命赖以生存的物质，但当氧气浓度过高时，也会使人引起中毒或死亡。如常压下，当氧气的浓度超过 40 时，就可能发生氧中毒；当吸入的氧浓度在 80 以上时，则会出现眩晕、心动过速、虚脱、昏迷、呼吸衰竭以致死亡。

氧气本身不燃烧，但具有助燃性，能与多数可燃气体或蒸气混合而形成爆炸性混合物。纯氧与矿物油、油脂或细微分散的可燃粉尘（炭粉）接触时，由于剧烈的氧化升温、积热能引起自燃，甚至发生燃烧爆炸。氧气钢瓶应储存在阴凉通风处，远离火源、热源，避免阳光直射。

氧气瓶一定要防止与油类接触，并绝对避免让其他可燃性气体混入氧气瓶；禁止用（或误用）盛其他可燃性气体的气瓶来充灌氧气。此外，氧气瓶禁止放于阳光暴晒的地方。

（六）气体检漏方法

（1）感官法：采取耳听鼻嗅的方法。如听到钢瓶有"嘶嘶"的声音或者嗅到有强烈刺激性臭味或异味，即可定为漏气。这种方法很简便，但有局限性，对剧毒性气体和某些易燃气体不适合。

（2）涂抹法：把肥皂水抹在气瓶检漏处，若有气泡产生，则能判定为漏气。此法使用较普遍、准确，但注意对氧气瓶检漏时则严禁使用，以防肥皂水中的油脂与氧接触发生剧烈的氧化反应。

（3）气球膨胀法：用软胶管套在气瓶的出气口上，另一端连接气球。如气球膨胀，则说明有漏气现象。此法最适用于剧毒气体和易燃气体检漏。

（4）化学法：该方法的原理是将事先准备好的某些化学药品与检漏点处的气体接触，如发生化学反应，并出现某种外观特征，则断定为漏气。如检查液氨钢瓶，则可用湿润的石蕊试纸接近气瓶漏气点，若试纸由红色变成蓝色，则说明漏气。此法仅用于某些剧毒气体检漏。

（5）气体报警装置：气瓶集中存放能减少空间、成本，可以在实验室的角落安装一个气体泄漏报警/易燃气体探头，如果气瓶房气体发生泄漏的话，感应探头会即刻将信号传至中心实验室的液晶显示屏上，并发出预警的声音，这样就可以随时维修。另外，还可以安装低压报警，这样能知道气体是否快要用尽，以及气瓶压力是否足够，这对实验室实现不间断气体供应是很重要的。

（七）钢瓶使用的注意事项

（1）在搬动存放钢瓶时，应装上防震垫圈，旋紧安全帽，以保护开关阀，防止其意外转动和减少碰撞。搬运充装有气体的钢瓶时，最好用特制的担架或小推车，也可以用手平抬或垂直转动。但绝不允许用手执着开关阀移动。

（2）钢瓶应存放在阴凉、干燥、远离热源（如阳光、暖气、炉火）处。高压气体容器最好存放在室外，并防止太阳直射。可燃性气体钢瓶必须与氧气钢瓶分开存放，互相接触后可引起燃烧、爆炸气体的钢瓶（如氢气瓶和氧气瓶）不能同存一处，也不能与其他易燃易爆物品混合存放。钢瓶直立放置时要固定稳妥；钢瓶要远离热源，避免暴晒和强烈振动；一般实验室内存放钢瓶量不得超过两瓶。

（3）绝不可使油或其他易燃性有机物沾在钢瓶上（特别是气门嘴和减压阀），也不得用棉、麻等物堵漏，以防燃烧引起事故。

（4）使用钢瓶中的气体时，要用减压阀（气压表）：减压阀（气压表）中易燃气体一般是左旋开启，其他为右旋开启。各种气体的减压阀（气压表）、导管不得混用，以防爆炸。不可将钢瓶内的气体全部用完，一定要保留 0.05MPa 以上的残留压力 (减压阀表压)。可燃性气体如 C_2H_2 应剩余 0.2 ~ 0.3MPa (2 ~ 3kg/cm^2 表压)。乙炔压力低于 0.5MPa 时，就应更换，否则钢瓶中丙酮会沿管路流进火焰，致使火焰不稳、噪声加大，并造成乙炔管路污染堵塞。H_2 应保留 2MPa，以防重新充气时发生危险，不可用完用尽。

(5) 乙炔管道禁止用紫铜材料制作，否则会形成乙炔铜，乙炔铜是一种引爆剂。

(6) 开、关减压器和开关阀时，动作必须缓慢；使用时应先旋动开关阀，后开减压器；用完，先关闭开关阀，放尽余气后，再关减压器。切不可只关减压器，不关开关阀。开瓶时阀门不要充分打开，乙炔瓶旋开不应超过 1.5 转，要防止丙酮流出。

(7) 使用高压气瓶时，操作人员应站在与气瓶接口处垂直的位置上。操作时严禁敲打撞击，并经常检查有无漏气，应注意压力表读数。

(8) 氧气瓶或氢气瓶等应配备专用工具，并严禁与油类接触。操作人员不能穿戴沾有各种油脂或易产生静电的服装手套操作，以免引起燃烧或爆炸。可燃性气体和助燃气体气瓶与明火的距离应大于 10m (确难达到时，可采取隔离等措施)。

(9) 为了避免各种气瓶混淆而用错气体，通常在气瓶外面涂以特定的颜色以便区别，并在瓶上写明瓶内气体的名称。

(10) 各种钢瓶必须定期进行技术检查。充装一般气体的钢瓶三年检验一次；如在使用中发现有严重腐蚀或严重损伤的，应提前进行检验。钢瓶瓶体有缺陷、安全附件不全或已损坏，不能保证安全使用的，切不可再送去充装气体，应先送交有关单位检查合格后方可使用。

第三章　实验室队伍与任务管理

第一节　实验室队伍管理

一、实验室队伍管理概述

(一) 实验室队伍的概念

广义的实验室队伍包括从事实验教学与科学实验的教学人员、科研人员、实验技术人员 (包括实验室技术工人)、实验室管理人员和参加实验研究的研究人员。总之，参与实验室工作与管理的有关人员均属于实验室队伍的范畴。这五部分人员，有的是长期的，有的是短期的；有的是固定的，有的是流动的；有的是在实验一线从事实验教学与科研工作，有的是围绕实验的管理与服务工作。因此，实验室队伍是一个动态的群体。

实验室是一个综合的多功能的系统，人是实验室系统的主体和主要活力因素。无论是实验室管理中的教研管理、技术管理、行政管理，还是规划、采购管理，都离不开人，都直接或间接地涉及对人的管理。所以，从根本上说，实验室管理是以人为核心的管理。

实验室队伍管理就是通过工作分析、人员规划、人员招聘、人员使用、人员考评、人员激励、人员奖酬、人员培训、人员保全等管理活动，力图在组织和实验室成员间建立起良好的人际关系，以求得组织目标和实验室成员目标的一致，提高实验室成员的积极性和创造性，以有效地实现组织目标的过程。

通过对实验人员的走访调查发现，觉得工作岗位单调、乏味，工作过程没有意思的比例不在少数。如何施展、提高实验人员的才华呢？答案是工作内容丰富化。实验室领导的责任：使每一个实验人员工作内容丰富化。工作丰富化的标志：通过改进实验室管理和工作机制，实验人员感到工作有意义、很重要；通过各种形式的培训，实验人员感到领导对他是重视的；实验人员感到工作有反馈，能看到工作成果的整体，感到这个岗位能施展多种才华、多种本领。

（二）实验室人才的劳动特点

科研教学是一项以复杂的脑力劳动为主的劳动，既有别于一般的脑力劳动，也有别于特殊的脑力劳动，更有别于体力劳动。实验人员的劳动特点是实验人员使用、考核、政策等的理论基础。研究科学发展史，根据实验室在当代社会的地位和使命，实验人员的劳动具有如下六大基本特点：

1. 创造与探索性

实验室是一项创造性的劳动，这是实验室劳动最根本性的特点，其他一系列特点皆由此派生而来。创造性活动就是创新，得出新概念、新原理、新规律、新的发明和新的设计等，而这些都不是简单的再现和重复。因此，有人说创造性是实验室的灵魂。体力劳动往往表现在量的增加，科学研究则应是质的变化和飞跃。从这点出发，它也有别于一般再现型脑力劳动。

劳动创造了人类，改造了世界。其在历史上的分化，形成了脑力劳动和体力劳动。如果从劳动成果的特点和价值来分，又分为三种类型：再现型、发现型和创造型。"再现型"是在前人和原有的基础上重复再现；"发现型"是在原有基础上有所前进；而"创造型"是指在技术上有重大发明创造或在理论上有重大突破。后者带来的成果往往会引起某一领域发生质的飞跃，必然会对人类的文明作出更大的贡献。脑力劳动是以发现型和创造型为主的。而在实验室生产中有"生产""开发研究""应用研究"和"基础理论研究"之分，其表现形式也是逐渐从"再现型""发现型"向"创造型"发展，比重逐渐加大。实验室劳动的创造与探索性是研究其他一系列特征的基础，创造性更多的是指基本特征和结果，而探索性侧重于全过程。

2. 复杂与艰苦性

科研教学创造与探索的特点，决定了它的复杂与艰苦性，而且应该特别强调它的复杂与艰苦性的内涵。科学创造是披荆斩棘开辟新的道路，与体力劳动和其他劳动相比，它不是事物简单的再现，它需要实验人员日复一日、年复一年，废寝忘食地探索才能取得成果。在探索的路上，经常处于"山重水复疑无路"的境地。既要夜以继日地守在实验室中观察，又要经常处于苦思冥想之中。因此，对于从事实验室工作的人员，只有那些不畏劳苦而沿着陡峭山路攀登的人，才有可能到达光辉的顶点。

实验室工作的复杂与艰苦性还有一层意思，那就是它失败的可能性往往更大。历史上、科学史上所称颂的往往是成功者，但即使是成功者也是在无数失败的基础上才取得成功的。纵观科学发展史，科学人才与失败为伍的机会要更大。爱因斯坦后半生用了三十多年的时间开展统一场理论的研究，其时已是他人生中的多病之秋了。他顽强奋斗，直到临死还不忘这件具有开拓性的工作，但毕竟未获得成功。有人做过统计，基础研究中，有93%的工作无实际效果；即使是应用研究，也有10%的工作达不到预期目标。因此，我们可以说，在科学上完全用成败来论英雄是不尽合理的。如果一个人证明此路不通而节省千百人再继续探索的精力，那也是对科学的贡献，怕就怕失败了而不知所以然。

科学是探索，是求异，是创造，是对旧有观念的挑战。在探索的道路上，人们不仅会受到自然力的报复，而且会受到舆论、习惯势力的中伤和传统势力的打击。这是因为，人们往往用传统的观念、常识、权威和已有的结论来理解、评价科学的新结果和新学科。可以说，追求科学需要特殊的毅力和勇敢，在复杂和艰苦之中前行。

3. 个体能动性

实验室工作往往不是一种规范性的简单再现型劳动，虽然它也承认实验室工作的集团性趋势，却都要以个人钻研、个人独创为其基础。实验室工作是一项高度的智力活动，一个人智力发挥的弹性是很大的。一个人如果有志于该项工作，则可发挥其80%~90%的能力，否则也可能只发挥20%~30%的能力。管理者应该承认个体的能动性，并充分加以利用。此外，个体能动性还表现在个体差异的大小上。

4. 连续积累性

科研教学不同于物质生产，无法用时和量来简单度量和累加，也不可以随时中断、随时恢复。欧立希六百六十五次试制杀虫粉剂，六百六十五次失败，终于在第六百六十六次试制成功"六六六"粉剂杀虫剂。如果欧立希只到六百六十五次就中止了，也可能就真的失败了。科学研究处于高度思维和兴奋的时候，一经中断，即使稍有干扰，其思维的火花也可能骤然熄灭，无法再去捕捉。这种灵感是长期创造性活动的结果，犹如瓜熟蒂落。如果一个实验室人员，其课题没有相对稳定性，也就没有劳动积累的可能。

实验室的积累性是对前人、他人工作的继续，也是自己科学知识的积累过程，其实这是信息的传递和积累。资料是现代信息传递的一个重要手段，资料对于实验人员不亚于工人手中的工具，它是搞好实验室工作的重要环节。

5. 求疑竞争性

科学的本质就是永无止境的探索，在科学的征途中，求疑和竞争是永葆科学创造力的关键。如果墨守成规，就不存在创造。许多重大发现和成果都是在求疑争鸣之中产生的，求疑是实验室工作的一个必经过程。"百花齐放、百家争鸣"正是一项激励科技发展的正确方针。实验人员由于受到个人经历、社会形态等诸多因素的影响，而产生不同观点，有时形成学派，学派之争就是一个求疑、质疑的过程。为了激励科学事业的发展，我们应建立学术探讨的自由。这种自由，不能用行政长官命令式的仲裁，也不能用少数服从多数的方式表决，更不能用某个权威科学家的观点来判定。

6. 集体协作性

早期的科学研究，科学家离群索居，一个人单干，或者带几个助手开展研究工作，这是实验室个体为主的阶段。从 19 世纪开始，许多科学家深深感到个体劳动已不再适应科学发展的需要了，科技人员的学术交流开始频繁，并自发地出现了一些联合的实验室活动。20 世纪 30 年代，学科开始高度分化，解决一项技术问题往往需要诸多学科高度综合，这就使得实验室规模扩大，难度增加，而出现了国家乃至世界规模的实验室组织形式和实验室活动方式。科学规模扩大的同时，出现了高度综合化的趋势。这就要求科学家在完成一项实验室项目时，还需要进行多学科、多专业的立体作战，有时其协作规模和范围甚至已超越国界，形成世界性的实验室活动。科学发展到了"大科学时代"，只有不同专业、不同学科的科学家协同配合，才能满足实验室的需要。这就必须注意各类人员协调配合，充分发挥每个个体、每个小集团的作用，才能达到整体优化的效果。

科学研究的集体化趋势，并未否定个体的能动性，恰恰相反，是在注重整体效应的前提下，发挥个人的能动性。如果说个体劳动是实验室活动的细胞的话，那么集团化、社会化的劳动则是科学活动的机体。为此，我们要注意实验室的组织、协调和控制，加强实验室分工协作的运筹，加强学术交流，注意集体目标的实现，鼓励科技人员的集体协作精神。

上述实验人员劳动的六大基本特点，虽然对不同学科、不同专业的实验人员在表征程度上不尽相同，但是，科学技术在总体上和宏观上却应有其共同的特点，它们是实验人员管理和科技政策的理论基础。

（三）实验室的职业结构

实验室是一个以实验人员为核心，以科研、教学、试验、开发为根本任务的社会组织。同其他社会组织一样，其是由不同专业、不同水平、不同特长、不同年龄的各种人员组成的。这些人员在实验室中并不是孤立存在的，而是相互配合、相互联系，共同发挥作用。因此，实验室人员之间存在着一定的结构。

由于各实验室的任务和性质不尽相同，故不可能存在一个适合于所有实验室组织人才结构的通用模式，但比较分析各实验室组织的人员组成和结构，可以探索出一些带有普遍性的规律。一个实验室如同一部机器、一个生物体一样，必须相互配合、相互作用。对实验室而言，这些"零件""部件""器官"就是其内部的组成单位和人员、实验仪器设备等。实验室的人才结构必须满足管理、研究、设计、开发、试验、推广、后勤等各方面的实际需要。因此，实验室的人才结构是一个复杂的体系。

一般来说，实验室的人才结构应当在不同职业的人员比例上、不同学科专长的人员比例上、不同科技水平人员的比例上和不同年龄人员的比例上反映出来，即实验室的人才结构应该是一种多维结构。

所谓实验室的职业结构，是指实验室除实验人员外，还包括为实验室服务的其他专业人员、行政管理人员、后勤保障人员等。这些人员都应当了解本实验室的基本研究任务，以便主动、有效地配合本实验室战略任务的实现，他们在各自的专业能力方面有着不同的要求。例如，技术工人应当具备熟练的实验仪器设备加工、修理和安装技术，以弥补实验人员在操作方面的不足。行政管理人员需要了解管理科学，熟悉宏观和微观的经济、技术、社会和政治等方面的环境和特点，以便有效地开展管理决策和保障科研活动。后勤人员需要熟悉人员和科研活动的各种需求情况，善于做好保障工作，满足实验室所需的各种后勤方面的要求。需要注意的是，由于专业特长的不同，一般实验人员并不熟悉行政管理和社会经济情况。因此，行政人员和后勤人员的岗位是不能用实验人员来代替的。另外，职业的不同只是专业分工的不同，优秀行政管理人员和技术工人所作出的贡献并不低于实验人员。

所谓不同学科专长的结构，是指一个实验室内除了主专业以外，尚需若干副专业。即使在同一专业内，也需要不同的专长。举例来说，地球科学实验室除需要有本专业的研究人员外，还需要有从事实验仪器设备的研究人员，以及计算机使用、维护人员。此外，还需要一定数量的社会科学研究人员参加。例如，研究自然科学史的专业人员、研究自然资源经济效益的经济学专业人员等。当然，这些人员的数量不必太大，甚至兼职也能解决，却不能没有这样的人员参加工作。各学科之间也往往是互相渗透的。如海洋、地震、气象等地质学科，往往在一个实验室内需要兄弟学科的支持。又如在石油、煤炭等实验室就不能没有地质学科。因此，一个研究所中的学科专业组成是极为复杂的，对人员岗位也很难规定一个固定的比例。根据本身的特点和任务，可以有很大的变动。

所谓不同水平的人员，在目前主要指高级、中级、初级科技人员。这三类科技人员对一个实验室来说都很需要。因为高级实验人员以其丰富的经验和较高的水平，进行科研教学的战略研究、管理工作，对课题的设立、评价提出权威性的意见，同时又在培养初级、中级技术人员的工作中起重要作用。中级研究人员则是领导具体科研教学课题的骨干，是直接培养初级人员的主要力量。初级研究人员则从事实验室工作中的实验、观测、计算等大量具体研究任务，也是未来实验室工作的强大后备力量。所以，这三类人员是互相补充的，其中任何一类比例过小或过大，都会造成浪费，从而降低实验室工作的效率。这三类人员的比例，由于实验室的任务不同，不可能是一成不变的，但大体上都呈现着"上头小、下头大"的特点。

所谓实验人员的年龄结构，主要指不同年龄的人群（如老、中、青）在实验室人员总数中所占的比例。人的各种感觉器官和思维能力都经历着由成长到衰老的演变过程，但人的知识的积累是与年龄成正比的。研究证明，实验人员的创造力有一个最佳年龄区，在 35～45 岁。但这并不说明在 30 岁之前和 50 岁之后的人员就不具备任何优势。30 岁之前的实验人员即将进入最佳年龄区，故对这一代人的培养，决定着科研教学的明天，具有重大意义。同时，这一年龄区的年轻人承担着科研教学工作中大量操作性基础工作，没有他们的劳动，最佳年龄区的科技人员也很难发挥其优势。所以，他们也是今天实验室工作的基础。50 岁以后的科技人员对于实验室工作的推动具有的重要意义，同样也是不能低估的。科研教学是一项社会性活动，承担一项课题的是一个集体，而这个集体又是生活和工作在庞大的实验室队伍和整个社会的环境之中。老年科技工作者的科研创造能力虽有所下降，但是，一方面他们还具有一定的创造力，另一方面他们有着丰富的实验室活动与社会活动的经验，特别是他们在实验室队伍和社会中享有权威和信誉，受人崇敬，具有较大的影响力。他们的经验和影响力就是他们本人所拥有的优势，也是实验室事业中的宝贵财富。他们的丰富经验和较高的权威使他们能够高瞻远瞩，并在实验室队伍中具有较高的号召力，因而能对中青年实验室人员起推动作用。

年龄结构虽随着实验室任务不同而有所差异，但也呈现着随年龄而逐渐减少的金字塔式结构。如果用 35 岁和 50 岁作为划分老、中、青三个年龄段的界线，则三者的比例在 1∶2∶3 之间变动比较适宜。

二、实验室队伍的管理与开发

（一）实验室队伍管理的策略

现代管理是以人为中心的人本主义管理。管理的基本任务是对资源的有效配置。管理就是通过他人把事情办好。实验室队伍管理与开发需要处理的管理范畴：人与事的匹配；人的需求与报酬匹配；人与人的协调；工作与工作协调。

1. 任务为主式队伍管理策略

非常看重业绩；强调劳工规划、工作再设计和工作常规复核；着重有形奖励；进行内部或外部招募；进行功能性技巧训练和正规的多技巧训练；由正规程序处理劳资关系；非常强调事业单位文化；绩效管理制度有优先重要性。

2. 转向式队伍管理策略

进行影响到整个组织和事业结构的重大结构变革；进行裁员，缩减开支；从外招募行政要员；行政人员团队合作训练，建立新思想；打破旧有文化。

实验室队伍管理与开发的终极目标：为实现组织目标，而对人力资源进行获取、融合、激励、调控和开发的过程，体现其终极目标。建立选人、用人、育人、留人的管理机制。

(二) 实验室队伍管理与开发的基本原则

实验室队伍管理与开发是实验室管理中最重要的管理。科学研究作为一种特殊的社会生产，它的生产过程一般需要以三种要素为前提：① 实验室工作者的实验室劳动；② 物质形态的实验室资料，如仪器设备、元器件、原材料、能源、工具等；③ 知识形态的实验室资料，如图书情报、数据及其他信息等。

在这三种要素中，实验工作者的劳动是能动的、首要的、起主导作用的因素，是其他要素赖以发挥作用的主观前提。因此，实验室要出成果，最重要的因素是人才。没有人才，没有人才积极的创造性的劳动，实验室成果是出不来、出不好的。科研教学是一种特殊的社会生产，它既要出成果，又要出人才。实验室人才，既是实验室的重要因素，又是实验室的重要产品。因此，实验室的人才管理，既要服从科学发展规律，又要服从人才成长规律。从这个认识出发，实验人员的管理应遵循下面六条基本原则：

1. 使用上的能位原则

这里的"能"，指才能；这里的"位"，指岗位、职位。所谓能位原则，就是要根据人的才能，把人放在相应的岗位、职位上去使用。实验室工作的成效，人员才能的发挥与发展，都与人才使用的"能位适合度"成正比。人才使用之所以存在一条能位原则，是因为任何实验人员，都有所长也有所短；他的科学知识和技能，总是带着或宽或窄的专业性。任何科技工作岗位，总是某一专业范围的工作岗位，都有它特定的知识要求和技能要求。实验人员的专业知识和技能，如果与其所做的工作不匹配，就会造成才能的闲置、埋没和浪费，不利于"人尽其才、物尽其用"，从而影响人员才能的发挥和科学事业的发展。另外，在注意了人员才能与岗位相适应的基础上，还必须注意与其职位相适应。我国现有的各种实验室学术职称、学术职务等都属于这里的职位之列。从某种本来的意义上说，实验室的各种学术职称和学术职务，是人员才能发展状况的标志，反映着其在实验室工作结构中的地位。如果一个实验人员的才能发展到了应做副研究员、研究员或学术带头人、课题负责人的工作了，而你仍把他放在助研或一般实验室人员这种较低能级的职位上使用，也是不利于人尽其才的，同样也会影响人员才能的发挥和实验室事业的发展。

2. 管理上的动态原则

这条原则可大致表述为：不要让人才终身局限在一个狭小的环境范围，要根据他们的才能发展和科学的发展，使其在更广的环境范围内有合理的流动，给实验人员以一定条件下的自由。实验室人员的这种流动，具有如下的必要性：

（1）人才成长的要求

实验人员的基本素质在于创造能力。创造效率与学术思想的活跃程度成正比，而人才的流动，有利于活跃学术思想，避免思想僵化，提高创造能力，从而促进人才更好地成长。

（2）现代科学发展的要求

实验室管理体制要适应科学体制的变化，这是科学发展的一条重要原理。现代科学在既高度分化又高度综合的两种趋势中，综合趋势与整体化趋势已占据主导地位。过去那种单科独进的发展已日益成为不可能。由于学科间的相互渗透，各种新的边缘性、综合性、横断性学科不断涌现，已成为现代科学发展的一个基本特点。在这种新的形势下，实验人员常常面临着知识面窄和知识老化的问题。解决这些问题的一条有效途径，就是给实验人员以一定条件下的自由，允许他们适当流动，以此达到知识多向对流，进行学科间的"异花授粉"，促进人才的成长和科学的发展。

3. 政策上的宽弛原则

实验人员管理在政策上的宽弛原则，是由实验室劳动特点决定的。因为实验室劳动是一种以探索未知为目标的创造性劳动，它同具有已知性、确定性、重复性的物质生产劳动不同。首先，它具有更大的不确定性，无法硬性规定研究者一定要提出某种创见；其次，它具有不可强制性，不能设置"禁区"，不能强行规定研究者只许研究什么不许研究什么；最后，它要求有宽阔的自由创造余地，实行学术民主，活跃学术思想，使研究者精神上无所畏惧。另外，实验人员的知识都在个人的脑子里，别人是无法拿走和剥夺的；他们的劳动成果常常打上个人的标记，甚至要用发现者个人的姓名来命名。所有这些，都要求对实验人员在使用上、管理上、经济上、政治上以及工作方式和工作条件等各方面的政策，应当相对更宽弛一些。

4. 系统运筹、注重群体效果的原则

实验室大系统诸要素中，实验人员是最活跃的因素。为了实现实验室系统的统一目标，不但要注重每个实验人员的使用，更要从系统全局的观点去优化开发每个实验人员的才能，以达到整体的优化。

从现代系统分析的观点出发，任何个人局部的成功或突破，都不一定等于整体全局的成功。因此，从组织管理的角度讲，使用好实验人员，就要安排好每个实验人员的工作方向，以围绕整体的目标作出应有的贡献，而不是强调某个人某个项目的局部夺魁，应该强调的是整体的大系统的最佳效果。一般地说，实验人员往往习惯于从专业或学术的角度考虑他们的成就和报酬，而较少从组织功能和目标上考虑这个问题。他们往往注重的是论文，是学术水平。这就要求在实验人员集中的单位，在鼓励专业观点的同时，更要鼓励科技人员支持整体目标的实现，也就是完成组织任务，这是一个实验室单位成败的关键，最终也是造就一批时代所需英才的关键。

总之，从组织管理来讲，不同岗位有不同的功能目标，每个实验人员都应在完成组织目标的前提下，充分发挥自己的才智。管理者的职责就是在系统运筹中去优化、开发每个人的创造才能。

5. 用其所长、人尽其才的原则

在强调整体效应的同时，应该重视个体的优化使用，这是保证整体效应的基础条件。而实验人员管理要想"用其所长，人尽其才"，也必须在系统运筹之中才能做好。人的才能有大有小、有东有西，但任何人都有其长处和短处，当用其短处就可能是"废物"，而用其长处就可能是"人才"。为了发挥每个人的作用，从管理科学来讲不承认世上有垃圾，人事管理也是这样。扬其所长，避其所短，才能人尽其才，这是用人的基本原则。

实验人员是一些经过训练的专业人才，他们的专业知识是现代化社会的宝贵财富，这些知识不是通过直接经验取得的，而是通过特殊训练获得的。重视实验人员，首先是重视他们掌握的知识；使用实验人员，也应从他们掌握的专业知识出发。对培训的专业人员，不用其培训的专业知识，这是对人才的极大浪费。因此，从管理的角度来讲，用人之长，首先就是要把实验人员的专业之长用好。只有做到专业对口，才能发挥其应有的人才效益。

6. 弹性管理、激发创造性的原则

科学研究是一种高度复杂而又难以捉摸的创造性活动，科学史中大量的事实一再证明，实验人才的管理格外需要充分的弹性，以适应实验室探索的特点，解决探索中出现的新问题，充分激发实验人员的积极性和创造性。

首先，对于实验人员工作的安排，无论课题计划还是时间控制都应有一定的弹性。尤其对于基础理论性较强的课题，研究人员应该有更大的余地和弹性，过分的监督反而会影响他们的主观能动性和创造性。

其次，应当考虑科学发展的继承性，许多实验室成果都是多学科多专业知识综合的成就，有的是在几门学科交界处进行的边缘性研究，有的是对其他领域研究成果进行移植，这些都要求科技人员应有广泛的科学知识基础。一个实验人员知识渊博、基础好，其个体的适应性就强；反之，专业太专，基础不宽厚，知识面狭窄，其适应性就差，也就是一个人的整体弹性就差。尤其处于科学技术日新月异、知识老化加速的今天，更是如此。

最后，当我们研究了实验人才的一系列劳动特点之后，就更能认识到对实验人员的管理，应有较大的弹性，而不能等同于体力劳动者的管理。体力劳动可以按照时间、工作量等简单方式进行管理，其目标也十分清晰；而科学研究却难以用简单的时间和数量来考核，其目标往往也在工作进程中不断修正。

总之，只有对实验人员进行弹性管理，才能充分发挥他们的效益，绝不能统得太死、管得太僵。

（三）实验室队伍管理与开发的核心——激励

实验室管理的对象和职能尽管多种多样，但核心工作还是对实验室人员的管理。因为实验人员是实验室的主体，是构成实验室管理系统的基本要素。实验室管理的根本内容就是设备仪器及其实验人员，都直接或间接地涉及对实验室人员的管理。所以，实验室对实验人员的管理是其管理的核心内容。

实验室人员具有较强的自尊心、自信心、好奇心、进取心。他们一般不随波逐流地追求时尚与潮流，不盲从于规范与体制，而是凭着自己执着的信念、创造性思维和求真务实的精神进行着知识创新、技术创新、成果转化、人才培养等工作，因而他们的探索创新需要民主和谐的氛围作依托。

在管理活动中，领导者的影响作用更多的是表现在如何调动组织成员的积极性方面，也就是考虑和实施激励。提高组织成员的积极性，即激励。一般来说，激励科技人员有三种手段，即物质激励、精神激励和信息激励，这三种激励手段必须综合协调运用才能发挥应有的作用。应该说，这三种激励的运用在一定程度上决定人才管理的效能。

其中，物质激励是根本的激励，物质是第一性的，它的存在决定了人们的意识，直接影响人们的行为。物质激励不仅是对科技人员本身的物质刺激，更重要的是通过科学技术活动的成果，在认识世界的同时，改造世界，改善人类的物质精神生活的条件。只有以此为目标激励自己工作的科技人员，才可能创造出伟大的科学成就。第二种激励因素是精神激励，它包括信仰（奉献思想、爱国心）、事业心、精神奖励（奖状、学位称号等）、受人尊重等。实验室科学研究和教学工作，首先是精神上的思维活动，没有精神的激励是难以克服教学和科研探索中的困难的。搞教研的人就要有一种精神，这种精神的激励不仅可以补偿物质激励的不足，而且它本身就有一种最可持久的巨大的动力。在某种特定的条件下它可能成为决定的因素。第三种激励因素是信息激励，人类进入信息社会应首先归功于教研人员，他们在信息的加工中为人类创造新的财富，同时他们也在信息的追踪中受到激励，得到满足。这种信息激励具有超越物质和精神的相对独立性。教研工作者从信息中找到自己的努力方向，以激励自己去探索，并在信息的竞争中成就人才、出了新的成果。在科学的竞争中，教研工作者往往废寝忘食、如痴如狂地从事科学探索，最后还不知其结果是成功还是失败，其功、名、利就更无法去想象，而追踪信息的动力却是客观存在的。管理者对此应引起足够的重视，为开发他们的创造力，应重视学术交流，给他们更多的时间和条件去交流思想，扩展知识，在尊重他们个人兴趣的基础上，引导他们为管理目标服务，这样可以大大提高实验室效能。

这三种激励要合理使用，才能充分发挥其功效。首先，三种激励要综合运用、协调展开，随着时间、地点和条件的变化，三种激励也要因势而异。管理者只有酌情视人对症下药，才能收到实效。其次，在大目标一致的前提下充分允许小自由，以激励每个人才能的充分发挥。如果以为把每个人都控制在组织的方向上才是管理的成功，很可能适得其反，反而限制了个体的积极性。其输出功减小，对整体的贡献也随之减小。最后，对科技人员切忌那种小剂量的、高频率的刺激，如每月发奖金，评一、二、三等奖，这是不适合实验室劳动的特点的。在精神激励上也是如此，如果先进人物占的比例过大，也就没有什么作用了。刺激量也应分寸适当，要根据课题大小、难易、水平和贡献等诸多因素，综合考虑确定。

总之，我们总结了实验室队伍管理与开发应遵循的六条原则和实验室队伍管理与开发的核心，道理虽然简单，但如何运用却是相当复杂的一门学问。实验室队伍管理就是要在不断探索和改进中，因人、因事、因时灵活运用，才能充分发挥管理的效能，使实验室人员各尽其能、各展其才，对社会作出更大的贡献。

三、实验室队伍管理规划

(一) 实验室队伍管理规划概述

1. 实验室队伍管理规划概念

实验室队伍管理规划是根据组织战略目标，科学预测组织在未来环境变化中人力资源的供给和需求状况，制定必要的人力资源获取、使用、保持和开发策略、政策和措施；确保组织对人力资源在数量和质量上的需求，使组织和个人得到长远的利益和发展。

2. 实验室队伍管理规划的目的

有利于建立稳定、高效的内在劳动力市场；人尽其才；建立人力资源管理的基础、蓝图、发展方向、评估依据；实现员工和组织的利益；有效地利用稀缺人才。

3. 实验室队伍管理规划的必要性

① 能够对人力资源配置制定出科学可行的总体部署，对区域或组织的发展起到优化资源配置的作用。② 规划方案的应急性规划方案中对于特殊人力资源群体或特

殊个体，可以设置紧急预案，以备在出现紧急情况时，有备选方案，及时处理紧急情况。③ 规划能够起到理清思路，指导实践的作用。

4.实验室队伍管理规划的内容

（1）总体规划

总体规划包括如下内容：总目标、总政策、实施步骤、总预算。

（2）业务计划

业务规划是总体规划的展开与具体化，能够保证总体规划目标的实现。主要内容包括：① 招聘计划；② 使用计划；③ 提升计划；④ 教育培训计划；⑤ 薪资计划；⑥ 退休计划；⑦ 劳工关系等。其中，每一个计划都有：目标、重点任务、政策措施、实现步骤和预算、人力资源各项业务计划。

5.实验室队伍管理规划的特点

（1）超前性

根据对组织现状、形势、机遇、挑战的分析，提出未来的发展蓝图。如劳动力市场：内部可以供给多少人力？外部需要吸纳多少人才？组织发展所需要的人力资源非一朝一夕，要超前规划。

（2）可操作性

规划不是"墙上挂画"，要可望可即，超前不等于可望而不可即，它应是努力可以实现的目标。

（3）动态性

人力资源规划应保持动态的平衡。人是动态的，而职位是相对稳定的，所以人力资源规划要保持动态的平衡，可调整，要留有一定的余地，尤其是不可抗因素。

6.实验室队伍管理规划的分类

在规划理论上一般认为：五年为计划、十年为中期规划、十五年为长期规划。

在实际应用上，也把一年做成计划如招聘计划、人事变动计划。三到五年作成规划。所谓计划，是细化到直接可执行程度。而规划则更加注重中长期的方向性和战略性问题。

（二）实验室队伍管理规划的过程

实验室队伍管理规划过程一般包括下列步骤：① 人力资源需求预测；② 人力资源供给分析（内外劳动力市场）；③ 平衡人力资源供需的考虑；④ 人力资源策略方案制订。

1.人力资源需求预测

关键是根据地区或组织的主业发展需要进行总量预测、分项预测、结构性变化预测等。

（1）现状规划法

这是一种比较简单易于操作的预测方法。运用这种方法的前提条件是：假设一个企业组织目前各种人员的配备比例和人员的总数将完全能适应预测规划期内的HR的需要。

计划人员所要做的事情就是：① 测算出在规划期内有哪些人员或岗位上的人，将受到晋升、降职、退休或调出本组织的情况。② 再准备调动人员去替补就可以了。一般企业组织内管理人员的连续性替补多采用这种方法。这个人选是否要经过一定时期的培训？如果需要，则应作出培训计划；一个岗位上的顶替会连续引起几个或多个岗位人员的顶替。相对而言，这是一种较简单较易操作的方法。这种方法适用于短期人力资源计划预测。

（2）经验预测法

这种方法也叫作比率分析法，即根据以往的经验对人力资源进行预测规划的方法。用这种方法来预测本组织在将来某段时间内对人力资源的需求。采用这种方法可预测管理人员需求预报数。不同人的经验会有所差别。因此，保存历史的档案，并采用集体决策多人集合的经验，产生的偏差会小一些。

这种方法也不复杂，较适用于技术较稳定的企业的中、短期人力资源预测规划。

（3）分合性预测法（先分后合）

先分：指一个组织要求下属各个部门、单位，根据自己各自的生产任务、技术、设备等变化情况，先对本单位将来对各种人员的需求进行预测。

后合：在以上基础上，由计划人员把下属各单位的预测数进行综合平衡，从中得出整个组织将来某一时期内，对各种人员的总需求数。

这种方法能发挥下属各级管理人员在预测规划中的作用，专职计划人员要给予下属一定的指导。这种方法较适用中、短期的预测规划。

（4）描述法

通过对本组织在未来某一时期，有关因素的变化进行描述或假设，从其分析、综合中对将来人力资源的需求进行预测规划的方法。例如，对某实验室今后三年的变化进行描述和假设，可能会有几种情况。第一种：在三年内，实验室研发的新产品可能稳定增长，同行业中没有新的竞争对手出现，在技术上没有新突破。第二种：在同行业中出现新的竞争对手，技术有较大的突破。第三种：同类产品可能跌入低谷、物价暴跌、市场疲软、生产停滞，但在同行业中技术方面可能会有新的突破。

计划人员可根据上述不同描述和假设的情况，预测和制订出相应的人力资源需求的备选方案。

该方法对长期预测有一定困难，因为时间跨度越长，对环境变化的各种不确定因素就越难以进行描述和假设。

2. 人力资源供给分析

主要考虑：总量供给、分项供给、结构性变化供给、特殊因素的影响等因素。要从地区或组织(实验室业主单位)外部和内部两个方面的情况分析。外部情况分析：大环境的变化、人力资源总量的变化、各类教育机构人才培养，一般人员和专门人才的供给情况等。内部情况分析：根据已有人员年龄、专业、岗位、培训、晋升、管理人员接续等因素分析。

求过于供：① 改变员工使用率。例如，培训；团队应用，以改变人力资源需求。② 使用不同类别的员工。例如，聘用少数熟练员工；聘用技巧不足的员工进行培训。③ 改变实验室目标，使之更切实际。

因为实验室的目标需要足够的现有和未来人力资源去实践，出现内在劳动力市场供过于求时：计算不同阶段出现人力过剩问题的成本；考虑不同减员方法和减员成本；改变员工使用率，计算重新训练、调配等成本；改变实验室目标的可能性，如实验室是否可以开发新市场或进行业务多元化。

3. 人力资源规划的编制

(1) 预测和规划本组织未来人力资源供给情况

① 对本组织内现有各种人力资源进行测算。如从各种人员的年龄、性别、工作简历、所受教育、技能，以及从资料中计算出本组织内现有人员的供给情况。

② 分析组织内人力资源流动的情况。如企业内人员的升、降，工作岗位之间的人员变动、退休、工伤离职、病故以及人员流入流出本组织的情况等。

(2) 对 HR 的需求情况进行预测

① 在 HR 供给方面预测规划的基础上，根据组织目标，预测本组织在未来某一刻对各种 HR 的需求。

② 对需求的预测和规划，可根据时间的跨度采用相应的预测方法。

(3) 进行 HR 供需方面的分析比较。把人力资源需求的预测数与在同期内组织可供给的人力资源进行比较，从比较分析中可测算出各类人员的所需数。这样，可以有针对性地物色或培训相关人员，为组织制定有关人力资源管理相应的政策和措施提供依据。

(4) 制定有关 HR 供需方面的政策和措施。在 HR 供需平衡分析的基础上，制定相应的政策、措施，并呈交有关管理部门审批。

(三) 实验室组织设计

组织是有意识地协调两个或两个以上的人的活动或力量的协作系统。

实验室管理中的组织是将实验室内部的人、财、物等资源合理配置，建立组织框架，妥当划分工作范围，高效利用现有资源，努力实现已制定的目标。实验室的组织结构为金字塔形，通常以组织框架图来表示，它明确了实验室中的上下级关系、专业组之间以及工作人员之间的关系。实验室管理者应投入一定的精力建立和维持这种层次关系，维护这种层次关系主要应通过制定实验室规章制度、工作流程、程序文件来实现。

实验室组织架构是实验室的流程运转、部门设置及职能规划等最基本的结构依据，常见实验室的组织架构形式包括直线式、职能制等。

1. 直线式组织结构

直线式是一种最早也是最简单的组织形式。它的特点是实验室各级行政单位从上到下实行垂直领导，下属部门只接受一个上级的指令，各级主管负责人对所属单位的一切问题负责。实验室不另设职能机构 (可设职能人员协助主管人工作)，一切管理职能基本上由行政主管自己执行。直线式组织结构的优点是：结构比较简单，责任分明，命令统一。缺点是：它要求行政负责人通晓多种知识和技能，亲自处理各种业务。这在业务比较复杂、实验室规模比较大的情况下，把所有管理职能都集中到最高主管一人身上，显然是难以胜任的。因此，直线式只适用于规模较小、生产技术比较简单的实验室组织，对技术和管理比较复杂的实验室并不适宜。

2. 职能制组织结构

职能制组织结构，是各级行政单位除主管负责人外，还相应地设立一些职能机构。如在实验室主任下面设立职能机构和人员，协助实验室主任从事职能管理工作。这种结构要求行政主管把相应的管理职责和权力交给相关的职能机构，各职能机构就有权在自己业务范围内向下级行政单位发号施令。因此，下级行政负责人除了接受上级行政主管人指挥外，还必须接受上级各职能机构的领导。

职能制的优点是：能适应现代化实验室技术比较复杂，管理工作比较精细的特点；能充分发挥职能机构的专业管理作用，减轻直线领导人员的工作负担。但缺点也很明显：它妨碍了必要的集中领导和统一指挥，形成了多头领导；不利于建立健全各级行政负责人和职能科室的责任制，在中间管理层往往会出现有功大家抢、有过大家推的现象；在上级行政领导和职能机构的指导和命令发生矛盾时，下级就无所适从，影响工作的正常进行，容易造成纪律松弛，生产管理秩序混乱。由于这种组织结构形式存在明显的缺陷，现代实验室一般都不采用职能制。

在进行实验室组织活动时应注意以下原则：①目标性：每一个工作岗位都有明确的工作目标和任务，这些岗位应与实验室的总体目标保持一致。②权威性：必须明确界定每一个实验室岗位的权限范围和内容。③责任性：每一个实验室人员都应对其行为负责，责任应与工作权限相对应。④ 分等原则：每一个实验室人员都应清楚其在实验室组织结构中所处的位置。⑤ 命令唯一性：一个人应只有一个上级，不宜实行多重领导。⑥ 协调性：实验室的活动或工作应很好结合，不应发生冲突或失调。

第二节　实验室任务管理

一、实验教学管理

（一）实验教学概述

1. 实验教学的目的

实验教学的目的可分为三个方面：一是加深学生对抽象理论知识的理解和把握，丰富和发展理论知识；二是训练学生理论知识的运用能力；三是培养学生主动探索、大胆创新的精神。总之，实验教学的目的是要使学生在"知识、能力、素质"整体上有一个提高。这一过程正是"实践—认识—再实践—再认识"这一辩证唯物主义认识论哲学思想的具体体现。

2. 实验教学的作用

高等学校各学科大学毕业生的能力培养归纳起来有以下几种：一是科学研究能力；二是发明创造能力；三是自学能力；四是组织能力；五是社交能力；六是表达能力；七是写作能力；八是管理能力；九是思辨能力；十是创新能力。众所周知，现代科技的发展，离不开科学实验。同时，要把先进的科学技术应用于生产实际，也离不开实验。因此，对于一个大学毕业生来说，实验能力是一种必备的基本功。实验教学在能力培养上，大致包括下列几个方面：

（1）观察思维能力

通过观察性实验，培养学生良好的观察习惯。注意实验现象的各个细节。详细地做好观察记录，培养有目的、有计划、有选择的观察习惯和重复观察的习惯，培养多疑善思的思想方法，在观察过程中积极思考，注意开动脑筋。

（2）动手操作能力

通过操作性实验培养学生熟练的操作技能，培养操作能力的迅速性、准确性、协同性和灵活性。正确地使用仪器、校验仪器和亲自动手安装仪器，通过操作实践，培养一定的工艺操作能力。

(3) 分析问题和解决问题的能力

通过分析性实验，培养学生对实验现象和实验结果分析的一种能力。学生通过实验数据的绘图、制表、曲线拟合、参数估值及模型识别等，运用计算机处理实验数据，应用总结归纳，演绎、推理、误差分析等一套形式逻辑的方法和辩证的思维方法，提高处理实验数据的能力以及分析问题和解决问题的能力。

(4) 实验设计能力

通过设计性实验，培养学生查阅文献资料、确定实验方案，选择实验方法，选用实验设备，分析实验结果，培养学生独立设计能力。

(5) 创造能力

通过研究性实验，培养学生创造能力。学生通过科研课题的选题，实验的构思和设计，研究计划和步骤的调节，实验结果和数据处理所采取的方法和步骤，研究成果的总结和概括，提高思维能力和创造能力。

3. 实验能力与知识、实践的关系

通过实验教学培养学生实验能力时，必须充分认识和处理好能力、知识与实践的关系。知识主要是由科学文化基础知识、专业知识和哲学素养知识等最基本的要素构成。

能力是指完成某种特定实际活动的本领，知识和能力是两个具有不同含义的概念。知识是发展能力的基础，无知必然无能，但有知识也未必一定真有能力。人们往往把只有书本知识而无实际经验和能力的人称为"书呆子"。能力的培养要以必要的知识和技能作为基础。而实验能力的培养要以必要的专业理论、实验理论和实验技能作为基础。学生如果不懂专业理论，不知道实验测试中有关误差分析的理论，不熟悉有关仪器设备的基本原理和操作方法，不掌握有关数据处理的基本理论和方法，就不可能运用它们去设计实验，也不可能选用适当的仪器设备，也就谈不上实验能力培养。因此，为了有效地培养学生的实验能力，必须注意掌握知识提高能力的关系，并通过学生自身的实践过程，将知识转化为能力。

(二) 实验教学的特点

1. 多样化

(1) 实验教学手段多样化

具体表现为手工手段与电子手段相匹配、模拟手段与实操手段相并存、传统手段与现代手段相结合的、多样化的实验教学手段。

(2) 实验教学工具多样化

教学工具的多样化表现为由实物沙盘、电子沙盘、计算机、网络、多媒体、数据库、实验教学软件等组成的一套相对完善的实验教学工具体系。

（3）实验教学方法多样化

具体表现为灵活运用情景式教学、探究式教学、互动式教学、角色扮演式教学、博弈式教学等多样化的教学方法开展实验教学。

（4）实验教学组织形式多样化

表现为打破传统的自然班界限，将来自不同自然班的学生混合编组，从而组成功能各异的学习小组。学生除了到机房上机实训外，也可在寝室、图书馆等场所利用校园网登录网络虚拟实验室平台进行实验、实训。高校各专业教研室可定期开展全校规模的模拟软件技能大赛，提高学生的学习兴趣和参与热情。

2. 综合化

（1）实验教学内容综合化

打破课程、专业、学科界限，将相关知识、能力、素质进行整合设计实验项目。

（2）实验教学技术平台综合化

将信息技术、网络技术、多媒体技术、云计算技术有机整合，搭建现代实验教学技术平台。

（3）实验教学队伍综合化

改变按专业或课程设置教研室的例行做法，将来自不同教学单位、不同专业的教师，按项目管理的方式组成虚拟教研室。

（4）实验教学考评综合化

学生自主评价与教师评价相结合、个体评价与团队评价相结合、定性评价与定量评价相结合、个性评价与共性评价相结合、过程评价与结果评价相结合，构建学生学习成效综合考评指标体系与方法体系。

3. 体系化

实验教学体系化表现为：① 教学规划体系化——建立学校、实验中心、专业教研室三级规划体系；② 教学项目体系化——形成课程、专业、跨专业三级项目体系；③ 教学文件体系化——编制教学大纲、实训指导书和实验教材；④ 教学硬件体系化——安装调试实验设施设备、搭建网络环境；⑤ 教学软件体系化——采购系统软件、模拟软件、管理软件等相关实验教学软件；⑥ 教学资源体系化——建立实验教学课程资源和实验教学辅助资源平台；⑦ 教学管理制度体系化——制定实验教学管理制度、技术管理制度和实验室管理制度并公示。

（三）实验教学的种类、特点及应用

实验教学可分为演示性实验、验证性实验、设计性实验、综合性实验、研究（科研) 性实验、开放型实验、观察型实验和操作型实验等多种类型。各类型实验教学的目的、方法、特点、适用范围分述如下：

1. 演示性实验

演示性实验是实验教学的初级形式，它是课堂理论教学的一种辅助手段，也是为理论教学服务的，它紧密结合课堂所学的理论知识，使学生加深对理论的理解与印象，使理论教学形象化，以提高理论教学的讲授效果。

演示性实验，一般都由教师操作，要求学生仔细观察。这种实验的特点比较直接、简单明了。由于它紧密结合理论，使一些现象和规律在特定的条件下再现，往往会给学生留下深刻的印象，活跃课堂授课气氛，并对培养学生观察能力有特殊的作用。它具有投资少、效果好等优点。

2. 验证性实验

验证性实验是实验教学的基本形式之一，其目的是验证课堂所学的理论，使学生对所学的理论加深认识、理解和消化。

验证性实验，一般都由学生操作，学生根据实验指导书的要求，在教师和实验技术人员指导下，在实验室内进行实验。整个实验围绕着课堂某一部分理论的内容，并在该部分理论范围内进行验证。验证性实验还可使学生获得实验技术技能训练。

3. 设计性实验

设计性实验其目的是培养学生实验能力，并为将来从事实际工作训练必要的基本技能，设计性实验对开发学生智力和能力有着重要的作用，且对学生的培养要有一个由浅入深的过程。设计性实验开始时，可以由指导教师出题，给出方案，由学生根据所学内容，提出实验方案、实验方法和步骤，选择仪器，并进行实验准备工作，由学生完成实验的全过程。经过一段训练后，可以由指导教师出题，由学生自行组织实验。这样学生可获得组织实验的全面锻炼，由被动做实验状态变为主动做实验状态，最大限度地发挥学生学习的主动性。

4. 综合性实验

综合性实验就是把已学过的多方面知识、多学科内容、多因素的要求，做综合运用的实验，学生通过实验设计，拟定实验方案，进行可行性论证，选择最佳实验方案，并进行安装调试，写出综合实验报告。以培养学生分析问题与解决问题的能力。

综合性实验既不是属于哪一门课程的实验，又不是平行于哪一门课程而独立开设的实验。它是通过实验着重锻炼学生综合应用理论知识解决实验问题的能力。因此，首先，要突出其综合训练这一特点；其次，综合性实验也和其他实验环节一样，起到培养学生能力的作用。

综合性实验一般应在学生基本上学完各门专业理论课之后进行，因为这时学生已具有一定的多方面的知识，所以，在选题的内容上要有一定的广度和深度。所谓广度，就是题目的内容有综合性，使学生能获得运用所学的各种知识去分析、解决问题的锻炼机会。所谓深度，就是课题内容在某一方面具有探索性，使学生得以发挥其聪明才智。实践表明，凡是广度适当的题目，能充分调动学生从事实验的积极性，既能增长知识，又能达到培养能力的目的。

在综合性实验中，如何使学生把学得的知识转化为能力，关键在于教师的正确指导。要充分发挥教师的主导作用，教师主导作用的核心在于启发、诱导，当学生在实验过程中发现问题时，要鼓励学生发挥聪明才智，把学生领进获取知识的大门，进入训练能力的庭院。

5. 研究性（科研）实验

研究性实验包括学生参加科研项目、社会调查、进厂实习、毕业设计等实验活动。在研究性实验中，学生运用实验手段与方法，进行综合分析，研究与探讨，以培养学生的独立研究能力与创造能力。

课外研究性实验又称作学生的"第二课堂"。研究性实验一般都是学生参加教师所承担的科研任务，或承担部分项目的实验研究工作，是在教师指导下独立完成的。由于实验结果有实际意义，学生都比较认真负责，学生的主动性得到了极大的发挥，综合能力得到了全面的锻炼。

6. 开放实验

开放实验就是实验室全天向学生开放，并在实验室中同时安排多项实验内容，让学生独立自主地安排实验时间，选择实验内容，完成实验操作，整理实验结果。过去多数高等学校的实验课，基本上是按照指定的内容，在规定的时间内，让学生完成的。由于受到时间限制，学生来不及深入思考与实验有关的理论问题和在实践中遇到的问题，而且忽略了学生智力、能力等方面的差异，也不利于因材施教，发挥学生的主动性。开放实验在一定程度上可以弥补这种不足，具体办法各学校正在做广泛的探索。

（四）实验教学与实验教学体系

1. 部分高校实验教学现状

实验教学体系应该是和课堂理论教学体系互相平行而又互相联系、互相补充的一个独立的体系。

从目前一部分高等学校的实验教学现状来看，尚未建立一个完整的、科学的体系。在实验教学中还存在许多弊端，与培养现代化人才的要求很不适应，主要表现在以下几个方面：

第一，实验教学依附于各课程的理论教学，理论教学与实验教学缺乏统筹安排，两者的目标和分工也不明确，既有重复，也有脱节、遗失的现象，以致学生从入学到毕业没有使其在知识与能力方面得到系统的全面培养与锻炼。

第二，有的实验内容过于简单、粗糙，验证性实验的比重偏多，忽视了对学生能力的培养。有的学校尚未开设综合性、设计性、研究性的实验。验证性实验过多，一般来说难以培养学生观察、思考能力，以及分析问题和解决问题的能力。

第三，实验方法一般都以"灌输式"为主。每次实验都有统一而详细的实验指导书、统一的操作方法、统一的读取数据办法和要求，写出统一的实验报告。这种照方抓药，机械的操作和模仿，使学生处于被动地位，对做过的实验，印象也不深，实验的收效甚微，难以提高学生的能力。

第四，在教学计划、教学大纲等指导性文件中，对实验教学部分如何培养能力没有明确具体的要求和培养措施，专业教学计划中也没有充分反映出来，学生能力的培养也未能落实到教学计划、教学大纲和整个教学过程中去。

第五，实验教学学时偏少，加上实验条件差等客观原因，难以保证学生人手一套仪器，而是多人一组，这样很难达到培养学生的动手能力的目的。

2.实验教学体系模式

实验教学体系与理论教学体系并行，可以保证实验教学相对独立性，保持实验教学的系统性，是符合人的认识规律的。学生在大学四年学习时间里，分成若干阶段进行能力培养和训练，由浅入深，由简单到复杂，由具体到抽象，由单因素到多因素。在同一阶段，又可对不同接受能力的学生，分成不同层次，做到因材施教，使学生在实际能力方面得到系统的培养和训练。

3.建立实验教学体系的原则

建立实验教学体系应遵循下列原则：

(1)适应性原则

实验教学要有明确的目的性，它要适应学校的总目标。学校教育的目标是培养理论和实践全面发展的人才，实验教学就是为培养这样的人才服务的。要根据各专业的特点，分析其专业所需知识结构和能力结构，确立其实验教学体系的结构模式。

(2)系统性原则

实验教学体系的系统性，就是指整个实验教学过程要形成一个系统。任何复杂系统都有一定的层次性，要从三个方面考虑，即有梯度、有层次、有阶段性。实验教学内容必须是有序的，要符合从简单到复杂、从低级到高级，逐步积累和深化，循序渐进的认识规律。要对整个实验教学计划进行统筹安排，体现出各阶段的培养计划。使不同时期、不同特点的实验教学内容能一环套一环，有序地向纵深发展，组成一个前后衔接、层次分明、分工明确的实验教学体系。

(3) 协调性原则

实验教学的协调性，就是指实验教学与理论教学之间要有密切联系。除保证具有相对独立性和与理论教学平行性外，还应体现两者之间的相关性，体现它们之间相互依赖、相互促进、相互补充，使实验教学与理论教学协调地向前发展。

(4)"少而精"与"因材施教"原则

"少而精"原则，要求在实验教学过程中处理好实验数量与质量的关系。其是指在有限的实验学时内，精选实验内容，控制实验项目的数量，提高实验教学质量。

"因材施教"是各类教育所共有的教学原则。高等教育是专业教育，要特别强调这一原则。学生的志趣、素质、特长本来就有很大差别，学生进入大学阶段后，除先天性差异外，知识积累的多寡也出现较大差别。因此，在建立实验教学体系时要有层次，有高、中、低之分，实验项目要有必修、选修和加选三级。实验室对个别"优等生"应采取特殊的鼓励政策，为他们进行自拟实验或专题科研实验创造必要条件。

(5)"学为主体，教为主导"的原则

实验是学生在教师指导下的实践活动。因此，发挥学生的主动性、积极性和创造性就显得特别重要。"导"是方向性，方向存在问题，主动性也就得不到正常发挥。

4. 阶段分工培养计划

根据工科高等院校的培养目标，学生在校时应完成工程师的基本训练，掌握科学实验的基本方法，同时具有一定的实际操作技能和独立解决实际工程问题的能力。根据这些要求，在四年的实验教学环节中，着眼点要放在能力的培养上。根据各学科、各专业的实际要求制订好实验教学阶段分工培养计划。在计划中不但要根据各个课程的实验内容和教学进度，安排适当的实践性训练项目，分工培养学生操作技术和测试技能，而且从低年级到高年级的训练培养要有连贯性、系统性。把基础课、专业基础课与专业课中各门实验课程对学生能力的培养连贯起来，建立一个由浅入深，有机的、系统的整体。通过统筹安排，实现实验技能训练四年连贯成整体的要求。

5. 实验大纲的管理

目前，全国各大高校的基础课和部分技术基础课均已制定了实验大纲。实验大纲是改革实验室体制、编制实验室规划和投资方案，审定实验室设备计划的基础，也是计算工作量，统计实验项目开出率的主要依据。实验大纲的主要内容有实验目的、实验项目、学时三个部分。

实验大纲应由主管院长组织有关人员审定，随着教育改革的深入和科学技术水平的发展，应进行修订，不断完善。实验大纲制定后，一般不得随意更改。需要变动、更改必须由实验室主任会同教研室主任提出报告，经主管部门批准，以维护实验大纲的严肃性。

根据各专业培养目标和各课程实验教学大纲，实验室管理部门会同各教学单位，研究确定各课程应开出的基本实验项目，并统一汇编成册。内容包括实验名称、实验内容和要求使用的仪器设备、开出组数、需要课时数。汇编中的实验项目，既要注意保留一些目前仍有意义的传统实验，又要注意增加一些能反映科学技术发展的新实验，尽量使实验项目具有一定的先进性，且又切实可行。通过实验项目的编制，既可了解各课程实验项目数量和内容，又可摸清各实验室现有的实验能力，有利于加强实验室建设的计划性，有利于做好统筹安排，有利于提高实验教学质量。

按照实验大纲规定实验学时，加强实验学时的管理，实验学时是保证实验教学质量和促进实验教学方法改革的一个环节。实验学时管理的主要内容是审查各课程每学期上报的实验教学计划，各实验室每学期初（或上一学期末）应将本学期开设的教学计划表和教学统计表报主管部门。主管部门除对上报的实验学时按照教学计划和实验大纲的规定进行审查外，平时还应经常检查实验教学计划的执行情况。

6. 实验教材的管理

实验教材、实验讲义、实验指导书的编写和选定是实验教学管理的内容之一。随着实验理论的加深和实验教学体系的逐步建立，对实验教材的管理已经成为实验教学管理中不可缺少的一个组成部分。

实验教材管理的主要任务是抓好实验教材建设，并对实验教材如何编写才能适应培养能力的要求进行研究，首先要了解本校所有实验教材、实验讲义和实验指导书编写的情况，使用的情况。推广本校实验教材建设方面好的经验，促进整个学校实验教材建设的工作。其次，要了解一些实验教材会议和兄弟院校实验教材建设的动向和信息，收集兄弟院校的实验教材，进行交流和研究。

实验教材的内容，自始至终应贯彻以培养学生基本操作技能为目的，使学生在基本操作技能方面获得全面的训练。专业课实验教材内容还要根据科学技术发展，结合生产实践的需要，把最新实验技术纳入教材。实验教材的编写，不仅要考虑与理论的紧密结合，而且各个实验内容之间也应尽力相衔接，使教材成为一个完整的统一体。

7. 实验教学效果的调查

实验教学效果的调查与研究包括两个方面，即实验考核和实验教学效果调查。

（1）实验考核

考核是任何一门独立课程不可缺少的教学环节。实验考核的目的如下：提高学生学习的积极性和自觉性；系统强化已学过的知识；巩固扩大已有的独立工作的能力；检查教学工作的质量，促进教学工作的改进和提高。

学生通过各种教学实验而获得实验能力的培养，其在实验过程中既要掌握仪器的安装、调试和使用，实验的操作和测定，实验数据的处理和分析；又要能独立操作获得正确的实验结果，而后者更为重要。因此，教学实验的考核应当与理论课的考核有所区别。在教学实验课中，要对学生实行全面考核，做到平时成绩和期末考核相结合。平时成绩可占 60%，期末考核可占 40%。在平时成绩中可以包括：实验操作占平时成绩的 35%，实验报告占 40%，预习占 15%，实验纪律和卫生（包括对仪器设备的爱护）占 10%。这样做，一方面能较好地反映学生平时的实验情况，另一方面对培养学生的实验能力也能起到一定的作用。期末考核可以以笔试为主，包括：对实验内容的理解；实验的依据；对一些重要实验现象的分析。教学实验考核的总成绩可以用百分制，也可以按优秀、良好、及格等级别分别评定。

（2）实验教学效果的调查

为总结经验提高实验教学质量、使高校培养的毕业生能适应人才市场的需要，对实验教学效果应进行调查和研究，调研工作的重点，应着重对学生实验能力培养的调查。调研工作方法很多，可采用调查表、召开学生座谈会、征求用人单位意见、对学生进行实验考核等。

现重点介绍利用实验教学情况调查表的调查方法。为调查实验教学效果，可采用一种简便而科学的方法，这种方法能够使学生对实验教学工作的意见得到充分的反映，并能得出定量的分析结果，全面地评价教师的实验教学情况，能够使实验教师在改进实验教学时有较准确的依据。同时，能使实验教学管理工作的改进建立在可靠的基础上。可以说，这是调查实验教学情况的一种好方法。

首先，依据调查的内容和目的，恰当地拟定实验教学情况调查表，项目力求简明、扼要，判断等级可根据需要确定，便于学生填写。

其次，填表前，要向学生讲清目的及意义，要求学生认真填写每次调查表。每个学生独立填写一份，填写时只写实验教师的姓名，不写填表人姓名。

再次，调查结束后，按项目及判断等级先进行人次统计，然后将人次换算成百分比，再作出综合统计。

最后，进行综合分析。先分析每个实验教师的教学情况，继而对每门课的教学情况作出分析；在此基础上，再对全院的实验教学情况作出综合分析。

二、实验室社会服务管理

在保证完成实验教学与科研实验任务的前提下，实验室可利用现有人力和设备条件，采取多种渠道、多种形式积极开展社会服务工作。

（一）实验室社会服务的内容

实验室开展社会服务内容广泛，归纳起来大致可以分为以下五个方面的内容：

1. 人才培养

人才培养属于科技智力开发的内容，如何搞好人才培养，这是高等学校教育管理方面的主要内容，但无论什么样的人才培养，几乎都离不开实验室，所以实验室在人才培养方面起着重要的作用。实验室人才培养的形式很多，如联合举办各种短训班、学习班、进修班、研讨班、专业证书班等，接受社会单位委托代培各种专门人才等。

2. 技术开发

技术开发指利用基础研究与应用研究成果或已有的相关知识，通过各种必要的具有实用目的的实验，为生产或设计单位开发出新产品、新技术，使科研成果转化为现实生产力。所以，高等学校的实验室不仅是育人基地和科研基地，而且是科技成果推广基地。

3. 技术咨询

技术咨询是为特定技术项目提供可行性论证、技术预测、专题技术调查、分析评价报告等。技术咨询的内容很多，主要包括政策咨询、工作咨询、专题咨询、财务咨询、责任咨询、市场咨询等。

4. 技术培训

技术培训是利用知识、技术及信息等指导完成一定技术工作。技术培训有两种形式：一是受培训人员到实验室，利用实验室条件，在教师指导下，进行实际技术操作；二是实验技术人员到受培训单位亲自指导操作，该种方式使受培训单位支出费用少、受益人多，是一种很好的技术培训方式。

5. 实验技术服务

实验技术服务是指利用实验室仪器设备、物资等条件进行有偿服务。因各行各业及各地区的水平不同，故各行各业及各地区需要的实验室社会服务也不同。所以，实验室应根据自身实际情况以及所处地区与行业背景，妥善开展社会服务并在这个过程中发展自己。

（二）实验室社会服务的特点

高等学校实验室开展社会服务，不同于某些专业机构，有其明显的特点，归纳起来有如下几种：

1. 人力、物力集中

高等学校实验室具有人力、物力集中的优势，而且学科比较齐全，可以适应社会各方面的服务需求，在不增加人员、设备的前提下，充分挖掘潜力，承担社会服务，提高设备利用率，增加经济效益和社会效益。

2. 时间分散不集中

高等学校实验室开展社会服务是在完成本校实验教学和科研实验基本任务的前提下进行的，所以在时间安排上，相对来说不如专业机构那么集中。因此，要统筹兼顾、合理安排，扩展社会服务范围，增加社会服务内容。

3. 协作方便

由于一个省、市、地区的高等学校实验室横向联系密切，实验技术人员的业务往来也比较多，便于开展大型精密仪器设备的协作共用，联合承担较复杂的社会服务项目。

4. 政策优惠

国家及地方政府对高等学校制定了一些特殊优惠政策（如免征营业税），增强了高等学校实验室开展社会服务的竞争力。高等学校实验室开展社会服务是一项政策性很强的工作，管理也比较复杂。为此，根据实验室社会服务的基本内容和特点，特提出以下几方面的要求：

(1) 要明确社会服务管理原则

高等学校实验室社会服务管理必须遵循既要开放搞活，又要加强领导、全面规划、建立健全行之有效的管理制度，保证社会服务工作健康发展的原则。

(2) 要建立社会服务管理体制

高等学校实验室开展社会服务，应由学校实验设备与实验室主管部门统一组织管理，实行学校（主管处）、院（系、所）、实验室直线型三级领导管理体制。为此，应配备专职或兼职干部或工作人员负责管理。

(3) 要协调管理、各司其职

根据高等学校实验室社会服务的内容和特点，有关业务主管部门应加强指导、协调行动、各司其职。具体归口管理业务部门是：第一，人才培养方面，主要由社会办学主管部门负责管理；第二，科研技术开发和技术咨询方面，应根据合同法的要求，签署技术服务项目，主要由科研和科技开发部门负责管理；第三、技术培训和实验技术方面，主要由设备与实验室主管部门负责管理。

(4) 要实事求是，量力而行

高等学校实验室开展社会服务不能一哄而起，应该从实际出发，以各自实验室所具优势为依托，扬长避短，量力而行。高等学校实验室开展社会服务的广度、深度、具体途径和内容，都应因实验室的具体情况不同而有所不同，要协调好开展社会服务的项目，内容最好不要重复，千万不能一刀切，以免造成不良结果。高校实验室在开展社会服务时，学校各有关部门都要注意积极引导扶持，给予最大优惠政策，让其尽快开展工作、创造效益。但不要强压任务，一些没有条件开展社会服务的实验室不要勉强，以免影响师生完成实验教学的积极性。

(5) 要合理分工，密切配合

高等学校实验室在开展社会服务时，必须处理好实验教学、科研实验、社会服务三者之间的关系。在保证认真完成实验教学和科研实验的情况下，高等学校实验室才能开展社会服务，但实验室人员必须合理分工、密切配合、各司其职、相互促进，或者安排适当人员专门从事社会服务活动，或者定期轮换从事社会服务活动。由于实验室人员工作分工不同，各司其职，实验室社会服务收入分配必须合理，兼顾各方利益，充分调动各方积极性。

(6) 要遵纪守法，讲究信誉

高等学校实验室开展社会服务，必须严格遵守国家的有关政策、法令，讲究职业道德，维护学校声誉。高等学校实验室要以优质的服务、高质量的产品、高水平的人才赢得有关部门及企事业单位的积极支持和社会信任，不断拓展服务领域，增强社会地位。

(7) 要加强管理，严格成本核算

高等学校实验室开展社会服务，是有偿服务，取得合法收入，国家应给予鼓励与支持。但是，高等学校实验室必须加强管理，严格成本核算，坚持"量入为出、先收后支、留有余地、统筹兼顾"的原则。高等学校实验室应制定经费合理收入标准和经费管理规章制度，使其在社会服务中有法可依、有章可循。

三、实验室的开放管理

(一) 实验室开放概述

1. 开放的原则和意义

实验室是实施素质教育、培养学生实践能力和创新精神的重要基地；实行实验室开放是充分利用实验室现有资源，提高实验设备使用率的有效措施。同时，实验室对学生开放，为学生提供实践学习条件，能够给学生在课余时间创造实践锻炼的空间，也是教育教学改革的重要内容。

实验室开放工作应贯彻形式多样、讲究实效的原则，在实验室开放的教学时间、过程、形式、内容、方法上，根据不同的学生区别对待，积极创造学生进行实验活动的环境，以学生为主体，以教师启发指导教学为辅助，激发学生学习的主动性和积极性，促进学生全面发展和发挥特长。

2. 开放性实验类型

开放性实验类型可分为教改型、学生科技活动型和自选实验课题型。

（1）教改型开放实验

实验室定期向学生公开教改项目中的开放研究课题，组织学生参与教师的教改研究活动，其中包括教学方法的改进、教学仪器的改进等。

（2）学生科技活动型开放实验

由学生自行拟定科技活动课题，在相应的教师指导下开展实验活动，实验室提供相应的实验条件。

（3）自选实验课题型

实验室定期发布教学计划以外的综合型、设计型自选实验课题，明确指导教师，鼓励学生进行创新设计实验。学生在教师的指导下完成课题的设计、实验装置的安装与调试，完成实验并撰写实验报告。

（二）实验室开放的组织实施

1. 组织管理

开放实验室的管理由实验室主任全面负责，各实验室主管人员负责开放实验项目的审查、具体实施计划以及实验项目的结题工作，并做好实验室使用及项目的记录。

2. 开放实验项目管理

开放实验题目必须由相关部门审批后备案。开放实验项目可由实验室提供，供学生选择。也可由学生自行设计，经实验室组织相关人员审查批准后方可进行。开放实验项目的实验记录要由实验室存档。

① 学生在实验项目完成后，向实验室提交实验报告、论文和产品等实验结果。实验室分批开展总结和交流工作，如组织"开放性实验答辩会"等活动，促进学生实验小组之间的沟通，分享实验成果和心得体会，培养学生的口头表达能力和报告能力。

② 实验报告的编写内容至少包括如下五个方面：实验的目的；实验的基本思路；实验原理；实验现象分析、数据处理、结果分析；综述实验结果及其意义。指导教师给出评阅意见，成果汇报统一利用多媒体演示，学生本人参与实验项目验收答辩会，验收小组严格把关，按照实验项目完成效果给出相应分数。对效果较好的实验内容要求学生撰写论文，经指导教师修改后可参加一些竞赛活动或发表于相应期刊。

开放实验室给学生提供了一个完善自我、表达自我的空间和舞台，能使学生的想法在实验室变成产品、变成论文，有利于学生的个性发展和特长发挥。

③ 有些综合型、设计型题目涉及的内容比较多，牵涉的知识面较广，需要由几个不同专业方向的学生共同完成实验课题，并由几个教师协同指导，这对提高学生的合作意识，培养学生的协作精神是非常重要的。开展学生课外科技活动型实验课题，实验题目由学生根据他自己的兴趣和特长自行拟定，实验室负责提供相应的条件和实验技术支持。

④ 每学期结束前一周，各实验室应将本学期内实验室开放情况及效果总结报教务处备案。

3. 开放实验室人员管理

进入开放实验室后应严格遵守实验室的各项规章制度，在实验指导教师、实验技术人员的指导下进行实验活动。对违反实验室规章制度，并拒不接受管理的参加开放实验人员，实验室有权停止其实验项目的实施。

① 实验室应根据参加开放实验学生人数和实验内容等情况，配备相应的指导教师和实验技术人员。高年级研究生应积极参与开放实验项目的指导工作，加强实践能力的培养。指导教师应注意加强对学生实验素质与技能、创造性思维方法与严谨治学态度的培养，以提高学生的科技水平、实践能力，促进学生全面发展。

② 实验室开放时，必须有指导教师或实验技术人员值班，负责做好教学秩序、器材供应、实验室安全等管理工作，并认真做好实验室开放记录。

③ 学生进入实验室实行登记制度，在实验室进行实验应遵守实验室的各项规章制度。损坏仪器设备的，需按有关规定处理。

④ 学生进入实验室前，应阅读与实验内容有关的文献资料，准备好实验实训方案、步骤等有关实验准备工作，完成项目的方案设计、实验装置安装与调试等。学生在完成实验后，凭撰写的实验报告或完成的作品，经指导教师批改评阅后，可作为获取创新学分的依据。

4. 开放实验室检查及考核

① 每位参加实验开放人员实验结束后，实验室均要组织一次实验总结报告，交流工作和学习体会。

② 参加实验开放人员离开实验室前，需要提交实验数据、结果和实验总结报告，由实验室主管人员检查后方可离开实验室。

(三) 实验室开放的程序

① 实验室开放的基本程序为申请、选择、预约、回复、实验。

② 充分利用现代化教学手段，利用实验教学和实验室管理信息平台，开展实验室网上预约、网上预习、网上虚拟实验等辅助实验教学和智能化管理，扩展实验室开放空间。

③ 使用开放实验室前必须填写使用开放实验室申请表，方可进入实验室。

④ 实验项目和课题由各实验室主管人员负责审查并安排进入实验室的具体时间。进入实验室后先由实验室主管人员对开放人员进行所需仪器设备的使用培训和实验室管理、安全教育，然后方可进行实验。

（四）开放实验安全、卫生管理

① 为了实验的正常进行，要树立安全第一的思想，以保证实验室的绝对安全。

② 严格遵守实验操作规程和规章制度，履行安全防火措施，对没有安全保证的实验坚决禁止进行。

③ 使用实验设备时认真操作，及时记录，使用后认真保养关闭。仪器设备出现问题时应立刻报告，实验人员应及时维修，保证仪器设备的正常运行。不可擅自将仪器借出或搬入其他实验室。

④ 做好实验物品和耗材领用登记记录，不得挪作他用或给其他实验室使用。

⑤ 严守实验项目的关键技术，不经指导教师和实验人员允许，不得与外部单位企业、科研部门洽谈与本项目有关的合作。

⑥ 禁止在实验室内吸烟、吃零食，要保持室内卫生清洁，杜绝其他事故的发生。

⑦ 违反安全、卫生管理规定者，实验人员可随时终止实验。

第四章 实验室材料、样品与药品管理

第一节 实验室材料管理

一、实验室低值易耗品管理

实验室检测系统在正常的运行中需要消耗大量的低值易耗品。低值易耗品与仪器相比，虽具有单价低、品种多的特点，但它和仪器一样，都是保证实验室检测系统目标任务完成最基本的物质条件。

（一）低值易耗品的分类

低值易耗品通常分为低值品和易耗品两种类型。

低值品指价格比较便宜，达不到固定资产的标准，但又不属于材料和消耗品范围的物品，如台灯、工具、量具、仪器的通用配件或专用配件等。

易耗品指检测实验室常用的易损耗的物品，如各种玻璃仪器、色谱耗材、低值零配件等。

常用的低值易耗品有以下几类：

1.烧器类

烧杯、锥形瓶、试管、烧瓶等。

2.量器类

量筒、容量瓶、滴定管、量杯等。

3.加液器和过滤器类

漏斗、抽滤瓶、抽气瓶等。

4.容器类

广口瓶、称量瓶、水样瓶等。

5.其他玻璃仪器类

干燥器、比色管、洗瓶等。

6.元件器材类

石棉网、试纸、滤纸、擦镜纸等。

7. 工具类

锤子、扳手、螺丝刀等。

8. 色谱耗材类

色谱柱、石墨垫、衬管、隔垫、进样针、铜管等。

(二) 低值易耗品的使用

1. 贮存

物品应按说明书中的要求和规定进行贮存，应贮存于适宜的环境，保持贮存环境的干燥、整洁。仪器零配件应防止震动、腐蚀，有毒、有害物品应实施安全隔离，怕挤、怕压物品应限制叠放层数。此外，应遵循实验室有关安全管理制度和仓库保管规定，做到使物品不混淆、不丢失、不变质、不损坏。

2. 管理与领用

低值易耗品使用频率高、流通性大，管理上要以心中有数、方便使用为原则，要建立必要的账目，分类存放，固定位置。价格昂贵或通用型仪器配件及耗材建议集中放置并由采购管理员统一管理，检测人员领用和归还时应登记。建议统一管理的仪器配件包括气相色谱仪、气相色谱 - 质谱联用仪、液相色谱仪、液相色谱 - 质谱联用仪等。其他仪器零配件由各仪器责任人自行管理，但需有消耗记录。

采购管理员负责管理的配件、耗材应存放于专用柜子并加锁管理；各仪器责任人管理的零配件、耗材及相应登记表和清单应放置在现场，并做好标识。

3. 库存盘查

对于价格昂贵或通用型仪器配件及耗材应定期（建议每季度）盘查库存，由采购管理员统计整理后交检测室主管签字确认。同时，检测室主管应对仪器配件的管理情况进行抽查和确认。

(三) 低值易耗品的处置

物品超过有效期或由于其他原因变质时，采购管理员应提出处理意见，并经技术负责人审批后执行。

二、实验器皿洗涤管理

(一) 实验器皿的洗涤

洁净的实验器皿是实验得到正确结果的先决条件，因此，实验器皿的清洗是实验前的一项重要准备工作。不同用途的器皿洗涤方法不同，具体要求如下：

1. 新的实验器皿

对于新的实验器皿，先用毛刷蘸上洗涤剂进行清洗，晾干后，再用清洗液浸泡数小时，洗净。

2. 有机项目检测用的器皿

① 浸泡液的配制：按体积比 1∶20 将中性洗涤剂（如洗洁精）溶解至纯水中。浸泡液有效期视浸泡数量来定，一般不超过 3 个月。

② 清洗步骤：第一步，将器皿清空，加入洗涤剂，先用毛刷刷洗，再用自来水冲净；第二步，将器皿置于浸泡液中浸泡至少 12h；第三步，将器皿取出，用自来水冲洗；第四步，将器皿置于自来水中，超声 15min，重复 3 次，然后用纯水冲洗 3 遍；第五步，将洗净的器皿倒置，内壁应不挂水珠。

3. 无机元素检测用的器皿

① 浸泡液的配制：按体积比 1∶1 将浓硝酸溶解至纯水中。浸泡液有效期视浸泡数量来定，一般不超过 3 个月。

② 清洗步骤：第一步，将器皿清空，加入洗涤剂，先用毛刷刷洗，再用自来水冲净；第二步，将器皿置于浸泡液中浸泡至少 12h；第三步，将器皿取出，用自来水冲洗；第四步，用超纯水冲洗 3 遍；第五步，将洗净的器皿倒置，内壁应不挂水珠。

4. 玻璃比色皿和石英比色皿

比色皿使用后应立即用蒸馏水充分冲洗，倒置在清洁处晾干备用。为防止比色皿发生腐蚀，不能用氢氧化钾的乙醇溶液及其他强碱洗涤液清洗比色皿。

清洗过程中的安全注意事项如下：酸浸泡液具有腐蚀性，配制及使用时应在通风橱中进行，戴好防护镜和防护手套；盛过剧毒药品的器皿必须经过专门处理，确保没有残余药品后方可进行清洗；清洗时必须戴防护手套。

（二）实验器皿的烘干和保存

将清洗好的塑料器皿或有计量刻度的玻璃器皿（如容量瓶、量筒等）倒置，风干。将清洗好的其他类型玻璃器皿置于 120℃ 的烘箱中烘干，冷却至室温后，放到指定位置。量具型玻璃仪器，包括容量瓶、移液管等，不能烘烤，只能晾干或风干。

带磨口塞的仪器（如容量瓶、比色管等）最好在清洗前用线绳把塞和管拴好，以免打破塞子或和其他塞子混淆。洗净后的器皿应放在专门的柜子里。

三、高校实验室化学试剂准备与管理模式

高校实验室是学生验证科学理论，培养实践能力，提高科研水平的主要场所。随着高等教育事业的快速发展，高校办学规模的逐年扩大，以及各种实验课程的增

加，用于教学和科研工作的化学试剂的使用量也快速增加。

化学试剂是高校实验室重要的消耗性物资，具有种类繁多、使用分散等特点。而化学试剂购置过程烦琐，现存化学试剂数量和需补充量的统计工作任务重，再加上多门专业实验课往往会交叉开设在同一间实验室，这就使得实验室内部化学试剂的准备与管理工作变得越来越繁杂。实验室管理人员迫切需要一套科学、高效的管理体系，以及时、清楚地掌握实验室内部的化学试剂信息，在保证化学试剂正常供给的前提下避免重复购买，从而更加高效地准备和管理化学试剂。

（一）实验室化学试剂准备与管理

目前，化学试剂的准备与管理主要在化学试剂仓库的库存管理、实验课程结束后未用完的化学试剂的处理、实验课程所需化学试剂的准备等方面存在问题，这就需要实验室进一步改进管理方法。

1. 化学试剂仓库库存管理存在的问题

目前，一般采用传统手写或电子表格记录的方式对化学试剂仓库的库存进行管理，这就使得化学试剂相关信息的查找与更新不够灵活，无形中增加了化学试剂的管理成本；而不同实验室之间也难以做到化学试剂种类、数量等方面信息的共享。

2. 实验课程结束后未用完的化学试剂处理存在的问题

（1）实验课程结束后，未用完的化学试剂随意散落于实验室

每节实验课结束后，如果不对未用完的化学试剂加以处理，任其随意散落于实验室，不仅不利于化学试剂现有量的统计，还会留下安全隐患。

（2）实验课程结束后，未用完的化学试剂重新入库

每节实验课结束后，所有未用完的化学试剂要重新入库，这种管理方法虽不会留下安全隐患，但如果后续实验课程需要再次用到此种化学试剂时，则又要再次出库，如此反复地入库、出库大大增加了管理工作量。

3. 实验课程所需化学试剂准备存在的问题

为实验课程准备化学试剂时，不查找实验室内是否有可用试剂就申请领用，会导致化学试剂重复领用；或者没有优先使用旧的化学试剂就直接开启新的化学试剂，会导致实验室内化学试剂积存较多。这两种情况均会造成化学试剂的浪费。

以上是实验室化学试剂准备与管理方面存在的问题，高校需要针对上述内容构建一套科学的管理模式，从而提高实验室中化学试剂准备与管理工作的效率，以确保实验室安全、有序地运行。

(二) 实验室化学试剂准备与管理模式改进

1. 利用专业软件进行化学试剂库存管理

化学试剂需要按照国家相关规定分类存储于化学试剂仓库。可选用一款专门的化学试剂管理软件来代替手写账目或电子表格对化学试剂的库存进行管理，这样既可节省大量管理时间，提高管理效率，又能在不同实验室管理人员之间实现信息共享，提高试剂利用率。目前，市场上有很多款化学试剂管理软件，主要分为免费和付费两种。为方便使用，无论哪一款管理软件都至少应该包括以下基本信息：化学试剂的名称、规格、纯度、数量、存放位置、入库和出库情况等。实验室管理人员若需要了解某种化学试剂的情况，只需在软件搜索框内输入化学试剂名称，相应的化学试剂数量、规格、存放位置、领用人、领用时间及领用数量等相关信息便一目了然，从而可以快速领用并全面掌握化学试剂的动向。

2. 配置危险品安全柜和实验课程专属试剂柜

在实验课程结束后，未用完的化学试剂应按类别及时处理，不能随意放置。实验课程涉及的化学试剂包括危险化学品和一般化学试剂。危险化学品具有易燃、易爆、易腐蚀、放射性强等特性。根据危险化学品的特点和化学试剂后续使用频率，管理人员可以在实验准备室中安放一个危险品安全柜 (也称为试剂防爆柜)，临时存放少量危险化学品，同时也可为每门实验课准备一个独立且大小合适的专属试剂柜，专门存放本门课程用到的一般化学试剂，以此来解决实验课程结束后未用完试剂的存放问题。

对于后续仍需经常使用的危险化学品，要在实验完成后及时按类别分层放入危险品安全柜；剩余的一般化学试剂则分别存放在各自课程的专属试剂柜中，便于下次使用。应为危险品安全柜和每个专属试剂柜中试剂的使用与存放分别建立使用账目，做好化学试剂领用登记。特别需要注意的是，为保证实验室安全，危险品安全柜和普通试剂柜的钥匙应由实验室管理人员妥善保管。后续不再使用的化学试剂应重新整理，存入化学试剂仓库。

这种管理方法以安全为本，同时兼顾化学试剂的使用频率。同一学期要多次用到的化学试剂不必重复入库，这就减少了管理工作量。如此管理就不会出现将化学试剂随意散落在实验室中的现象；同时又保证了下次实验课程优先使用旧的化学试剂，避免超量领用或重复购买同一种化学试剂的情况。

3. 改进实验课化学试剂准备流程

每门专业实验课开课前，实验室管理人员首先应根据实验课程所需试剂清单，查找对应课程专属试剂柜或危险品安全柜的试剂账目，确定实验室内是否有所需的化学试剂。如果有，应取出优先使用；如果数量不够或没有，可登录专业管理软件，到试剂仓库中查找、领用。这样只要在每学期开学之初将本学期所需的化学试剂存入化学试剂仓库，就可保证实验课程的正常开展。为了减少污染，减少后期废弃物处理工作，教学中应尽量避免使用有毒试剂，尽可能选用低毒、无害的化学试剂。

化学试剂的准备与管理模式以安全为本，兼顾方便性，在保证化学试剂正常供给的情况下，可减少化学试剂的重复购买现象，既能使所在实验室化学试剂的管理与准备更加高效，也能使实验教学更加顺利。

第二节　实验室样品管理

一、样品的接收

样品管理是实验室必不可少的重要工作，是确保检测结果准确性和及时性的前提条件，是直接影响检测结果的关键因素。检测样品的规范化管理，是一项涉及面广、技术性强的工作。因此，实验室应对样品的接收、标识、制备、流转、储存、处置等环节实行"制度化、程序化、规范化"的管理。

样品接收是实验室样品管理的首要步骤和关键环节，样品接收的规范性直接影响样品在检测过程中的流通和处置，实验室有必要对样品的接收进行合理规定。

（一）样品接收前的确认

1.委托检测项目的确认

当客户有委托检测需求时，样品管理员应对其委托的项目进行辨识，以确认实验室是否具备承检能力，确认的信息包括但不限于以下方面：

（1）确认委托检测的项目是否在实验室的承检范围内。

（2）确认委托检测项目所需的人员、仪器、检测方法、环境条件、量值溯源等是否满足客户需求。

（3）确认客户委托检测的时间是否与当前的检测任务有冲突，是否能在客户要求的时间内完成检测工作。

2.委托检测协议书的签订

当样品管理员确认实验室具备承检能力时，实验室应与客户签订委托检测协议书，并在协议书上明确以下信息：

（1）客户基本信息：包括委托单位名称、详细地址、邮政编码、联系人姓名、电话、邮箱等。

（2）样品基本信息：包括样品名称、编号、数量、形态、包装情况、贮存要求、处置要求；当需要委托抽样时，则需明确抽样依据、数量、地址、包装要求等信息。

（3）检测需求信息：包括委托检测的项目、依据的检测方法、要求完成的时间、报告的反馈形式等。

（4）检测费用信息：包括费用清单、付款方式、发票开具要求等。

（5）责任确认信息：明确实验室的检测结果仅对送检或抽取的样品负责。

（6）保密信息：指客户需要保密的所有信息。

（二）样品的接收方式

1. 客户委托样品的接收

样品管理员接到客户的委托样品时，应当面依照委托检测协议书的信息一一核对样品，确认样品状态满足检测需求后双方签字确认；当检查发现样品状态异常或不能满足检测要求时，则不予签字并将样品退还给客户。

2. 客户委托抽样时样品的接收

当客户委托抽样时，应由检测室主管委派具备抽样资格的人员前往指定地点开展抽样，抽样人员应按客户指定的抽样方法进行抽样及包装，在确保样品运输安全的前提下，及时将样品及抽样通知书送至样品管理员处。样品管理员应依照抽样通知书和客户的委托检测协议书一一核对样品，确认样品状态满足检测需求后签字确认。当检查发现样品状态异常或不能满足检测要求时，则不予签字并将样品退回给抽样人员，责令其按要求重新抽样。

二、样品的标识

样品标识是实验室样品信息传递的重要手段，它贯穿于样品管理的整个流程，对检测人员开展工作起到重要的指导作用。样品标识一般以文字、数字、字母、符号、颜色、图案等形式体现，并清晰、简明、直观地表现样品的特性、状态，通常以标签、标示卡、图案、印章等作为标识。实验室样品的标识通常包括样品编号、检测项目、基础信息、检测状态、检测期限等信息。

（一）样品编号

样品编号是样品的身份证明，是对每个样品赋予识别和记录的唯一标记。为避免样品混淆，实验室应根据实际情况制定样品编号规则并执行。一般而言，样品编号应由若干字母和数字表示，如 WT20161008001，第 1～2 位为字母 WT，表示委托样品；第3~8位为阿拉伯数字，表示委托日期或收样日期；第9~11位为数字或字母，表示样品的流水号。

（二）检测项目

样品的检测项目信息是样品标识的重要内容，对实验室检测人员起着指导性的作用，可以有效避免错检、漏检、多检等情况的发生，同时防止各项目组样品的混淆、错用等现象。

如条件允许，实验室应在样品标识上详细标注样品的检测指标、项目及内容等信息；当信息量太大、样品太小或检测环境恶劣时，可使用样品清单进行详细说明。

（三）基础信息

基础信息是对样品功能及作用的简单概述，对实验人员区分样品具有重要作用，样品基础信息的正确运用能够极大地降低样品使用的出错率。样品的基础信息应包括样品名称、规格、数量、接收时间、制备时间、领取时间等。当客户要求对样品进行保密时，实验室应注意规避客户信息。

（四）检测状态

检测状态包括待检、在检、检毕、留样等。检测人员在检测过程中应该按实际情况记录样品的检测状态，避免样品混用、错用。同时，应当基于样品的检测流程设立待检区、检验区、检验完成区、留样区，不同状态的样品应当放置于对应的检测区，以保证实验过程的有序性，提升实验效率。

（五）检测期限

检测期限指客户要求的完成时间，检测人员可通过此信息合理安排工作。因此，检测期限信息必须填写准确、清晰、完整，确保委托检测任务顺利完成。

三、样品的制备

实验室应根据客户需求以及检测方法的要求制备检测样品，当检测样品需要做多个项目的检测时，实验室应确保每个检测项目的样品数量满足检测要求，并保留备份样品。

样品制备完成后，应在每个样品或每个包装单元上粘贴样品标识，标识上的信息应正确、清晰、完整。

样品管理员还应编制样品接收记录清单，清单应明确样品名称、样品编号、样品数量、检测项目、样品状态、完成时间、是否回收样品等信息。样品接收记录清单应一式两份，一份存档，一份交与接收人员。

四、样品的流转

实验室的样品流转应包括以下三个内容：一是样品制备完成后，样品管理员和检测组之间的流转；二是检测过程中，检测组与检测组之间的流转；三是检测完成后，检测组与样品管理员之间的流转。实验室应制定相关工作流程，确保样品流转工作的规范和流畅。不论是哪个环节的流转，转出人员和接收人员都应仔细确认清单信息与样品信息，确定准确无误后再签字确认，以降低工作的失误率。同时，在样品流转的整个过程中，应保持样品标识的完整、清晰。

为防止样品的混淆、错用，检测人员应对样品临时存放的区域进行标识区分，保证样品在流转过程中均处于受控状态。同时，在流转的过程中应标注样品的检测状态，防止不同状态样品的混用，如样品在没有交到检测人员时为"待检"状态，样品管理员应在"待检"栏画"√"；在检测过程中，样品应标识为"在检"状态；检测完毕后，样品应标识为"已检"状态；样品交还样品管理员后，应标识为"留样"状态。

当检测过程发现样品损坏时，检测人员应做明确标识，经样品管理员确认后领取备份样品进行检测。

检测人员完成检测后，将需要保存或客户要求回收的样品交还给样品管理员，没有回收要求的样品应按实验室废弃物品管理的相关规定进行处置。

五、备份样品的储存、领用及处置

(一) 备份样品的储存

样品存储的规范性对检测数据的重现性起着决定性作用，对复核检验、仲裁检验和能力验证的复检具有重大影响。因此，实验室应根据客户需求及检测方法的相关要求对备份样品进行保存，并确保样品储存环境的清洁、干燥、无污染、无腐蚀且通风良好。对于不同种类的检测样品，应分类放置、标识清晰，确保记录和实物完全一致。针对特殊或可能发生化学反应的样品，应隔离存放，并严格控制环境条件，做好详细的记录。同时，实验室还应对进入样品储存区的人员进行控制，并采取防火、防水、防霉、防盗等措施，以确保样品的安全。

（二）备份样品的领用

备份样品应由样品管理员妥善保管，当检测人员需要领取备份样品时，应提出领用申请，说明领用的原因、数量、用途等，经检测室主管或技术负责人审核，填写领用记录并签字确认后方可领取。

（三）备份样品的处置

备份样品可按以下方式进行处置：①需返客户样品的处置：当样品管理员收到检测人员返还的样品后，应该及时通知客户办理样品退还手续。②到期备份样品的处置：样品管理员应提出样品处理申请，说明样品的处理数量、处置方式，经技术负责人同意后，方可对样品进行处理。处理方式应按实验室废弃物品管理的相关要求执行。

第三节　实验室化学药品管理

一、化学药品的采购、验收

实验室应制定规范的化学药品采购验收程序，保证入库药品质量合格、数量准确。采购管理程序包括采购申请流程、采购验收内容等。

（一）采购申请

各检测室根据检测需求提出采购申请（建议每月），填写申请表，采购申请内容包括名称、规格、推荐厂家、数量、纯度、申购人、申购日期等，采购管理员将采购需求汇总整理后，交由药品管理员核实，核实的原则是宜存放少量短期内需用的化学品，化学药品尤其是危险化学品不允许大量存放。核实完毕后，经检测室主管初审、技术负责人审核、实验室主任审批后方可采购。

采购审批完成后，由采购管理员负责联系采购部门进行采购。采购部门根据实验室提供的实验用品采购的规格和要求、推荐单位和生产厂家的产品质量情况、供应保证能力，以及在同行业中的信誉、价格情况和生产厂家的环保状况，选择产品质量稳定、知名度高、信誉好、价格合理的供货方，并由供货方提供营业执照、出厂检验报告等相关资料，如有试用的供应品，则提供中心实验室进行验证。

（二）采购验收

1. 采购验收内容

药品管理员统一接收化学药品，并及时通知各申请人进行验收，验收人在采购申请表上签字确认，验收要求按以下条款进行：

（1）检查产品的外包装，要求不得破损、腐蚀或渗漏，标志清晰。产品须附有产品合格证，危险化学品每个包装单元内应附有《化学品安全技术说明书》，可从供应商或互联网上索取。

（2）普通试剂应验收其型号、规格、数量、浓度等是否符合采购申请的要求。

（3）用于痕量分析的试剂，应对试剂进行空白试验，以确认其对检测结果的影响。

（4）若验收过程中包装出现破损等情况，需采取技术验收。

（5）对实验有重要影响的试剂除了检查品名、规格、等级、生产日期、保质期、成分、包装、贮存、数量、合格证明等信息外，还应按计划进行技术验收。

2. 技术验收

（1）技术验收范围

技术验收计划由采购管理员制订，技术负责人审批，各申请人按计划进行验收。制订验收计划时应考虑以下因素：① 对检测结果影响较大、采购量大、使用范围广的试剂／标准物质；② 更换供应商时需进行验证；③ 检测数据异常时须进行验证；④ 长期使用且稳定的验收计划可减少验证频次。

（2）技术验收内容

技术验收可参照产品标准对产品进行抽检或全项检验，结果应符合产品标准规定。① 在紫外可见分光光度计上进行全波段扫描，看杂质情况。② 取样到相关仪器进行上机测试，看是否有杂质。例如，正己烷试剂计划测试邻苯二甲酸酯项目，操作上可以把正己烷用气相色谱－质谱联用仪进行上机测试，将空白试剂与标样进行比对，检查试剂是否含有邻苯二甲酸酯。如果有，那么就不合格；如果没有，就合格。③ 对元素含量有要求的，可检测元素含量，看是否达到产品标准要求。

（三）建立药品台账

实验室管理人员对验收合格的化学药品应及时纳入药品台账管理，建立化学药品台账，台账内容应包括名称、级别或浓度、规格、数量、贮存地点、危险特性、危险性类别等，纳入台账的同时在入库登记表上记录，并按照不同类别分类存放。

二、化学药品的储存

化学药品尤其是危险化学品的储存是其全生命周期中一个重要环节，储存过程中如果出现管理和技术方面的问题，不但影响化学药品和试剂的纯度，不能确保化学分析中检验数据的准确可靠，而且可能造成安全事故，直接威胁到操作人员的生命安全以及生产经营企业的财产安全。因此，每个涉及危险化学品的实验室，为了员工的生命安全和企业自身生存发展，都应该认真做好危险化学品储存的安全管理工作。

（一）分类保管

化学药品应妥善保管，储存在专用药品室，药品室周围及内部严禁火源及明火，室内应干燥通风，温度控制在30℃以下，湿度控制在80%以下。实验室的化学药品应根据其性质分类放置，不能混放，存放要求如下：

1. 爆炸品

指在外界作用下（如受热、受压、撞击等），能发生剧烈的化学反应，瞬时产生大量的气体和热量，使周围压力急剧上升，发生爆炸，对周围环境造成破坏的物品，也包括无整体爆炸危险，但具有燃烧、抛射及较小爆炸危险的物品。常见的有高氯酸、三硝基萘、2，4，6- 三硝基苯酚（苦味酸）、2，4，6- 三硝基氯苯、1，3，5- 三硝基苯等。这类物质应放置于易燃易爆药品专柜中贮存，柜子顶部需设有通风口，与易燃物、氧化剂均须隔离，使用时要轻拿轻放。

2. 压缩气体和液化气体

指压缩、液化或加压溶解的气体，并应符合下述两种情况之一者：

（1）临界温度低于50℃，或在50℃时，其蒸气压力大于294kPa的压缩或液化气体。

（2）温度在21.1℃时，气体的绝对压力大于275kPa；或在54.4℃时，气体的绝对压力大于715kPa的压缩气体；或在37.8℃时，雷德蒸气压力大于275 kPa的液化气体或加压溶解的气体。

其中部分气体易燃，如氢气、一氧化碳、乙炔等。贮存气体的钢瓶应避免日晒，严禁放在热源附近，且钢瓶要直立放置，用架子、套环固定。

3. 易燃液体、易燃固体、自燃物品和遇湿易燃物品

（1）易燃液体是指易燃的液体、液体混合物或含有固体物质的液体，但不包括由于其危险特性已列入其他类别的液体，其闭杯试验闪点等于或低于61℃。一般来说，有机试剂均视为易燃液体，这类物质包括甲醇、乙醇、丙酮、石油醚、苯、甲苯、二甲苯、二硫化碳、二乙醚、乙酸乙酯等，这类液体都具有挥发性，不应盛满

整个容器，这类试剂可按分子中碳原子数目多少排列。

（2）易燃固体是指燃点低，对热、撞击、摩擦敏感，易被外部火源点燃，燃烧迅速，并可能散发出有毒烟雾或有毒气体的固体，但不包括已列入爆炸品的物品。常见的有二硝基萘、五硫化二磷、1-甲基萘、红磷、金属镁（片状、带状或条状）等。

（3）自燃物品是指自燃点低，在空气中易发生氧化反应，放出热量，而自行燃烧的物品。常见的有白磷（黄磷）、连二亚硫酸钠、硫化钠等。

（4）遇湿易燃物品是指遇水或受潮时，发生剧烈化学反应，放出大量的易燃气体和热量的物品，有的不需明火，即能燃烧或爆炸。常见的有钾、钠、钙、铝粉、镁粉、碳化钙等。

这类物质应存放于阴凉通风处，放置于易燃易爆药品专柜中贮存，并要与氧化剂分开。

4. 氧化剂和有机过氧化物

（1）氧化剂

氧化剂是指处于高氧化态、具有强氧化性，易分解并放出氧和热量的物质，包括含有过氧基的无机物其本身不一定可燃，但能导致可燃物的燃烧，与松软的粉末状可燃物能组成爆炸性混合物，对热、震动或摩擦较敏感。常见的有次氯酸钙、亚硝酸钠、亚硝酸钾、过氧化钙、重铬酸钾、双氧水、高锰酸钾、硝酸钾等。

（2）有机过氧化物

有机过氧化物是指分子组成中含有过氧基的有机物，其本身易燃易爆，极易分解，对热、震动或摩擦极为敏感。有机过氧化物有过甲酸、过乙酸、过氧化二异丙苯、过氧化二苯甲酰、过氧化十二酰、过氧化甲乙酮、过氧化苯甲酸叔丁酯、过氧化环己酮、过氧化叔丁醇、过氧化羟基异丙苯。

这类物质存放要求阴凉通风，最高温度不得超过30℃，要与酸类及木屑、炭粉、硫化物等易燃物、可燃物或易被氧化物等隔离，注意散热。

5. 有毒品

本类化学品是指进入机体后，累积达到一定的量，能与体液和器官组织发生生物化学作用或生物物理学作用，扰乱或破坏肌体的正常生理功能，引起某些器官和系统暂时性或持久性的病理改变，甚至危及生命的物品。经口摄取半数致死量：固体 $LD50 \leq 500mg/kg$，液体 $LD50 \leq 2000mg/kg$；经皮肤接触24h，半数致死量 $LD50 \leq 1000mg/kg$；粉尘、烟雾及蒸气吸入半数致死量 $LC50 \leq 10mg/L$ 的固体或液体。

有毒品品种很多，其中二氧化硒、三氧化二砷、三氯化砷、三碘化砷、五氧化二砷、丙二腈、甲拌磷、甲胺磷、甲基对硫磷、四乙基铅、杀鼠灵、呋喃丹、2-吡咯酮、狄氏剂、氟乙酰胺、砷酸钠、铍、铊、敌鼠、1-萘基硫脲、硒化镉、硫环磷、硝基三氯甲烷、硫酸二甲酯、硫酸亚铊、氰化亚铜、氰化亚铜（三）钠、氰化汞、氯化乙基汞、氯化汞、氯化亚铊、氯化硒、碘化亚铊、溴化亚铊、赛力散、羰基镍、磷胺等属于剧毒品。

有毒物品应贮存在阴凉、通风、干燥的场所，不能露天存放，且要与酸类物质隔离。剧毒品必须加装防盗门保管，并锁在专门的毒品柜中，严格按照"双人保管、双人收发、双人使用、双本账目、双锁锁门"的五双管理制度，同时要有完整的流转记录，包括使用、消耗、废物处理等。

6. 放射性物品

这类化学品是指放射性比活度大于 7.4×10^4 Bq/kg 的物品，有硝酸钍、夜光粉。一般实验室不可有放射性物质，应把这些物质放在铅器皿中，操作这类物质需要特殊防护设备和知识，以保护人身安全，并防止放射性物质的污染和扩散。

7. 腐蚀品

这类化学品是指能灼伤人体组织并对金属等物品造成损坏的固体或液体。与皮肤接触在 4h 内出现可见坏死现象，或温度在 55℃时，对 20 号钢的表面均匀年腐蚀率超过 6.25 mm/y 的固体或液体。常见的有乙酸、甲酸、硝酸、硫酸、盐酸、磷酸、氢氧化钠、氢氧化钾、甲醛、次氯酸钠等。

存放处要求阴凉通风，放置在使用抗腐蚀性材料的药品专柜中，并与其他药品隔离，加装防盗门保管。

8. 易制毒化学品

易制毒化学品是指国家规定管制的可用于制造毒品的前体、原料和化学助剂等物质。这类化学品应按相应的化学药品要求存放并设置明显标识，建立双人双锁，双人登记签字领用制度。易制毒化学品发生被盗、被抢时，应立即向当地公安机关及相关部门报告。

需低温保存的化学药品应保存于冰箱（柜）内，易见光分解的化学药品应置于棕色瓶内或用黑纸或黑布包好于暗处保存。酸性物质要与碱性物质、氰化物、氧化剂、遇湿易燃物分开。

其他一般试剂，应分类、有序地存放于阴凉通风处、温度低于30℃的普通药品柜内，如盐类可按元素周期分类，又如按钾盐、钠盐、钙盐等分类，指示剂可作为一类存放，可根据反应原理分类：酸碱指示剂、络合滴定指示剂、氧化还原指示剂及荧光吸附指示剂进行分类排列。

（二）药品管理员职责

实验室应根据工作需要设置专职或兼职药品管理员，对剧毒品、易制毒品、强腐蚀性药品实行双人双锁保管。药品管理员需定期检查化学药品的状态、药品库存、药品室安全，具体包括：① 按药品性质做好分类存放，出入库做好台账登记。② 每天检查化学品是否封口、包装是否破损、标签是否脱落。③ 应注意化学试剂的存放期限，某些试剂在存放过程中会逐渐发生变质，应注意观察其性状是否发生了改变，有变化应及时通知使用人做好采购计划。④ 每天盘查库存，发现漏登、错登记录要及时提醒领用人员纠正。⑤ 药品室应保持抽风机长期开启，药品管理员每天上下班做好安全检查，如实填写安全检查表。⑥ 每月对化学药品库存进行盘查、汇总，上报实验室负责人，实验室负责人负责每月监督抽查并签字确认。

三、化学药品的使用和配制

实验人员在使用化学药品时，应提前熟悉化学药品的性状和使用注意事项，做好防护措施，规范取用化学药品，按实验规程进行试剂的配制和使用。

（一）化学药品的选用

不同等级的化学药品价格不同，甚至相差甚远，纯度越高价格越高，因此，化学试剂应根据分析以及分析方法要求，选用不同的等级。例如，液相色谱使用的流动相应选择色谱纯，以降低试剂杂质对柱子和洗脱系统的影响；痕量分析应选择高纯或优级纯试剂，以避免杂质干扰和降低空白值；农药残留检测选择农残级试剂，以避免某些试剂含有微量农残；一些制备实验，可选择化学纯或实验纯试剂；化学滴定，选择分析纯和去离子水，避免因试剂或水中的杂质金属离子封闭指示剂，使滴定终点变化难以观察。

（二）化学药品领用管理

实验人员在领用、制备和使用化学药品过程中，应熟悉化学药品的特性，特别关注特定要求，包括其毒性，对热、空气和光的稳定性，与其他化学试剂的反应，储存环境等。① 化学药品领用时，需由药品管理员发放，领用时要即时登记，须填写领用登记表，并由药品管理员签字确认。危险化学品按需领用，尽可能当天使用多少则领用多少，实验室现场不允许过夜放置剧毒、易燃（如有机溶剂）、易爆、腐蚀性物品（如强酸）这几类危险化学品，已开封需继续使用的试剂可放至药品室指定的临时放置区，但需在瓶外粘贴标签标注 "使用人""领用日期"。② 实验人员做好取用时的防护措施，严禁用手直接拿取化学药品。皮肤有伤口时，禁止操作有毒品（包括剧毒品）。取用化学试剂时，瓶塞倒置于干燥洁净处。打开试剂瓶塞时，瓶口不可对准自己或别人，不可直接用鼻子对准试剂瓶口吸气，如需辨别气味，可将瓶口远离鼻子，用手在试剂上方扇动，使空气流吹向自己而闻出其味，绝不可以用舌头品尝。固体试剂用清洁的药勺从试剂瓶中取出，如试剂结块，可用洁净的玻璃棒将其捣碎后取出。液体试剂用清洁的量筒或烧杯倒取，已经从试剂瓶内取出的、没有用完的剩余试剂，不可倾倒回原瓶。③ 化学试剂取用完毕后，应立即盖好瓶塞密封，防止变质或污染其他物质。用滴瓶盛放试剂时，注意吸取溶液时不要将溶液吸入橡皮头中，也不要将滴管倒置，以避免溶液流入橡皮头中，造成溶液污染。

(三)易燃、易爆、腐蚀性和有毒品使用注意事项

为维护实验室安全，实验人员在使用易燃、易爆、腐蚀性及有毒药品时，必须遵守但不仅限于以下规则：① 使用氢气等可燃气体时，要远离火源、严禁明火，并注意室内通风。② 可燃性试剂不能用明火加热，必须用水浴、油浴或可调电压的电热套加热。③ 对于使用挥发性强的化学药品及产生有毒气体或蒸气的实验，必须在通风橱内进行操作；易燃、易爆和低沸点的药品使用时，须远离火源，避免引起爆炸或燃烧。试剂用毕要立即旋紧瓶塞，实验操作过程中使用火源时实验人员不得离开操作现场。④ 取用酸、碱等腐蚀性试剂时，应特别小心，不要洒出。在稀释浓硫酸时，不能将水往浓硫酸里倒，而应将浓硫酸缓缓倒入水中，并不断搅拌均匀，因为浓硫酸遇水能释放出大量的热，会导致酸液飞溅，非常危险。⑤ 某些强氧化剂(如亚硝酸钠、高锰酸钾、硝酸钾等)或其混合物，不能研磨，否则将引起爆炸。⑥ 接触有毒药品(如铅盐、砷、汞的化合物和重铬酸钾等)，必须做好防护措施，以防接触到口腔和皮肤，废弃物不得随便倒入下水道。⑦ 使用具有刺激性、恶臭和有害的气体(如硫化氢、氯气、二氧化硫等)及加热蒸发浓盐酸、硝酸、硫酸等时，应在通风橱内进行。⑧ 对某些有毒试剂如苯、苯并芘、烟碱等，使用时应特别注意，这些有机溶剂均为脂溶性液体，不仅对皮肤及黏膜有刺激性作用，而且对神经系统也有损害。生物碱、苯系物大多具有强烈毒性，皮肤亦可吸收，必须戴上手套和口罩在通风橱中操作。⑨ 钾、钠和白磷等暴露在空气中易燃烧，所以钾、钠应保存在煤油(或石蜡油)中，白磷可保存在水中，取用时要用镊子。

(四)化学试剂的配制

化学试剂的配制应遵守以下规程：
① 实验人员按照检测方法或作业指导书的要求进行溶液制备、标定和验证。配制过程应关注注意事项或危害，避免造成伤害。配制溶液所用化学药品、试剂及实验用水的纯度应符合分析方法的要求，如分析方法无用水纯度的要求，则参照 GB/T 6682—2008《分析实验室用水规格和试验方法》的要求，所用制剂及制品应按 GB/T

603—2002《化学试剂试验方法中所用制剂及制品的制备》的规定制备。

②配制溶液所用的器具须干净、无污染，实验要求须干燥的器具须经干燥处理后才能使用，配制溶液所用的天平、移液管、移液枪、容量瓶等须定期校正。

③实验人员在配制溶液前，应熟悉相关的分析方法和化学药品的特性，严格按实验要求进行溶液配制。

④配制的试剂溶液应根据试剂的性质及用量盛装于试剂瓶中，见光易分解的试剂装入棕色瓶中，需滴加的试剂及指示剂装入滴瓶中，整齐排列于试剂架中。配制好的溶液（包括纯水）应粘贴标识，包括溶液名称、浓度、溶剂（除水外）、配制人、配制日期及有效期，纯水应标注级别。对字迹不清的标签要及时更换，必要时采用适当方法防止标签脱落，如用透明胶覆盖标签等。

⑤溶液须贮存使用时，溶液的贮存条件应符合分析方法的要求；溶液有浑浊、沉淀或颜色变化等现象时，应重新制备。

⑥强酸、强碱、剧毒性、腐蚀性及具有挥发性溶液等危险化学品的配制要根据试剂的理化性质，严格遵守操作规程，以免伤及自己和他人。

⑦严禁非实验人员接触药品。

⑧仪器上的溶剂（如液相色谱仪的流动相）要求应按以下条款执行：

纯物质、含有机物的溶液：标签应填写"名称、配制人、配制日期、有效期"，存放时间建议为半年。

水：现配现用，标签应填写"名称、配制人、配制日期、现配现用"，使用完毕及时处理并及时更换为适用的含有机物的溶液，同时做好标识。

不允许使用过期溶液或水进行检测。完成取用、配制化学药品这些实验操作后应及时洗手，必要时可用消毒液；条件允许应洗澡；生活衣物与工作衣物不应在一起存放，并应经常清洗工作服。以上这些措施可以及时清除附着在皮肤和衣物上的有毒化学品，防止有害物质通过口腔、皮肤、消化道侵入人体。另外，绝对禁止在实验室内饮水、进食、吸烟，以及在有可能被污染的容器内存放食物。

（五）超期失效的化学药品的处置

需要处置的化学药品或试剂溶液必须清楚组分名称，无标签的不明化学药品或试剂溶液不能擅自乱扔乱倒。药品管理员需将超过有效期的化学药品隔离存放并做好标识，待具备相应资质的公司上门回收实验室废弃物时移交并做好记录，移交记录包括药品名称、规格、数量。禁止直接倒放废弃物处理装置中。超过有效期的药品和溶液应在一个月内处置完毕。

第五章　实验室的设备管理

第一节　设备的采购、安装调试与验收

一、设备的采购

(一) 需求分析

在调研实验室现有仪器设备种类、数量、完好率分布的基础上，一方面结合本年度实验室开展实验工作的数量和质量，另一方面结合科研工作需求，以及下年度新增项目种类、数量和需求，确定需要仪器设备的种类和数量。

收集仪器设备的厂家信息和技术信息，做到"广、新、精、准"。"广"是指收集的信息要涵盖多个厂家，做到"货比三家"；"新"是指收集的信息要及时有效，最好是当年或近两年推出的相应资料；"精"是指收集的信息要经过挑选、系统整理，忌太繁太杂，要做到广而精；"准"是指收集到的信息要准确可靠，最好咨询认识的用户对仪器的评价情况。

选择设备前，需要结合仪器设备综合性能指标以及工作需求，同时考虑设备指标的先进性、质量保障和实际操作的便利性，综合厂商信誉情况、售后服务状况，考察仪器性价比，推荐仪器选型。合理选择设备，可使有限的资金发挥最大的经济效益。

设备选型应遵循的原则：①生产上适用——所选购的设备应与本企业扩大生产规模或开发新产品等需求相适应。②技术上先进——在满足生产需要的前提下，要求其性能指标保持先进水平，以利于提高产品质量和延长其技术寿命。③经济上合理——要求设备价格合理，在使用过程中能耗、维护费用低，并且回收期较短。

(二) 采购计划编制

结合各检测室开展工作需求，提出下一年仪器设备采购申请，采购申请包括采购设备名称、数量、采购原因、采购预算、拟采用的采购方式并报上级主管部门审批，可同时附上仪器选型报告，详述需求的采购仪器设备功能要求、技术指标、配件、培训、选型推荐等具体要求。

设备采购一般需经过公开招投标方式采购，拟采用非公开招投标采购方式的，须提交拟采取采购方式的充分理由。经上级主管部门审批后，确定采购的办法。

（三）公开招投标

实验室如果具有拟定招标文件和组织评标工作的能力，可以自行组织招标；不具备该条件的，应委托具有招标代理资格的招标代理机构办理招标事宜。

1. 编制招标文件

招标文件应包含对投标人资格审查的标准、招标项目的技术要求、评标标准和投标报价要求以及拟签订合同的主要条款。实验室应提出具体采购方案，会同招标代理机构编制招标文件。招标文件中一般要载有采用设定"最高限价"的条款以控制成本。国家对招标项目的技术、标准有规定的，要在招标文件中提出相应要求。招标文件不得要求或者标明特定的生产供应者以及含有倾向或者排斥潜在投标人的其他内容。

招标文件拟定完成后，经实验室主任审核后，实验室还要将审核、完善的招标文件提交上级主管部门审核，审核批准通过后，方可发布。

2. 发布招标公告和招标邀请

采用公开招标方式的，招标公告应在两家以上媒介发布。依法必须进行招标的项目，必须通过国家指定的报刊、信息网络或者其他公共媒介发布，以确保投标的竞争充分性。采用邀请招标方式的，要向不少于三个承担项目能力、资信良好的投标人发出招标邀请函。以下两种条件可采取邀请招标方式：① 技术复杂、有特殊要求或者受自然环境要求限制，可供选择的投标人很少时；② 采用公开招标方式的费用占项目合同的比例过高时。

3. 组建评标委员会

评标委员会的人员由相关经济技术方面的专家组成，成员人数为 5 人以上单数，其中技术、经济等方面的专家不得少于成员总数的 2/3。

专家库评标成员应经过相应资格认定，经过培训考核、评价及档案管理，并实行动态管理制度，根据需求和考核情况及时对评标成员进行补充或更换，保持专家库人员总数在一定范围内。

4. 开标

招标项目自招标文件发出之日起至投标人提交投标文件截止之日止，最短不得少于 20 日。开标应在招标文件确定的时间和地点公开进行，并邀请所有投标人和实验室代表参加。投标人不参加开标的，不得对开标结果提出异议。此外，开标全过程要有监督部门的代表进行现场监督，重大采购项目可以同时聘请公证机构进行公证。

5. 评标

评标工作由评标委员会负责，评标委员会独立履行下列职责：审查投标文件是否符合招标文件要求并作出评价；要求投标供应商对投标文件有关事项作出解释或者澄清；推荐中标候选供应商名单。评标过程全程可以实行录音录像，留取原始现场资料以支持事后监督。监督部门必须现场监督招标代理机构依法依规开标，重大采购项目可以同时聘请公证机构进行公证。监督部门发现评标环节涉嫌违法违纪的，应报告本单位或企业纪检监察部门处理。

6. 发布中标公示

中标候选人公示结束后，实验室应及时确认中标人，对中标人的履约能力进行审核并由项目负责人签字确认。排名第一的中标候选人应确定为中标人，有多个中标人的项目应优先选择排名靠前的中标候选人。排名第一的中标候选人或排名靠前的中标候选人若放弃中标、因不可抗力不能履行合同，或者被查实存在影响中标结果的违法行为等情形，不符合中标条件的，应按照评标委员会提出的中标候选人名单排序依次确定其他中标候选人为中标人，或者重新招标。

实验室应及时将中标结果在招标文件规定的媒体上进行公示，接受群众监督。公示内容包括中标单位、中标数量、中标金额等方面，公示时间不少于 3 个工作日。投标人对中标公示的质疑、投诉由上级主管部门负责受理。质疑、投诉及答复均要采取书面形式。投标人要在中标公告发布之日起 7 个工作日内提出疑问，并要在接收质疑答复后 5 个工作日内进行投诉。受理部门要在 15 个工作日内对质疑及投诉进行回复。

招标结果公示结束后，由招标代理向中标人发出中标通知书。中标通知书发出后，不得随意改变中标结果。采购部门应凭中标通知书在 30 日内与中标人办理合同签订事宜。

（四）合同的签订

在公开招投标完成后，应进行合同签订前的审核把关等工作，避免在仪器招标采购过程中，某些代理公司或厂商投标时虚假应标。例如，在合同签订过程中，私自减少仪器配置和附件数量，或者删除、更改某些性能指标达到降低成本、提高利润的目的。

合同审核人应熟悉相关法律法规，如《中华人民共和国合同法》《中华人民共和国招标投标法》《中华人民共和国招标投标法实施条例》等内容，掌握合同签订时限、变更等事项条款。其中，签订合同时间在中标通知书发出之日起 30 日内，合同标的、数量、质量、价款、违约责任等主要条款应与招标文件和中标人的投标文件内容一致，不得再订立背离合同的其他协议。

采购合同由合作双方签署的，采购项目应遵守和履行的协议，一般包括技术、法律和财务等多个方面的内容。以招标文件、投标文件、中标（成交）通知书为采购合同订立依据。

二、设备的安装调试、验收

（一）设备接收准备

为了保障安装、验收逐层落实，各环节顺利进行，实验室需提前做好验收准备工作，成立相应设备验收责任组，明确设备的使用管理人员，要求其和项目负责人认真阅读合同、招投标文件和有关技术资料，熟悉仪器设备的技术与性能要求。

督促供应商按合同发货，并要求供应商提前书面告知发货时间、设备安装调试所需的条件与要求，包括安装场地、设备布局、设备搬运方案、设备基础、上下水、强弱电、气路、家具、通风、空调、照明等的准备。

提前做好验收准备工作，落实安装地点，准备好所需环境设施，做到货到及时开箱验收、清点、安装、调试和试运转，并认真做好记录。

（二）到货接收

供应商应提前通知准确的到货时间，仪器负责人告知具体存放点，并负责接货后的保管。到货后，应认真检查仪器设备的外包装是否完好，有无破损、变形、碰撞创伤、雨水浸湿等情况。如发现上述问题，应做详细记录，并拍照留据，办理退回货物相关手续。

（三）开箱验收

设备的开箱应在双方都在场的情况下进行，不应自行开箱，以避免引起纠纷。①外观检查。检查仪器设备及附件外表有无残损、锈蚀、碰伤等。②数量型号检查。以合同和装箱单为依据，逐件清点核对，检查主机和附件的名称、规格、型号、生产企业名称、产地和数量。装箱单与合同不一致的，以合同要求为准。③随机资料检查。检查随机资料是否齐全，如说明书、操作规程、维修手册、出厂质量检验报告、产品检验合格证书、保修单、光盘等技术文件和配套教学资料。④安装调试的设备应由厂商技术人员负责开箱，厂商人员不在场或不经厂商人员同意不得开箱。仪器设备保管使用人应参与开箱检查的全过程，并认真做好记录。⑤开箱验收过程中，仪器设备保管使用人应认真负责，严格核对，不得随意签署证明性文件，做好现场记录，发现问题，立即与厂商交涉处理。

（四）设备安装

设备安装前，仪器负责人要做好以下准备工作：① 负责落实仪器设备存放场地。② 负责检查水、电及装修方面的改造情况是否符合安装要求，如符合要求，通知厂商上门调试安装；如不符合要求，及时通知相关部门进行整改。③ 负责检查仪器工作的辅助设施是否完善，包括温湿度、气路、电源供应、空气净化，以确保仪器设备正常运行。④ 负责准备好仪器设备试运行期间的测试样品和相关试剂。设备安装过程中，仪器负责人应当全程跟踪，详细记录，并且在安装验收报告中签字确认，安装验收报告的内容包括仪器设备的完整性确认、基本信息的记录、运行环境的记录、随机资料的记录以及安装后空载运行情况、仪器设备能否按相关标准或操作规范的要求完成预定工作和达到预期效果，运行过程是否安全等。对于安装过程中感到疑惑的问题，必须及时和设备的安装人员认真交流。验收过程要有详细的测试大纲，测试的内容和方法需要双方认真协商，达成共识。验收过程要按照测试大纲逐项测试，且测试结果需要双方签字确认。

设备安装完成后，要组织安排仪器负责人、仪器使用人员培训。培训内容包括仪器原理、仪器配置、仪器使用、仪器维护保养等。

仪器设备在安装前要建立设备档案，包括保存产品设备制造的厂家和经销商的联系方式、设备的技术资料、设备购买合同。在验收时，要保存仪器验收、安装、调试的原始资料。首先建立仪器设备使用登记表，做好仪器使用登记。其次，记录仪器设备安装信息。最后，保存发票的复印件，存入设备档案。

（五）设备调试、验收

① 设备安装后，项目负责人及仪器使用人员应要求厂家技术人员按照合同要求，在仪器使用范围内满负荷运行仪器设备（至少 30 天），对仪器各项指标和功能开展检查、试用和测试，重点关注关键性技术参数与性能的逐项检查和测试。

② 做好仪器设备使用登记表运行记录。

③ 试运行期间，若发现仪器设备达不到技术指标要求的，应及时与供应商沟通，并要求供应商提供再次调试、测试的技术支持和协助。

④ 仪器设备正常运行后，项目建设单位提出验收请求，接到验收申请后，组织正式验收。

⑤ 验收完成后，由验收小组签署验收结论。验收结果合格，验收组签字确认

后，验收工作完毕。

⑥ 质保期内，如发现仪器设备运行不正常，仪器负责人应报告项目负责人，并书面联系供应商进行维护，做好登记备案。

(六) 仪器培训

仪器的使用和管理过程中，要做好使用人员的培训工作，保证人员能够独立操作仪器。合理的使用仪器可以确保仪器的精度及性能利用，提高检测结果的准确度。确保仪器的使用安全。培训包括安装基础培训、操作使用培训、仪器工程师培训。培训结束后，要填写培训效果评估表、培训记录表、培训总结并交由设备管理员存档。① 安装基础培训是指仪器安装时，安装工程师对于仪器原理、仪器操作以及简单的日常维护培训。② 操作使用培训是指实验室人员在使用仪器前，由熟悉仪器的负责人员培训项目仪器操作，直至熟练操作。③ 仪器工程师培训是指实验室人员已使用一段时间仪器后，仍需参加仪器厂家组织的仪器进修培训，以解决实验过程中的技术问题。

常用设备安装调试时由厂家做简单培训，大型设备仪器调试时可申请仪器厂家组织相关培训。由设备使用人员统一报给设备管理员，协商联系厂家工程师，参加设备专业培训。

设备使用人须经过设备使用培训，方可授权使用。操作人员上岗前，必须对仪器的结构原理、技术性能、操作规程和日常维护保养全面掌握后，方可上岗工作。

第二节　设备的档案与日常管理

一、设备的档案管理

(一) 仪器设备档案内容

凡作为固定资产的仪器设备，在其购置、验收、调试运行、管理、维修、改造、报废等活动中形成的、具有保存利用价值的文字、图表、声像材料以及随机资料，仪器设备经验收合格后，就应纳入实验室仪器设备档案，并建立相应的仪器设备台账。仪器设备台账应是动态的，能及时跟踪反映仪器设备变化情况。台账的具体内容包括名称、仪器编号、型号规格、生产厂家、出厂日期、出厂编号、购置日期、性能状态、设备责任人、存放地点、固定资产编号等。

仪器设备档案的内容主要包括：① 仪器设备登记表（包括名称、仪器型号规格、生产厂家、到货日期、使用日期、存放地点，验收情况等）；② 仪器设备的使用说明书（如为外语，须有中文翻译版）；③ 仪器设备相关随机文件资料；④ 仪器设备使用记录；⑤ 仪器设备维护保养记录；⑥ 仪器设备检定记录；⑦ 仪器设备的比对和验证记录；⑧ 仪器设备维修记录；⑨ 其他必要信息。

（二）仪器设备档案管理实施

1. 仪器设备档案的分类

在实验室中，按载体形式，仪器档案一般可分为纸质档案、磁性材料档案、胶片档案、光盘等。为便于档案的更新与管理，建议按使用性质对设备档案实行分类管理，可分为 A、B、C 三类。

A 类档案是相对静态的设备资料，主要是提出采购需求到仪器设备验收合格所产生的纸质文件等，包括仪器设备提出需求、技术验证纪要、招标文件、仪器设备随机资料、使用说明书原件、操作规程、保修卡、售后服务保证、装箱单、设计图、原理图及技术鉴定资料和仪器设备验收报告等。

B 类档案是相对动态的设备资料，主要是仪器设备投入使用后产生的相关记录，包括仪器设备履历表、仪器设备计量要求、仪器设备使用登记记录、仪器设备故障维修记录、改装记录及历年的检定 / 校准证书等。

C 类档案主要是各设备附带的软件，主要包括仪器设备随机软件及安装程序等。

每台仪器设备的档案资料很多，特别是大型精密的仪器设备，实施档案分类管理更便于检查人员查阅档案，如查阅某台设备的检定 / 校准证书，只需从 B 类档案查阅所对应设备资料盒即可，分类管理也便于设备档案的整理。设备管理员定期（建议每半年）整理仪器设备相关信息，如检定 / 校准证书的归档、维修维护记录的归档等。

每一台仪器设备都应建立一本档案，档案可包括如下内容：A、B、C 类档案按照各个仪器进行编号。各类材料应统一收集、编号、建立目录并集中保管。无论哪类设备，凡是建立设备档案的设备，都应建立档案目录，以便于查阅。

2. 仪器设备档案管理的具体实施

（1）建档资料移交

仪器设备调试完成后，安装调整负责人须在一定时限内将随机资料交到设备管理员处建档。具体移交内容包括：① 整理仪器设备随机资料（需将英文资料的名称翻译成中文）、软件及现场调试报告和其他相关资料等；② 设备负责人同时填写该设备的履历表，履历表内容包括仪器设备名称、规格 / 测量范围、精度、移交清单、领用日期等。

（2）设备管理员建立档案

设备管理员在接收到移交的仪器设备资料时，应在规定时间内（建议 15 个工作日）建立仪器设备档案，并随时更新设备档案内容，仪器设备档案分别按照 A、B、C 类来建立。

（3）仪器档案的借阅

借阅仪器设备档案、仪器设备资料、借用安装软件时，由借阅人提出借阅文件类型和借阅文件名称，并上报设备管理员提取档案。归还时，借阅人要将相关档案移交设备管理员，设备管理员进行逐一核对。此外，设备管理员在相应的借阅表格中还要及时登记归还信息，经借阅人进行信息确认。

（4）档案的更新

设备管理员要根据仪器设备档案情况，在规定时期内开展档案整理工作，同时要及时更新设备信息情况。

二、设备的日常管理

仪器设备是进行检测的重要物质基础，仪器设备的正常运转、安全使用与维修保养是确保检测工作顺利进行的关键。设备的日常管理包括设备使用、维护保养、维修、报废等内容，对提高仪器设备的使用效益具有重要意义。

（一）设备的使用

1. 编制仪器作业指导书

仪器设备操作指导规程一般应在仪器安装调试、投入一定时间内（建议使用两个月内）制定颁发。由实验室制定，其主要内容有仪器名称、性能用途、操作步骤、检查方法（包括开机、关机、运行检查）、维护保养、安全注意事项等。对于没有国家检定程序的仪器，实验室应及时建立自校规程。

2. 做好设备使用记录

在仪器设备使用前，应对其进行检查。了解上次使用情况、仪器设备检定或校准的资料及外部设备（包括水、电、气）是否完好等。发现问题及时汇报和处理，以免仪器设备损坏。仪器使用后要记录仪器的工作情况、使用时间、使用人员，有无异常现象发生等，还要填写仪器使用记录表。仪器使用记录的主要内容有开机日期、关机日期、工作时数、运行状态（包括停电、停水及工作异常等情况）、运行检查、期间核查、维修保养、工作内容等。仪器使用完毕后，要做好现场清理工作，切断电源、热源、气源等，并做好防尘措施。

3. 开展量值溯源工作

各类不同的仪器必须根据仪器的使用说明和分析项目制定一套调校、检定方法，定期进行调校、检定，每次调校、检定过程都应做好记录。对需要强检的仪器，检测室应及时按照强检规定送检，检定报告要及时归档。对所有仪器实行标志管理，核定计量检定证书及校准结果后分别粘贴上计量确认标识。大型仪器一经搬动必须进行调校、检定，对调校、检定不合格的仪器一律不准使用，需申请办理停用手续并粘贴"停用"标识。

4. 形成仪器维护保养制度

仪器设备在运行过程中，技术状态必然会发生变化，如零部件松动，元器件老化、接触不良，控制失灵或者精度下降等，仪器设备的维护保养就是采取有效措施，延缓这些现象的出现，提高仪器设备的使用寿命，最大限度地保持仪器设备的性能，使其经常处于良好的技术状态。一般情况下，仪器设备维护保养工作的内容可分为两大类。一类是环境条件保证，主要内容有清洁、润滑、防尘、防潮、防震、防腐蚀及温度调节等。主要功能是保证仪器设备在合理的工作条件下使用。另一类是技术检测保证，主要内容有部位检测、性能检测、环境条件检测等。主要功能是随时监测仪器设备的技术状态，保证仪器设备经常处在良好的工作状态。

实验室可根据目前现有仪器设备进行分类，每一类仪器设备都要编制相应的维护保养规程，建立仪器维护保养制度，形成每种仪器的维护保养手册，以及对仪器的关键部件进行保养，维护保养手册规定范围包括部件、方法、标准、周期。根据仪器维护保养手册要求，按照仪器规定达到的指标或调试时的性能指标定期进行检验，并且登记备查。建议大型仪器半年一次，常规仪器三个月一次。不是经常使用的仪器也要定期检查，以保证大型精密贵重仪器随时处于完好可用状态，有特殊要求的仪器要按特殊要求进行维护。对于仪器设备大修，在没有切实把握之前，一般不宜自己动手，应聘请有关专家解决。

5. 仪器设备异地使用规定

当使用便携式仪器到实验室外的工作场所进行工作时，除该工作场所的管理规定外，同时应注意以下几个方面：① 领用检查：主要内容包括检查仪器设备是否处于正常状态，设备相应配件是否齐全等；② 运输防护：在运输期间保证仪器不会由于运输颠簸等原因而导致损坏；③ 使用规范：严格按照设备使用规程要求操作设备，同时注意设备使用环境要求；④ 入库验收：仪器设备入库时要检验设备是否正常，领用记录是否相符，如果出现问题应及时维修、检定。

（二）仪器设备的维修

针对仪器设备在使用中存在的问题，实验室应重视设备维修工作，建立仪器设备维修和报废制度。所有仪器在使用过程中如果发现有异常现象发生时，应立即停止使用，终止测试，按仪器设备的维护和维修程序申请维修。在维修期间应加以"停用"标识，避免其他使用人员误用。

1. 仪器设备维修工作职责

仪器设备维修外联工作统一由各检测室指定的设备管理员负责，技术及现场维修事务则由各设备责任人负责。

2. 仪器设备维修实施

仪器设备出现异常现象，如误用、误操作、超负荷（过载）或事故时，发现检测精确度不符合要求，显示的结果可疑或通过校准／检测不合格时，应立即停止使用，且设备使用人应做好维修标识。同时，核查故障是否对先前的检测结果造成影响。若有影响，则执行不符合工作程序。

当仪器设备需要维修时，设备负责人应及时与仪器厂家或代理商的售后服务公司的维修工程师进行充分沟通，以了解仪器设备故障原因，并咨询仪器设备维修报价，同时填写、提出仪器维修需求，交送仪器设备管理员；设备管理员汇总当月需要维修的仪器设备，报检测室主管审核、实验室主任审批后方可开展仪器设备维修相关工作。

3. 维修后工作

仪器设备维修后，设备责任人应进行核查，必要时向设备管理员提出检定／校准需求，确认合格后方可投入使用。

（三）仪器设备的报废

1. 仪器设备的停用和启用

仪器设备出现以下情形需封存停用的，由设备责任人提出封存要求，经检测室主管签字，交由设备管理员办理停用手续后存档，设备管理员做好登记并做"停用"标识：① 经检定／校准后不合格的；② 曾经过载或处置不当的；③ 出现可疑结果的；④ 已显示缺陷的；⑤ 超出规定限度的；⑥ 仪器设备暂时不使用的。

仪器设备出现以下情形需重新启用的，由设备责任人确定其能正常工作后，向设备管理员提出启用需求，经检测室主管审核、技术负责人确认同意后，交由设备管理员办理启用手续后存档：① 不合格仪器设备调整或维修后，经检定／校准合格，需要使用时；② 故障设备经维修能正常使用，若涉及关键计量点，须经检定／校准合格后，重新需要使用时；③ 原暂时不用需重新使用的，若为测量设备，须经检定／

校准合格时。

2. 仪器设备报废的处理

仪器设备符合公司固定资产报废管理条件时，根据实际使用情况，予以停用并作报废处理。仪器设备的停用/报废由设备责任人提出，经检测室主管审核、技术负责人确认并上报实验室主任批准后由设备管理员执行，一般测量设备报废办理测量设备报废手续，固定资产报废办理固定资产报废手续。凡报废的仪器设备，应制作"停用"标志。在仪器设备档案中做好报废仪器注销记录。有关仪器设备的资料由设备管理员归档保存至报废后一年。

第三节 设备的量值溯源

一、量值溯源的定义

量值溯源是指通过一条具有规定的不确定度的不间断的比较链，是测量结果或测量标准的值能够达到规定的参考标准，通常是与国家测量标准或国际测量标准联系起来的特征。在规定条件下，为确定计量仪器或测量系统的示值或实物量具或标准物质所代表的值与相对应的被测量的已知值之间关系的一组操作。

量值溯源的目的就是通过计量器具的检定或校准，将国家基准所复现的计量单位量值，通过各等级计量标准传递到工作计量器具，以保证被测对象量值的准确性、一致性和有效性。量值溯源是量值传递的逆过程，量值传递是自上而下地将国家计量基准复现的量值逐级传递给各等级计量标准直至工作计量器具；而量值溯源则是自下而上地将测量值溯源到国家计量基准，它是一种自下而上寻求量值"源"的自觉行为，而且不一定通过一级一级的依次溯源。

校准或检定为量值溯源的主要手段，校准或检定的主要目的有以下几个方面：① 得出标称值偏差的报告值，并调整测量器具或对示值加以修正；② 确定仪器示值误差，可确定是否在要求的范围内；③ 给任何标尺标记赋值，或确定其他特征值，或给参考物质特征赋值；④ 实现溯源；⑤ 提高用户对实验室的认可度和信任度。

二、量值溯源的方式

(一)量值溯源的主要途径

量值溯源的方式包括了计量校准、检定、测试、自校准、使用有证物质和比对实验等。实验室对设备的量值溯源主要有四种途径：一是列入"国家计量器具强制检定目录"的仪器设备送至法定的计量机构实施计量检定；二是对于未建立"检定规程"的器具，通过建立实验室标准，进行内部校准来实现；三是当仪器有标准物质（CRM）时，通过使用有证的标准物质进行溯源；四是当没有国家标（基）准时，可溯源至实物标准，如标准品，或者通过参加能力验证、比对试验等途径来提供相关证明。

（二）校准和检定的区别

一般来说，校准和检定两种方式既有共同点也有不同点。其共同点有：都是为了达到量值溯源的目的。其不同点有：一是性质不同。校准不是法定行为，可根据客户需求开展，可通过校准来评定计量器具的示值误差，而检定是具有法制性的，属于计量管理的执法行为。二是依据不同。校准依据的是相应的校准规范，检定是依据相应的检定规程。三是对象不同。校准的对象是属于强制检定之外的测量设备，而检定的对象是计量法明确规定的强制检定的测量设备。

（三）量值溯源的具体实现方式

1. 仪器设备的检定或校准

国家颁布的强制性计量检定仪器设备均需送到由县级以上人民政府计量行政部门所属或者授权的计量检定机构进行定点定期检定。

我国属强制检定的计量器具共有六类：一是社会公用计量标准器具；二是企事业单位的最高标准器具；三是用于贸易结算并列入强制检定目录的，如计量罐、计量罐车、定量包装机、流量计、电度表、电子汽车衡、轨道衡、测深钢卷尺、玻璃液体温度计、天平、砝码、密度计、石油闪点温度计等；四是用于安全防护并列入强制检定目录的，如瓦斯计、可燃性气体报警器、有毒有害气体报警器、压力表、绝缘电阻、接地电阻测量仪等；五是用于医疗卫生并列入强制检定目录的，如心、脑电图仪，医用血压计等；六是用于环境监测并列入强制检定目录的，如酸度计，分光光度计，水质污染监测仪，烟尘、粉尘测量仪等。

对强制性计量检定以外的仪器设备，可依据实际检测工作需要，指定符合计量要求的部门或考核合格的专业人员按量值溯源原则进行有效测试。要求报告能正确给出实际检测工作要求范围的不确定度或校准参数。

2. 仪器的检定或校准

恒温恒湿箱、恒温干燥箱、马弗炉等具有示值的仪器，在使用前应进行计量检定，选择的检定机构必须能准确给出量值范围不确定度和修正值。

3. 自校准

对无相应计量检定规程或计量部门无法检定的检测仪器，应根据实际检测工作中测量范围以及检测方法对于设备灵敏度要求，设备管理员应提供该仪器测量范围内有证标准物质交给仪器使用人进行仪器的自校准。

如果没有有证标准物质，技术负责人应组织专业技术人员及其相关设备使用人员制定可量值溯源的仪器设备自校准方法，自校准方法可以为约定使用的方法或者被有关各方接受并且描述清晰的标准，经技术负责人批准后实施。自校准应由具备相关资质的专业技术人员定期开展自校准测试。如果自校准比对结果不能给出测量不确定度，则应给出测量标准偏差，3倍标准偏差应小于被检测样品参数允许误差的 1/10～1/3。

当自校准设备性能指标无法依靠量值溯源原则实施自校方案时，采用三台以上同样仪器比对的方法进行验证或参加相应的实验室比对。

三、量值溯源的实施

(一)制定量值溯源程序，明确职责

实验室应制订设备校准的计划和程序。实验室在开展量值溯源工作时，须制定与自身情况相适应的量值溯源程序，明确具体工作的流程，确定各授权人的工作职责，如技术负责人负责量值溯源工作的总体规划，负责审核年度检定/校准计划；设备管理员负责编制年度检定/校准计划、年度期间核查计划、检定/校准证书的归档管理；各仪器设备、标准物质管理员、参考标准、标准物质使用人负责期间核查的具体实施；综合管理员负责期间核查记录的归档管理等。

(二)确认量值溯源的仪器设备

用于检测和(或)校准的对检测、校准和抽样结果的准确性或有效性有显著影响的所有设备，包括辅助测量设备(如用于测量环境条件的设备)，在投入使用前应进行校准。测量过程任一环节(如抽样、制样、分样、测量等)使用到的测量设备，不管是主要设备还是辅助设备，对测量结果准确性和有效性有显著影响的，都应纳入量值溯源范围内。

1. 确定量值溯源的方式

由于实验室检测的对象涉及面很宽，包括了各类的样品和材料，实验室用于检测的仪器设备数量多、种类多，实验室仪器设备可分为定性定量测量仪器和辅助测量设备两大类。定性定量测量仪器的显示数据往往需要代入计算，得出检测结果。

这类仪器大多有检定规程，按照检定规程进行量值溯源。常见的定量测量仪器主要包括电子天平、自动电位滴定仪、气相色谱仪、液相色谱仪、离子色谱仪等。辅助处理设备的显示数据一般不带入计算，不会直接影响检测结果，但误差过大会对实验条件或实验安全有影响，如旋转蒸发仪、烘箱、马弗炉、瓶口移液器等。没有检定规程的仪器，需参照校准规范进行校准。

2. 明确设备的计量要求

不是所有的测量设备均需要进行校准，即使是同样规格的两台测量设备，由于其预期使用目的不同，对检测结果的准确性和有效性影响程度也可能存在着显著的差异。实验室各设备负责人可根据检测方法对测量设备计量特性的要求，结合测量设备本身的特性，如测量范围、分辨率、最大允差、精度等级等参数，制定溯源的方法，确认校准间隔，是否需要期间核查，授权使用范围和操作人员，正常维护保养等一整套控制措施。制定各测量设备的计量要求，确定量值溯源的方式，并将这些计量要求列入设备的校准计划。

对于新增的仪器设备，安装调试完成后，在规定期限内（建议1个月内），检测人员根据仪器设备本身的技术指标及试验方法的要求，提出检定/校准计量要求，向设备管理员提出新的检定/校准申请。如是定性定量测量仪器，有检定规程的，应严格按照检定规程进行，检定项目尽量齐全，检定结果存档备查并作为验收材料之一。对于仅能校准的设备，也应全面地进行测试，尽可能全面了解设备性能。建议提出明确的计量要求，向设备管理员申请校准。设备管理员收到申请后，将其纳入当月送检计划，到期后统一送检。

（三）制订量值溯源计划

设备管理员根据量值溯源关系编制仪器年度周期检定/校准计划，报技术负责人批准后组织实施。年度周期检定计划应包括：① 校准仪器设备名称、型号和编号/校准编号；② 安装位置；③ 使用站（室）或设备责任人；④ 定点检定/校准的机构名称；⑤ 最近检定/校准时间、应检日期；⑥ 检定/校准的参数、范围、要求等关键量/值。

设备管理员按照仪器年度周期检定/校准计划定期送检。对于到期校准/检定的设备出现故障损坏时，根据设备的实际情况，如损坏可修复时，检测人员可申请停用并上报设备管理员，暂缓校准/检定，待修复经确认符合使用要求后可重新启用；如果损坏至无法修复需要报废时，由检测人员申请报废，并上报技术负责人审批。

（四）量值溯源的计量确认

计量确认是指为确保测量设备符合预期使用要求所需的一组操作。因此，只有测量设备已被证实符合预期使用要求并形成文件时，计量确认才算完成。

计量确认通常包括校准和验证、各种必要的调整或维修及随后的再校准、与设备预期使用的计量要求相比较以及所要求的封印和标签。

1. 检定确认

检定强调的是测量设备计量特性对法律法规的符合性，设备的检定证书或检定结果通知书中均包含设备是否合格的结论。由于验证设备计量特性的依据是根据设备预期使用目的而确定的计量要求，而这些计量要求与法律法规的要求有可能不完全一致，因此，设备检定合格或不合格，并不一定说明设备已满足或不满足设备的预期使用目的。在检定证书返回后，检测人员检查证书所示的计量器具名称、出厂编号、型号/规格是否与送检设备一致，核查检定依据、检定结论等，检测人员同时要结合计量要求进行确认，判断设备是否满足使用要求。如满足，则设备能用于检测；如不满足，则设备不能用于检测。

2. 校准确认

经校准的计量器具，校准机构出具"校准证书"，校准证书只给出校准技术参数的数据，不给出合格与否的结论，因为不同的检测对象对设备技术参数要求不同，同一设备可能满足一种产品检测而不能满足另一种产品检测，所以在实验室获得校准证书后，应组织检测人员检查证书所示的计量器具名称、出厂编号、型号/规格是否与送检设备一致，并对照检测方法标准，认真核对技术参数是否满足标准要求，给出是否满足检测方法要求的确认意见，不满足的则不得用于检测或者降级使用。按自校规程实施的校准，应形成校准记录，出具校准报告。校准报告中还应给出测量不确定度，经校准符合要求的方可用于检测工作。

3. 对修正值和修正因子的运用

测量仪器在校准/检定证书中，往往给出一组或一个示值的修正值或修正因子。但有些实验室对仪器进行了校准/检定，却并未对仪器示值按证书的修正值或修正因子进行修正，甚至不知道如何应用这些值。所谓修正值，即用代数方法与未修正测量结果相加，以补偿其系统误差的值。所谓修正因子，即为补偿系统误差而与未修正测量结果相乘的数字因子。可见，为了补偿系统误差，对仪器示值必须按证书中给出的修正值或修正因子进行修正。当校准产生一组修正因子时，要将这些修正因子在所有文件和场合进行更新。如恒温干燥箱，校准得到的温度差值，应醒目地标记于设备附近，使检测人员在设置时能得到并利用。对于直接出具数据结果的检测设备，如折光仪，检验人员在实际检测中应根据校准的结果修正后，方能出具准确的数据，以确保检测结果的准确性和有效性。证书无数据时，应清楚"合格"的允差范围、等级的误差范围，以便在测量中正确应用。

4. 量值溯源的标识及存档

① 检定或校准之后应根据其结果对仪器设备作出标识识别和文件存档工作。② 当校准产生一组修正因子时，将这些修正因子在所有文件和场合进行更新，并得到控制和保护，以免失效。③ 必要时，通过期间核查、比对、能力验证等方式监控仪器设备，实现测量结果的质量保证。

四、测量过程受控的条件及控制方法

(一) 测量过程受控条件

确认测量条件是否受控包括测量设备经计量确认合格、测量程序经确认有效、信息资料齐全、环境条件受控、人员能力符合要求、结果报告受控。

1. 测量设备经计量确认合格

① 测量设备应具有经计量确认的合格状态标识；② 测量设备的封印或保护设施完好；③ 测量设备应在规定的计量确认间隔之内；④ 使用过程仪器状态正常，没有发生误操作或者损坏、过载现象。

2. 测量程序经确认有效

① 测量程序是经过审批的正式文件；② 使用的测量程序是现行有效的版本；③ 测量文件应具有明显的标识；④ 测量的方法和范围按程序文件规定要求执行。

3. 信息资料齐全

① 具有与测量设备计量确认有关的信息，包括任何限制使用和特定要求；② 具有与测量环境要求有关的信息，包括任何因环境条件变化而需要进行的修正；③ 具有与操作有关的技术资料或使用说明书；④ 测量软件等。

4. 环境条件受控

① 测量过程的环境条件应符合测量程序规定的要求；② 应按测量程序的规定监视和记录环境条件；③ 应根据测量程序要求的环境条件对测量结果进行修正。

5. 人员能力符合要求

① 操作人员应通过培训具备相应知识和技能，并经考核被批准后方可上岗；② 操作人员测量过程应严格遵守测量过程程序规定。

6. 结果报告受控

① 结果报告的格式应符合测量程序的规定；② 结果报告应在测量工作中完成；

③ 只有经授权的人员才能根据测量过程程序的规定进行测量；④ 结果报告的内容应准确、客观、全面。

（二）测量设备的控制方法

实验室的测量设备依据测量准确度的要求，分为 A、B、C 三类管理测量设备。可根据如下方式进行识别：

A 类管理测量设备。① 列入国家强检目录的测量仪器：包括安全防护、贸易结算、环境监测三类国家强制检定工作测量仪器。② 生产工艺重要测量过程和关键控制：是指生产单位公司级和厂级质量控制点、特殊过程控制点的测量设备以及重要测量过程的主要测量仪器。③ 计量标准仪器：是指工作计量标准仪器。④ 产品质量检验和试验测量仪器：是指产品出厂的终端试验测量和质量检验仪器。

B 类管理测量设备。是指对测量准确度无严格要求，测量准确度失准不会产生安全、环境、质量和设备等事故。

对于 A、B 类的测量过程，均采用复杂的控制方法，即可利用控制图和检查标准，采用统计技术，对测量过程的全部要素进行控制。

C 类测量过程控制。是指采用简单的控制方法，如重复测量、留样再测、实施环境条件监测、抽样检查使用的测量设备、对操作人员实施监督等。

凡未列入 A、C 类的测量设备，均划入 B 类管理。

五、仪器标识

标识是对测量设备现场管理的一种形式，是计量确认工作中的一个重要环节。标识的作用主要用于：① 表明测量仪器所处的确认状态，便于正确使用测量仪器。② 利于测量设备现场管理，防止错用。

实验室的仪器标识主要分为五类：① 检定／校准单位出具的检定／校准标识；② 计量确认标识；③ 仪器设备标识；④ 仪器状态标识；⑤ 固定资产标识。

（一）检定／校准单位出具的检定／校准标识。

1.计量标识的种类和用途

① "合格"标识：颜色为绿色，分 A、B、C 三种，用于经检定／校准合格的测量仪器；② "准用"标识：颜色为黄色，用于经状态点检定合格的测量仪器；③ "限用"标识：颜色为浅绿色，分 A、B、C 三种，用于部分功能或使用范围得到确认，处于有条件限制使用的测量仪器；④ "封存"标识：颜色为深蓝色，用于停用、不合格或报废的测量仪器。

2.标识的粘贴

公司内部检定/校准的测量设备，由检定/校准机构粘贴标识；委托公司外部检定/校准的测量仪器，由实验室兼职计量员依据计量确认结论和测量仪器分类粘贴标识。

设备经检定/校准或其他验证方式证明满足检验工作要求后，设备员负责按照《分析仪器管理程序》及《计量器具日常管理规程》的要求在设备上粘贴设备计量标识。

（二）计量确认标识

1.实验室计量确认标识的种类和用途

实验室计量确认标识，包括"确认合格证""停用证""备用""变更说明""标准物质标识"，这些都属于实验室内部管理标识。①"确认合格证"：适用于检定/校准合格并经计量确认符合测量要求的测量设备。②"停用证"：适用于检定/校准不合格并经计量确认不合格的测量设备，或者在使用过程中发现失准，且不能立即修复的测量设备，或者停用而封存的测量设备，粘贴"停用证"标签进行隔离。③"备用"：适用于检定/经检定/校准合格，但存放在仓库，暂时不使用的测量设备。④"变更说明"：适用于校准中出现的某些特殊情况，如可降级使用或减小量程范围，或在多功能、多量程的测量设备中只使用某一功能、量程的情况下，注明变更情况，或者注明非法定计量单位与法定计量单位之间的换算公式。⑤"标准物质标识"：适用于实验室外购标准物质或自配标准溶液的管理标识。

2.计量标识的填写规定

计量确认标识内容，包括确认"No.""有效期""停用日期""批准人""确认日期"等。其中，"No."：填写测量仪器实验室统一计量编号；"有效期"：填写该测量设备下一次确认的时间，有效期＝检定/校准日期+1个检定/校准周期；"停用日期"：填写停止使用的日期；"批准人"填：写实验室计量员的姓名，也可用计量员编号代替。"确认日期"：填写首次检定/校准的日期。计量确认标识应字体端正清晰，内容齐全，禁止涂改。

3.计量确认标识的粘贴

测量设备的计量确认标识由实验室统一进行管理，由实验室计量员或测量仪器校准人员粘贴。其他人员不得随意粘贴、更改或损坏计量标识。标识粘贴一般应在仪器或仪器显示屏正下方处。

（三）仪器设备标识

为方便实验室内部仪器授权及管理，每台仪器设置设备标识，标识内容包括名称、设备编号、计量信息、设备责任人签字、安装 / 维修 / 应用工程师电话等。其中，计量信息应包括上次校准的日期、再校准或失效日期等。设备编号可以为计量编号或者由实验室统一编号。

设备标识由设备责任人负责编制，要将每台设备落实到相应的责任人，不仅便于实验室仪器设备的统一分配管理，还便于更好地跟踪仪器的状态、整理仪器各项档案、定期对仪器开展维护保养工作、及时跟进处理仪器各项相关问题。

设备标识牌应粘贴于设备的显著位置，以下情况（但不限于）可采用其他事宜的方式加以控制：① 使用标签将会影响设备的准确性；② 设备的使用环境或介质不允许加贴标签或标记；③ 设备太小无法使用标签或进行标记。

（四）仪器状态标识

为避免仪器误用，大型精密仪器建议设置仪器使用状态牌，包括待用、设备使用中、调试、停用。仪器状态标识放置在仪器旁边或粘贴在仪器上，便于实验室人员能够清晰地观测仪器的使用状态。

待用是指仪器处于未开机或未进行正常状态下。设备使用中是指仪器处于正在运行或使用状态，设备使用中状态建议标注使用人。调试是指仪器处于维修或调试期间。停用是指仪器在已坏或已封存状态下，仪器处于停用状态，停用状态标识建议采用红色。

设置仪器状态标识，可以清晰判断设备的使用情况及使用人，有利于仪器设备的现场管理。同时也避免由于仪器状态不明的情况下，其他实验室人员误用仪器带来相关风险。

（五）固定资产标识

实验室仪器购进后，纳入固定资产台账，实验室人员在仪器上粘贴固定资产标识，一般固定资产标识包括设备名称和固定资产编码，其中，固定资产编码包括固定资产分类或部门等信息。

第六章　实验室安全管理

第一节　实验室安全管理对策

一、实验室安全守则

为了确保实验室安全，实验室应有基本的安全守则，各实验室主管还必须自行建立具体的安全细则，实验人员必须明确所有规则后方可进行实验。此外，实验室还要有专人定期进行安全检查。

（一）实验室基本的安全守则

① 开始任何新的或已更改过的实验操作前，需了解所有物理、化学、生物方面的潜在危险及相应的安全措施。使用化学药品前，应先了解常用化学品危险等级、危险性质及出现事故的应急处理预案。

② 进入实验室工作的人员，必须熟悉实验室及其周围的环境，包括水阀、电闸、灭火器及实验室外消防水源等设施的位置，并熟练使用灭火器。

③ 实验进行过程中，不得随意离开岗位，要密切关注实验的进展情况。

④ 进入实验室的人员须穿全棉工作服，不得穿凉鞋、高跟鞋或拖鞋；留长发者应束扎头发；离开实验室时须换掉工作服。

⑤ 进行可能发生危险的实验时，要根据实验情况采取必要的安全措施，如戴防护眼镜、面罩或橡胶手套等。

⑥ 实验用化学试剂不得入口，严禁在实验室内吸烟或饮食饮水。实验结束后，要细心洗手。

⑦ 正确操作气体钢瓶，要熟悉各种钢瓶的颜色和对应气体的性质。气体钢瓶、煤气用毕或临时中断时，应立即关闭阀门，若发现漏气或气阀失灵，应停止实验，立即检查并修复，待实验室通风一段时间后，再恢复实验。

⑧ 使用电器时，谨防触电。不许在通电时用湿手接触电器或电插座。实验完毕，应将电器的电源切断。

⑨ 禁止明火加热，尽量使用油浴加热设备等；温控仪要接变压器，过夜加热电

压不得超过 110V；各种线路的接头要严格检查，发现有被氧化或被烧焦的痕迹时，应更换新的接头。

⑩ 实验所产生的化学废液应按有机、无机和剧毒等分类收集存放，严禁倒入下水道。充分发挥环境科学的特长，以废治废，减少废物，如含银废液回收利用、稀溶液配制浓溶液、废酸和废碱处理再用等。

⑪ 易燃、易爆、剧毒化学试剂和高压气瓶要严格按有关规定领用、存放、保管。

⑫ 实验室工作人员必须在统一印制且编有编号和页码的实验记录本上详细记录，计算机内所存数据只能作为附件，不能作为正式记录；实验记录必须即时、客观、详细、清楚，严禁涂改、撕页和事后补记；不得用铅笔记录；实验记录严禁带出实验室；毕业或调离实验室的人员必须交回已编号的原始实验记录本，并经实验室负责人和相关人员核准后方能办理离校手续。

⑬ 实验室内严禁会客、喧哗；严禁私配和外借实验室钥匙。

⑭ 实验人员或最后离开实验室的工作人员都应检查水阀、电闸、煤气阀等，关闭门、窗、水、电、气后才能离开实验室。

(二) 实验室管理及维护

实验人员对实验室应加强管理，并认真做好实验设备设施的维护工作，以保证实验室安全平稳地运行。要求做到以下几点：① 保持实验室范围整洁，避免发生意外。每个实验结束及每日完成所有实验后，应将实验台、地面打扫干净，所有试剂药品归位。② 所有化学废料要根据危险级别分类，并贮存在指定容器内，定期处理。③ 实验室地面应长期保持干爽。如有化学品泄漏或水溅湿地面，应立即处理并提醒其他工作人员。④ 楼梯间及走廊严禁存放物品，保持通道畅通，可方便地取得安全紧急用具或到达气体阀门。⑤ 所有实验室设施如通风橱、离心机、真空泵及加热设施等均需定期检查维修。维修工作需由认可人员执行，并予以记录。

(三) 安全警示

为了方便地了解各个实验室的安全因素，出现事故时能快速地作出反应，使损失降到最低，就必须在每个实验室的合适位置安装安全警示牌。一般是：① 每个实验室入口处张贴安全警示牌，列明该实验室内各种潜在危险，以及进入实验室时应佩戴哪些安全设施；② 警示牌上应列出紧急联络人员或安全责任人的名单及电话，若发生火警、化学品泄漏等意外事件，可寻求以上人员协助。

（四）无人在场实验的安全

由于科研及实验的需要，某些实验过程需长时间连续进行，实验室人员应制定相应的规则，确保实验室的安全。其应做到：① 有些实验过程涉及危险化学品，并需在无人在场的情况下持续甚至通宵进行的，责任人必须做好预防措施，特别要考虑到当公用设施如电力、煤气及冷却水等中断时应如何应变控制与处理；② 小心存放化学品及仪器，热源周围应无易燃、易爆物质，以防止着火、爆炸及其他突发事故发生；③ 实验室内的照明系统必须保持开启，实验室大门外应张贴告示，列明其内使用哪些危险品、紧急事故报警电话及联络人的联系方式；④ 如有需要，应安排保安人员定时巡查。

二、实验室安全管理方法

（一）健全实验室安全管理机构，明确管理职责

实验室由于专业不同、门类较多，需要有专门的机构负责实验室安全方面的管理。从上至下要建立实验室的安全管理体系，要有明确的安全管理层次和安全职责，由校级安全管理职能部门统一负责与实验室有关的安全管理工作，并在各院、系、实验室设立专职或兼职的安全岗位，使实验室安全工作做到上头有人抓、下头有人管，从而从体制上解决实验室安全工作管理机构的完善问题。

（二）建立健全实验室安全管理机制，明确职责范围

制度是做好实验室安全管理工作的保证。对于实验室主任、实验室工作人员，不仅要有明确的职责范围、工作流程，还要具有一定强制性和约束力，明确规定进入实验室的安全工作程序、一系列安全工作规范，使实验人员在实验室工作中有法可依、有章可循。有关实验室安全的管理制度包括实验室安全管理规则、实验室安全卫生守则、危险化学品管理办法、剧毒品管理办法、病原微生物的管理与使用规定、放射性同位素与射线装置使用管理规定、实验室安全用电管理规定、特种设备或高档设备安全使用管理办法、压力气瓶安全使用管理规定和危险化学品废物处理规定等。

（三）重视安全基础性工作，加强安全标准化建设

实验室安全的基础性工作是大力加强安全标准化实验室建设，要着重从四个方面展开。① 实验室安全运行组织管理标准化。主要是制定以实验室安全运行为目标

的实验室安全管理全过程的各项详细的、可操作性的管理标准。②实验室安全条件标准化。主要是保证实验室房屋及水、电、气等管线设施规范，实验室设备及各种附件完好，实验室现场布置合理、通道畅通，实验室安全标志齐全、醒目直观。实验室安全防护设施与报警装置齐全可靠，紧急事故抢救设施齐全。③实验室安全操作标准化。主要针对各实验室的单个实验或高档仪器设备制定操作程序和管理规范，实现标准和规范化操作。④实验室安全教育制度化。要定期进行实验室必要的安全教育工作，做到"未雨绸缪，防患未然"。同时，做好实验室安全通报工作。

（四）建立安全岗位责任制，落实安全责任

加强安全责任，首先从签订安全责任书入手，领导要加以重视，层层落实安全管理责任。学校与主管院长、主管院长与实验教学中心主任、实验室教学中心主任与实验室安全责任人分别签订安全责任书，通过层层签订将责任人连接在一起。在落实实验室安全管理责任方面，可采取将实验室安全负责人和实验室安全员的姓名以标牌的形式贴于实验室房间的门上，还可把实验楼内所有实验室房间的安全负责人和安全员的通信地址、联络电话汇集成册。同时，向每个实验室派发实验室安全岗位查询记录本，记录内容要求包括检查房屋、水、电、设备状况，危险品存放状况，灭火器、门窗状况等，并要求实验室主任和实验室管理部门安全负责人定期检查记录签字，充分调动全体实验室人员的责任心。

（五）加大实验室安全设施的投入，提高安全系数

对现有的实验室在防火、防爆、防毒、防盗、防辐射、防传染等安全设施方面加大投资力度，并根据实验室危险因素的具体情况，更新、改造、配备必要的劳动保护设施和用品，安装必要的实验消防、通风、防爆设备，以期及早发现隐患，杜绝事故发生。

（六）加强实验室安全教育，进行安全培训

安全教育是防止事故发生的预防性工作。实验室管理层要充分重视实验室安全教育工作，制定安全教育制度和长期的安全教育培训规划，加大实验室安全教育的投入力度，定期组织进入实验室工作的教师和对学生进行系统安全技术知识学习的培训，强化安全意识，做好安全管理工作。学校应开设安全教育网页，开设安全教育专栏，定期组织安全教育讲座，进行灭火、自救的演习，不断提高有关人员的安全技术水平，熟练掌握事故应急处理方法，使每一个在实验室工作和学习的人都具备应对突发事件的能力。

(七) 进行实验室危险源辨识，安全检查，促进整改

安全检查对提高工作人员的安全责任心，强化安全意识，及时发现并消除安全隐患具有非常重要的作用。实验室人员要对实验室进行危险源的辨识和评价，通过危险源的辨识，进行实验室安全隐患的排查，通过检查找出不足、查出隐患，并督促实验室整改，起到举一反三的作用。尤其是由学校领导带队，包括保卫部门、实验室管理部门、各院主管领导及内行专业人士参加的互查，更能对实验室安全管理起到推动作用。实践证明，通过安全检查请主管领导及内行专业人士亲自到现场去看、查找安全隐患，其整改成效非常显著。

(八) 制订实验室安全事故应急预案及救援预案，应对突发事件

俗话说"不怕一万，就怕万一"，因此要做到临危不乱，必须事先制订实验室安全事故应急预案及救援预案。

应急预案包括以下几方面：① 根据国家有关法规及实验室客观实际情况分类，设置应急处理组织，分级制订应急预案内容，并具有实用性和可操作性，以利于作出及时的应急响应，明确应急各方的职责和响应程序，准确、迅速控制事故；② 要对实验室进行危险分析，在危险因素辨识、事故概率及隐患的分析评估的基础上，确定实验室可能发生的事故危险源，制定可能发生的事故处理原则、主要操作程序与要点，并要对事先无法预料的突发事故进行应急指导；③ 进行应急能力评估，如应急人员、应急设施、应急物资、应急控制，包括实验室门锁、水源、电源开启或关闭，以便能直接提高应急行动的快速性、有效性。

救援预案内容包括以下几方面：① 实验中引起的爆炸火灾安全事故；② 突发危险品污染事件；③ 剧毒化学品和易致毒化学品及放射性物质源丢失等安全事故；④ 特种设备包括锅炉、压力容器爆炸等重大安全事故；⑤ 危险化学品造成人身伤害的安全事故；⑥ 意外断水、断电引发实验室渗水、加热事故，设备损坏事故。

(九) 营造校园安全文化氛围，增强全员安全观念

营造安全文化氛围是提高全员安全意识和增强全员安全观念的有效途径。校园安全文化可以让师生接受安全教育和熏陶，提高安全素质。让"事事要求安全，人人需要安全"的安全理念、"以人为本，预防在先"的安全思想和"安全规程，必须遵守"的安全准则深入人心，成为人们自觉行动的一部分。

三、实验室安全管理系统

实验室大多涉及的基本目标：一是人力与设备资源的有效使用；二是样品的快速处理（检测或制备）；三是高质量的实验数据结果。因此，一个良好的实验室不仅包括优秀的研究人员和优良的实验仪器设备，更需要有优秀的管理。因此，实验室的管理系统主要包括三个方面：功能健全且能满足开展实验工作所要求的组织机构；相关实验工作的质量保证体系；有保证实验工作公正、科学、有效的配套措施。

（一）组织机构

任何一个实验室都必须有完整的组织机构，包括下设的各分实验室和所配备的相应的工作人员。在组织机构的框架中，需要有相应的工作分工与职责的明确要求，使所有人员都能按要求各司其职并各尽所能。

（二）质量保证体系

质量保证体系是实验室工作的关键环节之一，包括科学完整的实验工作流程和作业指导规范性文件、一整套完善的规章制度（各科室及负责人的岗位责任制、各层次人员的工作职责和积极有效的管理措施）。各科室需设专人负责对各实验环节（过程）进行监督，以确保整个实验室工作在良好管理和有效监督中正常运行。同时，定期或不定期参加同行的交流和实验比对也是促进实验结果质量的重要手段。

（三）公正性保证

在确保各类人员的良好素质和职业道德的基础上，各实验室还需采取一系列的措施以保障实验室工作的公正性，杜绝各类实验数据造假和泄漏事件的发生。

（四）实验室的环境保证

为保证实验的正常进行，实验室的环境应满足以下条件：① 满足实验室工作任务的要求，其中对部分实验室（包括分析实验室及平时存放仪器设备的仪器室）的环境（温度、湿度和其他要求）应满足相应仪器设备使用保管的技术要求，对涉及电磁检测设备的实验室要有电磁屏蔽设施，应用放射源的实验室必须有放射屏蔽设施。仪器室应配备供检查仪器用的试验台，较大型的仪器还要有方便检修的维修通道。② 实验室应保持清洁、整齐，精密大型仪器室还应有更衣换鞋的过渡间。③ 检测仪器设备的放置应便于人员的操作，不能将实验室兼作检测人员的办公室。④ 实验室应配备防火安全设施。室内管道和电气线路的布置要整齐，电、水、气要有各自相应的安全管理措施。化学品的放置应合乎安全管理的要求。⑤ 实验室应配备必要的安全防护器具，如防毒面具、橡皮手套、防护眼镜等。⑥ "三废"处理室应满足环保部门的要求。噪声大的设备需与操作人员的工作间隔离。工作环境的噪声不得大于70dB。

（五）实验测量数据的采集技术和处理方法

测量是为确定特定样本所具有的可用数量表达的某种（些）特征而进行的全部操作。实际上，要获得样本的特定信息（如样品中某组分含量）就需要检查该样本，方法有全数检查（对全部产品逐个检查）和抽样检查（从全部样本中抽取规定数量样本进行检查）。生产单位对不合格产品进行剔除时均采用全数检查方式，而常规检测机构则都采取抽样检查方式。

1. 抽样检查的基本概念

抽样检查是根据部分实际检查结果来推断总体标志的总量，该方法建立在概率统计基础上，以假设检验为理论依据。抽样检查的对象通常为有一定产品范围的"批"。抽样检查需面对3个问题：抽样方式（如何从批中抽取样品方能保证抽样的代表性）、样本大小（抽取多少个样品才是合理的）和判定规则（如何根据样品质量数据判定批产品是否合格）。

2. 抽样检查的类别

产品质量（或某些计量参数）检验中，通常是首先以相应的技术标准（如国家标准、部颁标准、行业标准或企业标准）对拟检验项目进行检查，然后对检测到的质量特性分别进行判定。在判定时必然涉及"不合格"和"不合格品"两个概念，所谓"不合格"是对单位产品的质量特性进行的判定，而"不合格品"则是对单位样品质量进行的判定，即至少有一项质量特性不合格的单位产品。一个样品可以有多个质量特性需要检测，一个"不合格品"也可以有多个"不合格"项。

3. 抽样方法

抽样方法也就是从检查批中抽取样本的方法，要保证所抽样本既能代表被检查批的特性，又能反映检查批中任一产品的被抽中纯属随机因素决定。目前常用的抽样方法有单纯随机抽样、系统随机抽样、分层随机抽样、多级随机抽样和整群随机抽样。在现状调查中，后三种方法较常用。

（1）单纯随机抽样

将所有研究对象按顺序编号，再用随机的方法（可利用随机数字表等方法）选出进入样本的号码，直至达到预定的样本数量为止。因此，每个抽样单元被抽中选入样本的机会是均等的。单纯随机抽样法适用于对总体质量完全未知的情况，其优点是简便易行，缺点是在抽样范围较大时，工作量太大难以采用，或在抽样比例较小时所得样本代表性差。

(2) 系统随机抽样

按一定顺序，机械地每隔一定数量的单位抽取一个单位进入样本，每次抽样的起点是随机的。如抽样比为 1:20，且起点随机地选为 8，则第一个 100 号中入选的编号依次为 8、28、48、68、88。系统抽样法适用于对总体的结构有所了解的情况。如果批内产品质量的波动周期与抽样间隔相等时代表性最差。

(3) 分层随机抽样

如果一个批是由质量特性有明显差异的几个部分所组成的，则可先将样本按差异分为若干层（层内质量差异小而层间差异明显），然后在各层中按一定比例随机抽样。如果对批内质量分布了解不准确或分层不正确时，抽样效果将适得其反。

分层随机抽样可分为按比例分配分层随机抽样（各层内抽样比例相同）和最优分配分层随机抽样（内部变异小的层抽样比例小，内部变异大的层抽样比例大）两类。

(4) 多级随机抽样

先将一定数量的单位产品组合成一个包装，再将若干个包装组成批。此时，第一级抽样以包装为单元，即从批中抽出 k 个包装，第二级抽样再从 k 个包装中分别抽出 m 个产品组成一个样本（样本容量 $n=km$）。多级随机抽样法的代表性和随机性都比简单随机抽样法要差。

(5) 整群抽随机样

将分级随机抽样中所抽到的几个包装中的所有产品都作为样本单位的方法。该法相当于分级随机抽样的特例。同样，该法的代表性和随机性都不高。

4. 测量数据处理

有关有效数字、数值修约、运算规则、测量误差等概念已经在大中专教材中多次论述，不在本手册讨论范围。下面仅述及与之相关的其他统计处理的概念和方法。

(1) 修正值与修正因子

众所周知，系统误差与被测特性值间的差异是由固定因素引起的，因而是可以校正的，即可以用修正值或修正因子进行补偿。

为补偿系统误差而与未修正的测量结果值相加的值即为修正值，修正值相当于负的系统误差。如用重量法测定样品中硅含量时，由于溶解度的影响使少量硅存在于滤液中而产生系统误差，此时可以用其他方法（如分光光度法）测定残留硅含量（ΔW）后与重量法测定值（W）相加而予以补偿。ΔW 即为该测定的修正值。

为补偿系统误差而与未修正的测量结果值相乘的数字即为修正因子。如天平不等臂或测量电桥臂不对称都将对称量结果产生倍数误差，可以通过乘一个修正因子而得以补偿。

由于系统误差是不能在事先获知准确值的，且修正值和修正因子的测量本身也具有一定的不确定性，因而，利用修正值或修正因子对测定结果的补偿是不完整的。但毕竟已经进行了修正，即便仍有较大的不确定度，仍可能更接近被测量特性的真实值。不过，不能把已修正的测量结果的误差与测量不确定度相混淆。

（2）测量不确定度

测量的目的是确定被测量特性的量值，测量结果的品质则是量度测量结果可信程度的最重要依据，测量不确定度（表征合理地赋予被测量之值的分散性，与测量结果相联系的参数）就是对测量结果质量的定量表征。顾名思义，测量不确定度是对测量结果的可信程度及有效性的不肯定（或怀疑）程度，测量结果的可用性很大程度上取决于其不确定度的大小。要注意的是，测量不确定度只是说明被测量值的分散性，并不表示测量结果本身是否接近真值。所以，测量结果表述必须同时包含赋予被测量的值及与该值相关的测量不确定度，才是完整并有意义的。

在实践中，测量不确定度来源于因测量过程条件不充分而引入的随机性和因事物本身概念不够明确提出而带来的模糊性。其可能的来源有：① 对被测量的定义不完整或不完善；② 实现被测量的定义的方法不理想；③ 取样的代表性不够，即被测量的样本不能代表所定义的被测量；④ 对测量过程受环境影响的认识不周全，或对环境条件的测量与控制不完善；⑤ 对模拟仪器的读数存在人为偏移；⑥ 测量仪器的分辨力或鉴别力不够；⑦ 赋予计量标准的值和参考物质（标准物质）的值不准；⑧ 引用于数据计算的常量和其他参量不准；⑨ 测量方法和测量程序的近似性和假定性；⑩ 在表面上看来完全相同的条件下，被测量重复观测值的变化。

一般情况下，测量不确定度可以用标准偏差 s 表示。在实际使用中，人们往往还希望知道测量结果的置信区间。因此，在 JJF 1001—1998 中规定：测量不确定度也可用标准偏差的倍数或说明了置信水准的区间的半宽度表示。为了区分这两种不同的表示方法，分别称它们为标准不确定度和扩展不确定度。

对标准不确定度，其来源部分可以用测量结果的统计分析方法来评价（称为不确定度的 A 类评价），而另一些则需要用其他方法（如经验公式、资料、手册等）进行考察（称为不确定度的 B 类评价）。"A"类与"B"类只表示不确定度的两种不同的评定方法，并不意味着两类评定之间存在本质上的区别。同时，如果测量结果是根据若干个其他测量求得，则按其他测量的方差计算得到的标准不确定度称为合成标准不确定度。

（六）优良实验室的能力验证

所谓"能力验证"，就是利用实验室间的比对来确定实验室检测及校准能力的一类活动，也就是为确保所考察的实验室维持其较高的校准/检测水平而对其能力进行的考核、监督和确认的活动。在评价该实验室是否具有胜任其所从事的校准/检测能力之外，该类活动还具有以外部活动促进内部质量控制、以专家评审促进实验室改进检测活动的作用，同时，也能增加客户对实验室检测能力的信任。

能力验证活动有以下六种形式：① 实验室间的量值比对；② 实验室间的检测比对；③ 定性检测能力比对；④ 分割样品的检测比对；⑤ 已知值的检测比对；⑥ 部分检测过程的比对。其中，形式 ④ 的活动最为典型，也最方便进行同行的共同验证。而形式 ⑤ 和形式 ⑥ 两类比对活动较为特殊，因而参加的实验室相对较少。

第二节 实验室的信息安全

一、实验室信息安全概述

实验室的各类信息形成后就会产生传输、保存、访问等后续环节，尤其是网络化的今天，内部网和 Internet 都是以数据信息的传输和使用为其主要任务。因此，各类信息的安全问题便自然地成为网络系统的中心任务之一。信息安全问题小至一个网站能否生存，大到事关国家安全社会稳定等重大问题。随着全球信息化步伐的加快，信息安全问题也越来越重要。信息安全具有五大特征，即完整性（信息在传输、交换、存储和处理过程保持其原来特征而不被修改、破坏或丢失）、保密性（强调有用信息只被授权对象使用，杜绝有用信息泄漏给非授权个人或实体）、可用性（在系统正常运行时能正确存储所需的信息，在系统遭受攻击或破坏时，能自动迅速恢复并确保使用）、不可否认性（所有参与者都能被确认其真实身份，以及参与者所提供信息的真实统一）、可控性（系统中的任何信息都能在一定存放空间和传输范围内可控，包括信息的加密和解密）。

信息安全问题与计算机技术、网络技术、通信技术和密码技术等诸多现代技术相关联，涉及应用数学、数论、信息论等多个学科。其主要功能是保护网络系统的硬件、软件及其系统中的相关数据，使它们不会因偶然或者恶意的原因而被破坏、更改或泄漏，并保证系统能连续可靠地运行。

二、安全防卫模式

鉴于网络安全的现状，在实验室信息管理系统中若仅仅采用普通的防卫手段而不另外采取安全措施，已远远不能应付目前五花八门的外部攻击，也是绝对不可取的。因此，需要借用目前 Internet 上广泛采取的防卫安全模式进行采取有效防护，以确保实验室信息系统的安全。其主要形式通常有以下几类：

（一）模糊安全防卫

模糊安全防卫措施要求每个站点要进行必要的登记注册，一旦有人使用服务时，服务商便能知道它从何而来，以便事后追根溯源。这种站点防卫信息容易被发现，入侵者可能顺着登记时留下的站点软、硬件及所用操作系统的信息，就能发现其安全漏洞而去攻击。而且站点与其他站点连接或向其他计算机发送信息时，也很容易被入侵者获取相关信息而泄密。

该安全措施主要被一些小型网站所采用。管理者往往认为自己的网站规模小、知名度低，黑客不屑对其实行攻击。事实上，大多数入侵者即使不是特意而来，也不会长期驻留在该站点，但为了显示其攻击能力或掩盖其侵入网站的痕迹，势必破坏所攻入网站的有关内容，有意无意地给被侵入网站带来重大损失。因此，这种模糊安全防卫方式不可取。

（二）主机安全防卫

操作系统或数据库的编辑在实践过程中将不可避免地出现某些漏洞，从而使信息系统遭受严重的威胁。"主机安全防卫"的本质就是让每个用户都要对自己机器的操作系统和数据库等进行漏洞加固和保护，加强安全防卫，尽量避免可能影响用户主机安全的所有已知问题，提高系统的抗攻击能力，其可能是目前最常用的防卫方式。

由于外部环境的复杂和多样性（如操作系统版本不同、机器内部配置不同或服务和子系统的不同），将给网站带来各种问题，即使这些问题都能很好地解决，主机防卫措施也仍有可能受到销售商软件缺陷的影响。当然，主机安全防卫措施对任何一个有强烈安全要求的基地或小规模网站还是很适合的，只是随着机器数量和有权使用机器的用户数的增加，这种安全防卫将逐步陷入举步维艰的困境。

（三）网络安全防卫

网络安全防卫方式将注意力集中在控制不同主机的网络通道和所提供的服务上，包括构建防火墙以保护内部系统和网络，并运用各种可靠的认证手段（如一次性密码等），对敏感数据在网络上传输时，采用密码保护的方式进行。因此，该防卫方式明显比上两种方法更有效，已经成为目前 Internet 中各网站所采取的安全防卫方式。

三、安全防卫的技术手段

关于各网站站点的信息安全，在技术上主要是计算机安全和信息传输安全两个环节，同时，也不能忽视外部侵入对系统内各种信息安全的威胁。因此，在技术层面上，安全防卫手段将围绕以下三个方面展开并实现：

（一）计算机安全技术

1. 合适的操作系统

由于操作系统是计算机单机和站内网络中的工作平台，因而，应选用软件丰富、工具齐全、缩放性强的系统，并有较高访问控制和系统设计等安全功能。在有多版本可选时，建议应选用户群最少的版本，这样可减少入侵者攻击的可能性。

2. 较强的容错能力

当由于种种原因而使系统中出现数据、文件损坏或丢失时，系统应能够自动将这些损坏或丢失的文件和数据恢复到发生事故以前的状态，以保证系统能够连续正常运行的技术即为容错技术。实验室信息管理系统关键设备的服务器应该结合各种容错技术以保证终端用户所存取的各类信息不出现丢失事故。

容错技术一般利用冗余硬件交叉检测操作结果，包括动态重组、错误校正互连等，或通过错误校正码及奇偶校验等保护数据和地址总线；也可以在线增减系统域或更换系统组件而不干扰系统应用的进行；还可采取双机备份同步校验方式，以保证网站内部在一个系统因意外而崩溃时，计算机能自动进行切换而确保其运转正常，并保证各项数据信息的完整性和一致性。随着计算机处理器的不断升级，容错技术已经越来越多地转移为软件控制，这表明未来容错技术将完全在软件环境下完成。

（二）网络信息安全技术

"信息安全"的内涵从形成起就一直在不断地延伸，从最初的信息保密性开始，逐步发展到信息的完整、可用、可控和不可否认性，进而拓展为"防（防范）、测（检测）、控（控制）、评（评估）、管（管理）"等多个方面，与之同步发展的是其基础理论和实施技术。目前信息网络常用的基础性安全技术包括以下几方面的内容：

1. 网络访问控制技术

对系统内部各类信息的访问是需要一定权限的，网络管理员可借助于网络访问保护平台控制系统信息的安全。一般情况下，其可以通过防火墙技术来实现。在网络中，"防火墙"是指一种将内部网和公众访问网（如 Internet）分开的隔离技术。其实质是一种访问控制尺度。允许你"同意"的人和数据进入你的网络，同时又将你

"不同意"的人和数据拒之门外，以达到最大限度地阻止网络黑客访问你的网络。换言之，"一切未被允许的就是禁止的，一切未被禁止的就是允许的"。如果不通过防火墙，网站内外无法进行任何信息交流。

2. 信息确认技术

安全系统的建立其实是依赖于系统用户间所存在的各种信任关系。在目前的信息安全解决方案中，多采用第三方信任或直接信任这两种确认方式，以避免信息被非法地窃取或伪造。经过可靠的信息确认技术后，具有合法身份的用户可以对所接收信息的真伪进行校验，并且能清晰地确认信息发送方的身份。同时，信息发送者也必须是合法用户，且任何人都不能冒名顶替来伪造信息。任何一方如果出现异常，均可由认证系统进行追踪处理。目前，信息确认技术已经比较成熟，如用户认证（用来确定用户或设备身份的合法性，典型的手段有用户名口令、身份识别、PKI 证书和生物认证等）、信息认证和数字签名等，这些都为信息安全提供了可靠保障。

3. 密钥安全技术

在网络安全中，加密技术是十分重要的内容，也是信息安全保障链中最关键和最基本的技术手段。常用的加密手段有软件加密和硬件加密，其基本方法则有对称密钥加密和非对称密钥加密，两种方法各有其所长。

（1）对称密钥加密

在此方法中加密和解密使用同样的密钥，目前广泛采用的密钥加密标准是 DES 算法，分为初始置换、密钥生成、乘积变换、逆初始置换等几个环节。该方法的优势在于加密解密速度快、易实现、安全性好，但其缺点是密钥长度短、密码空间小，容易被"穷举"法攻破。

（2）非对称密钥加密

在此方法中加密和解密使用不同密钥，将公开密钥用于机密性信息的加密，而将密钥用于对加密信息的解密，目前通常采用 RSA 算法进行处理。该方法的优点是易实现密钥管理，也便于数字签名的实施，其不足则是算法较为复杂，加密解密耗时较长。

对于信息量较大且网络结构较为复杂的系统，采取对称密钥加密技术较为合适。为防范密钥受到各种形式的黑客攻击（如利用许多台计算机采用"穷举"法的计算方式进行破译），密钥的长度越长越好。目前密钥长度有 64 位和 1024 位，它们已经比较安全了，也能满足目前计算机的速度要求。而 2048 位或更高位的密钥长度，也已开始应用于某些特殊要求的软件。

（三）病毒防范技术

病毒是编制者在计算机程序中插入的破坏计算机功能或者破坏数据，影响计算机使用并且能够自我复制的一组计算机指令或程序代码。从 Internet 上下载软件和使用盗版软件是病毒的主要来源。按病毒的算法，可以将目前的各类病毒分为以下几种类型：

1. 伴随型病毒

这一类病毒并不改变文件本身，它们根据算法产生 EXE 文件的伴随体（文件名相同而扩展名不同，如 XCOPY.EXE 的伴随体是 XCOPY.COM），然后病毒把自身写入 COM 文件并不改变 EXE 文件。当 DOS 加载文件时，伴随体优先被执行到，再由伴随体加载执行原来的 EXE 文件，从而影响被感染计算机。

2. "蠕虫"型病毒

该类病毒通过网络传播，在传播过程中病毒一般不改变文件和资料信息，除了占用内存之外不占用其他资源。它利用网络从一台机器的内存传播到其他机器的内存、计算网络地址，从而将自身的病毒通过网络发送。

3. 寄生型病毒

除伴随型和"蠕虫"型外，其他病毒均可称为寄生型病毒。它们依附于系统引导扇区或文件中，通过系统的功能进行传播。该类病毒按算法的不同可分为诡秘型病毒（一般不直接修改系统中的扇区数据，而是通过设备技术和文件缓冲区等内部修改，不易看到资源，使用比较高级的技术。利用系统空闲的数据区进行工作）和幽灵病毒（又称变型病毒，它使用一个复杂的算法，使自己每传播一份病毒都具有不同的内容和长度。它们一般的做法是由一段混有无关指令的解码算法而被变化过的病毒体组成）。

针对病毒的严重性，任何网络系统都必须提高防范意识，所有软件都必须经过严格审查并确认能被控制后方能使用。人们要安装并不断更新防病毒软件，定时检测系统中所有工具软件和应用软件，以防止各种病毒的入侵。

第三节　实验室安全信息化管理

一、实验室信息化

（一）互联网时代信息化管理及其基本特征

1. 全球性

信息时代加速了全球化进程，信息技术改变了传统时空认知，弱化了时间和距离的概念。随着网络技术的发展，地理条件不再成为制约人与人之间联系的障碍。

2. 个体性

在信息时代，人们的个性化得到彰显和尊重，信息交流无时无刻不存在，人与人的信息交换成为日常的主流活动。

3. 交互性

交互性体现了信息的发送者和接受者之间的双向交流。就传播的基本模式而言，交互作用的过程本质是：信息来自传播者，利用接受者的反馈来确认和评价传播的效果，接到信息后，接受者可以按照个人理解予以反馈。

4. 综合性

综合性主要体现在信息化的技术层面，通常包括的技术有半导体技术、数据库技术等；综合性还体现在内容层次方面，通常包括的内容有政治、文化等。

5. 竞争性

和工业化相比，信息化的最大特点是，以知识的生产作为核心生产力，创造了大量的财富。在信息化时代，知识的重要性超过了资本，而人力资源才是核心竞争力。

6. 渗透性

信息化时代下，经济合作范围越来越广泛，文化渗透程度不断加强。与此同时，还促进了社会不同行业和领域进行相应的变革，体现了信息化是经济发展的动能。

(二) 实验室信息化建设的重要意义

实验室信息化建设是当务之急，是构成科研系统信息化建设的关键一环，属于现阶段实验室建设的重中之重，对推动实验室发展有着巨大的促进作用。在科学的信息化理念指引下，加之先进的信息手段，可以从根本上提升实验室建设与管理水平。探索建设虚拟实验室光明的前景，有助于从根本上提高实践与创新能力。当前，高等教育信息化的趋势十分明显，我们要全面利用现代化信息技术，通过先进的网络技术手段共享优质的教育资源。同时，基于实验室信息化管理，还能够提高实验室资源的利用效率，有助于创建智能驱动型社会。

在信息化建设的过程中，也存在着一些问题。大部分的实验室信息化建设效果不尽如人意，管理过于依靠人力，信息化普及有待加强。除此之外，实验室人员流动性大，稳定性亟待加强。因此，面对面式的管理依然是当前实验室管理的主流模式，以下为具体存在的问题：

1. 效率低下，出错率高

通过传统的方式进行信息处理，耗费的时间久且效率低下，与此同时，处理信息时的错误概率也比较大，导致工作量增加。

2. 执行偏差大，动态跟踪难

因为监管环节设置得比较多，导致传达效率低下，若经常性地调整，又会发生执行的偏差，与此同时，对整个过程展开的动态跟踪也将无法实施。

3. 检测结果难以保存与利用

检测过程不利于进行追踪、溯源，与此同时，检测结果也不能轻易被保存，从而影响了对其进行分析利用。

4. 审核控制弱，流程控制差

工作流程比较复杂，无法达到实时控制，从而存在假审情况。

5. 报告编制困难，管理效率低下

就传统的实验室而言，其大部分的分析测试报告属于无意义的重复性劳动，导致出现报告延迟。此外，信息储存、提取工作占用了人员大量的时间和精力，实验室的管理者对员工业务情况以及实验室运转情况等很难有准确的宏观把握。实验室信息化水平不高主要表现在：管理体制机制落后、数据共享内容单薄、实验室开放度不够等。这些问题对实验室科研水平的提高产生了很大的阻力。

（三）实验室信息化建设的基本内容

建设实验室信息管理平台需要以传统实验教学管理为前提，同时，秉持现代实验教学管理理念，购买并配备好必需的计算机等硬件设备，利用网络通信、数据库等技术来进行具体的建设，最终，把实体实验室所存在的全部实验资源予以数字化，形成高效且开放的实验教学管理平台。建设实验室信息管理平台，不仅能够提高实验室现有资源的利用率，还能够为实验教学提供支撑。

现阶段，大部分实验室的网络信息管理平台有着多方面的作用，除了可以进行实验室管理外，还能够为当前的开放式实验教学提供平台。一般而言，独立的实验室信息管理平台构成部分包括实验数据管理系统、实验教学系统、实验设备管理系统等。这些部分的有机组合，可以充分满足实验教学、管理等现实需求。

实验室信息化建设不可能在短期内完成，属于一个琐碎、复杂的项目。信息技术发展速度迅猛，由此，实验室信息化建设刻不容缓。因此，我们要重视实验室信息化建设，这关系到实验室的生存地位与未来发展。

基于信息化现状，实验室信息化建设应该以这些内容为主：第一，基于信息化环境，必须采取实验室管理的新思路；对开放式实验室信息化建设的内涵与外延进行严格的界定；建设实验室信息化的平台，进行资源共享；分析和研究开放式实验教学网络整体解决方案；实验室网络智能化，以及在实验教学方面的推广应用。第二，基于信息化环境，所建成的科研实验管理体系包括管理模式的应用。第三，基于信息化环境，开展围绕当前实验室信息安全隐患的研究，以及防护机制研究。

随着信息技术和信息体系的发展，各行各业的发展都离不开对信息技术的应用，由此，在实验室安全管理方面应用信息技术也属于顺应时代潮流。通过合理开发数据库管理系统，在此基础上，建立各种数据库，以及对生物类实验室进行管理，效率良好，能够保证信息数据安全，同时，还有利于管理员对特定信息的查找，这些信息包括化学试剂出入库记录及特种设备档案等。加强实验室管理的信息化建设，有利于加强监督管理、提高工作效率。随着信息化技术的广泛应用，安全工作深入人心，加上安全意识的增强和安全管理体制的优化，使实验室中各种危害因素得到有效控制，安全隐患逐渐减少，从而使实验室的安全管理更加规范化、科学化。

二、实验室信息管理系统

(一) 实验室信息管理系统概念与基本功能

实验室信息管理系统是一个多功能的信息管理平台，包括实验室人力资源管理、质量管理、仪器设备管理、试剂与标准品管理、环境管理、安全管理、信息管理等，亦涉及对实验室设置模式、管理体制、管理职能、建设与规划等方面的管理内容。概言之，它涉及实验室有关的人、事、物、信息、经费等全方位管理。

实验室作为科学研判数据、获得数据的场所，其属于一类用于信息交互的平台。实验室信息化建设拥有其自身独特的优势。实验室信息管理通过网络开展办公自动化管理、系统维护及管理、业务流程管理。随着当前信息化的不断发展，对开放实验室来说，信息管理机制的引入及升级是十分必要的。

实验室信息管理系统 (LIMS) 属于一类信息化管理工具，有机融合了实验室管理需要和以数据库为中心的信息技术。该系统的建立基于实验室规范化管理理论，引入信息技术这一有效动力，强化对样品检测程序的管控，并及时掌握实验室分析检测工作的实时进度，跟踪了解工作进展，以保证各个流程严格按照规范标准开展。引进 SPC (统计过程控制) 技术开展质量数据的分析汇总，全面管控对质量造成影响的相关核心要素，根据规范标准对实验室的各项流程进行规范化建设，全面提高实验室管控能力，优化客户服务质量，进而全面创建一个安全性强、效率高、快速的质量信息共享系统。该系统当前正在不断地进行改进和提升，以满足各类实验室日益增长的新需要。

LIMS 的具体作用包括以下五个方面：

1. 有效提升样品检测率

检测人员能够通过 LIMS 随时开展信息查询。将分析结果录入系统，就会自动生成一整套相关的分析报告。

2. 有效提升分析结果的可靠度

该系统具备数据自动上传、测算及自查报错等性能，能够有效减少错误发生，有效规避人为影响，确保分析结果的可靠度。

3. 有效提升分析解决复杂情况的水平

该系统全面整合了实验室的相关资源，确保相关人员可以便捷地开展有关历史信息、检测样品及结果等数据查询工作，进而获取完整度、价值较高的相关信息，以全面提升解决分析复杂问题的水平。

4. 有效利用该平台统筹协调实验室各类资源

通过统筹协调实验室各类资源，管理层相关人员不但能够及时掌握各类设施及相关人员的工作情况，还能够全面了解各种岗位所需检测的样品数目，对实验室各个部门的剩余资源进行实时调整，成功化解了分析进程遇到的相关阻碍，缩减了样品检测所需时间，避免了资源的不必要浪费。

5. 实现全面量化管理

根据管理需要，LIMS 实现了随时提供实验室的统计分析结果等各种信息，如设备利用率、维修率、实验室全年任务时间分布情况、不同岗位工人工作量出错率、试剂或资金消耗规律、测试项目分布特点等信息，实现了对实验工作的全面量化管理。

根据上述任务，LIMS 能够全面实现实验室网络的建立健全，有效连接实验室的各个专业部门，创建以实验室为核心的分布式管控系统，按照科学合理的实验室管理原理及计算机信息库技术，建立健全质量保障机制，切实落实核校信息无纸化、科学合理检测、人员量化考评以及资源成本管控等。当前，国际上已经推出了十余类有关专业软件，同时在实验室管理中发挥着相应的作用。

（二）实验室信息管理系统内容及检测数据

实验室信息管理系统属于一类融合了质控、分析和实验室全面管理的规范化、一体化信息系统。将管理实验室的全部要素进行有机整合，不仅涵盖了质量、服务、文档、数据、设备、人员、用户、指标以及试剂等各个层面，还完成了由样本采集至结论分析等生产全过程的实时监控，能够随时掌握实验室检测工作的开展情况，对异常现象进行及时处置，并全面跟踪及掌握相关人员的工作开展情况，对各项工作程序的标准化以及各项检测工作的规范化开展验证。此系统不但实现了紧紧围绕样品，全力提升用户服务，搞好科研相关工作的开放式管理需求，还圆满完成了制造公司对整体过程的质量把控及质检机构的信息采集、管理等任务，同时还保证了检测数据的精准度及可靠度，有效提升了设备的利用率并完成了相关管控，大大减少了实验成本支出，优化健全了实验室质量管控机制。

该系统的基本信息管理内容包括以下几点：

1. 检测业务流程管理

检测业务流程管理包括任务登记与评审、任务分配、取样、样品发放、数据输入、数据评审、报告编制与签发等众多环节。此类管理方式具备较高的适用性及灵活度，可以适应各个行业实验室的实际需要。

（1）任务登记

委托客户提出样品委托检测申请，实验室服务部门受理委托申请，形成委托任务书（或协议、合同），记录全部委托信息。登记检测样品和项目信息，系统对样品自动进行编号，可同时登记质控样品。登记完样品和项目信息后，系统根据检测单价可自动计算出检测费用。支持条形码功能：将样品编码信息转变成条码信息，并打印生成样品标签。

（2）任务下达

按照委托任务的检测内容和要求生成任务单，先发送到相关业务部门，然后继续后面的工作流程；系统会用声音和动态图标方式自动提醒相关业务部门有新的任务到达。

（3）采样

若客户直接将样品送到实验室，可以省略此过程；需要现场采样的，按照任务单要求，安排采样任务，指定工作人员去现场采样。完成现场采样后，工作人员可输入采样信息。

（4）样品交接

样品到达实验室后，进行交接，随后样品管理人员负责进行样品交接数据的记录；样品管理人员利用条码扫描器进行样品容器中相关条码信息的读取，自动识别待交接样品。

（5）样品分包

可根据一个检测任务部分或全部检测项目需要进行分包，分包样品及项目不进行内部分配，实验室内部检测人员不能进行数据输入。分包样品完成检测后，分包数据由指定人员输入 LIMS 系统，并汇总到最终生成的检测报告中。

（6）留样

完成样品登记后，用户可进行留样，也可在样品检测完成后进行；记录留样信息，如留样地点、留样时长、留样数量等；留样到期后，自动提示用户进行处理。

(7) 安排检测任务

完成样品登记后，系统会根据检测样品或项目指定检测人员来进行相关任务的分配；可浏览当前检测人员的工作分配情况；系统会通过动态图标和声音的方式，提示指定岗位有新样品到来；分配任务时，自动显示具备指定项目检测能力的人员清单。

(8) 样品领取

检测人员根据检测工组安排表去领取样品，样品管理员记录样品领取信息。

(9) 数据输入

不同工作角色的人员，其拥有的数据输入权限也不同。登录系统成功时，工作人员会看到当前用户的授权范围内的所有测试样品。系统会对审核数据并向用户自动提示。输入质量控制样品测试数据，自动判断质量控制状态。原始信息可以上传到系统中，还可以将数据文件作为附件与指定的测试结果关联。

(10) 数据审核

进入审核界面，将自动显示当前登录用户要审核的样本列表，根据测试项目的原始记录单信息，可以对测试项目逐一进行审核；可浏览原始图谱信息及附件内容；完成指定环节的审核后，动态提示下一级别的审核人员；样品可以拒收。样本被拒绝后，可以返回到上一个审核环节，也可以直接返回到测试岗位。

(11) 报告编制

测试数据输入并审核后，可以生成测试报告。用户可以设计报表格式，不同类型的样本可以关联不同的报表模板，操作非常简便。报告可以是多页的，系统具有自动分页功能，并标识页码和页数；报告中可插入图片；在编制报告时可浏览与该检测任务相关的全部信息，如委托任务书、检测任务单、样品交接记录单、样品领取记录单、现场采样记录单、检测原始记录单等。

(12) 报告签发

在设计报告模板时，可设置审核级别。当报告生成后，不同级别的人员完成相应的签核；可将报告发送给指定人员，并自动提示其履行审核工作；报告具有电子签名及电子印章；报告发出信息也要记录下来。

(13) 报告输出与存档

已签发报告保存在 LIMS 中，工作人员可打开浏览或打印；打印报告时，自动关联打印信息，如打印人、打印时间等；报告可转换成 PDF 格式，并通过电子邮件方式发送给远端用户。由于历史报告全部保存在数据库中，授权用户可随时查阅与打印；可根据客户名称、任务名称与编号、样品名称与编号、日期等信息来查找历史报告。

2. 检测数据管理

检测数据管理包括数据查询、数据统计、质量波动统计、合格率统计、工作量及检测费用统计等内容，可根据委托客户的要求自动生成。

(1) 数据查询

查询指定时间范围内检测任务的总数量、每个任务的工作状态；按客户名称、任务名称与编号、检测依据、检测项目等条件查询一段时间内的检测任务；查询任务的工作流程及样品信息；按样品名称、种类、取样点、检测项目等多种方式浏览数据；浏览数据变化趋势图；浏览不合格或超标数据；根据查询条件查找各种报告及报表，授权人员可浏览或打印，如委托任务书、任务分配单、现场采样记录单、样品交接记录单、样品领取记录单、检测原始记录单、检测报告书等；查找指定时间范围内各种类型的质控数据；浏览质控汇总信息；查询一段时间内检测设备的工组负荷；按检测部门或岗位查询设备基本信息及运行状态。

(2) 数据统计

① 质量波动统计。统计指定产品各检验项目的质量波动情况。质量波动统计内容主要包括一段时间内检测项目的最大值、最小值、平均值、标准差、范围、工程能力指数等。

② 合格率统计。统计一段时间内指定产品各检验项目的总次数、合格次数、不合格次数、超标率、合格率及质量等级频率等；操作人员可根据样品、检验项目、取样地等多种方式，自行设置统计对象。

③ 工作量及检测费用统计。按检测任务分类、样品类别、检测项目、检测部门、检测人员、委托客户、送样单位等条件统计一段时间内的工作量及检测费用信息。

3. 质量管理

质量管理包括质控样管理、质量控制图形生成、数据溯源与审计、新方法确认流程管理、质量评审管理、抱怨处理、不符合处理、质量异常处理等内容。

(1) 质控样管理

授权人员可通过加入控制样来监控检测工作，系统提供多种质控样管理方式，包括外部平行样、外部空白样、外部平行密码样、外部空白密码样、内部平行样、内部空白样、加标样、标样等。数据审核过程中可调出质控样数据，在对比测试样品的数据后，得出对比结果。如果发现对比结果不符合要求，可拒审样品，并退回到检测岗位，进行复测处理。

(2) 质量控制图形生成

支持各种类型的质控图形，包括趋势图、控制图、质量分布图、不合格项目排列图、等级频率分布图等。

（3）数据溯源与审计

授权人员在查询数据时，可随时调出该数据关联的全部原始记录，包括样品、人员、仪器设备、检测方法、溶液、标准曲线、标准物质、环境、质量控制方法、质控样信息、计算公式和参与计算的全部原始数据，以及文档、图谱等。

任何人对数据有意或无意的修改，将自动被系统记录下来，授权用户可浏览修改记录。修改信息记录了原始数据、修改后数据、修改数据的时间、修改人以及修改数据的原因等方面的信息。数据审计信息还包括数据审核、拒审、重新判，复测替换，检测样品及项目增减，原始记录单修改等信息。

（4）新方法确认流程管理

系统对每个新方法确认过程进行管理，记录从申请至批准全过程信息；可浏览新申请方法的文档附件。

（5）质量评审管理

对质量评审的管理，包括评审计划制订、现场审核记录、管理审评会议记录、管理评审报告、证书、活动等方面的内容。

（6）抱怨处理

客户对数据或服务提出抱怨，实验室在受理客户抱怨请求后，进入抱怨处理流程，采用相应表单来记录每一次抱怨处理的相关信息。

（7）不符合处理

若检测过程中出现不符合项，则由相关工作人员记录与实际情况不相符的事实描述，提交纠错举措的相关申请。纠错举措通过审批程序，相关负责人进行确认以后，交由有关人员开展具体工作。实施过程中，相关工作人员应当对纠错举措的开展情况进行详细记录，同时开展有效性检验。

（8）质量异常处理

若出现质量不合格情况，可启用质量异常处理流程，系统可自动生成质量异常处理单，处理过程由多个部门协同完成；可设置不同级别人员的处理审核权限，经过多个环节处理后，得出最终的处理意见，并在处理单上记录处理过程信息。

4. 资源管理

对实验室资源有效管理的重要手段之一就是信息综合查询。进行信息综合查询，可以通过输入任何字段或关键词进行查询。例如，以人工方式查询其仪器设备场地房屋借用历史及当前借用情况；以仪器设备名称或功能查询仪器设备情况；通过场地名称、编号等查询其使用状态；通过房屋名称、编号等信息查询其使用状态等。

5. 系统管理

主要包括基础信息维护、安全管理、备份归档。

（1）基础信息维护

系统提供了实验室基础信息维护功能，并对其进行优化，而构成 LIMS 一整套系统的基本单元也是这些基础信息。用户可随着业务范围和技术要求的变化自行维护这些基础信息。基础信息包括检验计划、检验方法、方法检出限、检验项目、检验样品、质量控制标准、计算用表、检验工作流程及各类报表模板等。

（2）备份与归档

系统提供了数据备份工具软件，其可灵活设置数据备份方式、备份频率及历史备份数据保留周期。该工具软件具有异地备份功能，当服务器数据库完成备份后，可将数据备份文件自动转存至其他计算机中。

系统管理员可设置当前数据库数据保留时间长度，保留期限之外的数据可自动转存至历史数据库中，确保当前数据库保持适量大小，避免因数据量不断增加而影响系统相应性能。

系统支持关系数据库分区功能，并能够自动进行分区。利用分区功能，可确保数据查询和统计具有很好的运行性能。

6. 与自动化仪器集成

采用软硬件接口技术，可以将不同接口类型的自动化仪表与 LIMS 连接起来。只要仪器具有数据输出功能，无论采用哪一种方法，都能快速、自动地采集所需要的数据。LIMS 系统内置一套取数命令集，操作人员可使用这套命令集来自行定义不同仪器的取数命令，从而做到灵活且快捷。

（1）模拟信号接口

利用 A/D 转换实现模拟信号向数字信号的成功转换，成功进行数据处理，产生检测结果，同时录入 LIMS 数据库。GS2010 色谱数据处理系统等各类气、液相色谱仪器的数据处理系统可与 LabBuilder LIMS 无缝连接，具有并行色谱信号采集、自动数据处理和快速上传 LIMS 数据库的功能。无工作站软件的色谱仪可通过上述方式接入 LIMS。

（2）数据文件接口

测试仪器配备数据工作站软件，产生测试结果、图形及原始数据，如 Agilent 6890 气相色谱数据工作站。使用者能够利用 LIMS 系统进行相关数据文件格式的设定，成功转换后通过检测人员的检验，再存入 LIMS 数据库。采用工作站软件，数据文件接口检测仪就不必去安装其他硬件，在工作站中配备 LIMS 系统应用软件，可全面完成数据的自动采集。使用者实验室中所有配置了工作站软件的检验仪器都可采用上述方式实现与 LIMS 系统连接。

（3）RS-232 接口

配备 RS-232 接口的自动化设备，利用计算机和电缆连接，当检测数据在仪器中形成时，随机进入 LIMS 系统界面，经过检测人员的确认后存储至 LIMS 数据库。

（4）没有接口的设备

原则上，没有接口的仪器设备是不可以同 LIMS 直连在一起的，只有通过更新仪器或配置工作站系统来实现。对于没有数据接口的检验仪器生成的数据，可由人工输入 LIMS 系统中。

（三）基于大数据、物联网等信息化技术条件下实验室安全智能化管理

1. 概述

实验室开展广泛的教学科研活动，肩负巨大的社会责任，其安全关乎整个实验室的科研系统的正常运作。从广义上看，实验室安全不单单指实验室自身的安全，也涵盖了实验室内部工作人员、实验设施、实验工具材料以及实验室"三废"的安全。实验室安全管理的目标就是要保障构成实验室的各要素以及开展实验的各类相关人员的安全。从整体上看，一些实验室在管理上存在着这些问题：工作人员安全事故防范意识淡薄，存在一定的侥幸心理；实验室管理模式严重滞后，管理手段单一且效率低下；实验室缺少安全教育培训，工作人员安全观念弱化。这些现象迫切需要实验室主管部门在安全稳定的前提下，建设并完善目前的实验室管理系统，以适应生产力的不断发展。

作为实验室管理系统的重要组成部分，实验室安全管理系统通过可视化大数据、物联网等信息化技术采集统一的身份认证、统一的通信平台、实验室人事管理系统、基于 RFID 的资产设备管理系统、信用系统等不同管理功能的信息化管理系统的有用数据，并创建相配套的 RFID 门禁系统、信息发布系统、智能电源管理系统、智能网络监控系统、环境智能管控系统等一系列不同功能的软硬件系统，利用物联网、智能传感、RFID、移动终端 App 等信息化手段，共同协作生成集成化的安全管理系统平台，最终实现实验室安全智能化管理。

2. 构建实验室安全智能化管理系统

在实验室安全管理上，传统方法主要依靠以实验室管理人员为主体的人工安检来确保实验室的安全，实验室的安全系数高低与管理人员的安全管理职业素养挂钩。与传统方法不同，基于大数据、物联网等信息化技术的实验室管理系统的安全管理系统，则大幅度降低了实验室管理人员的工作强度。与人工相比，智能化的安全管理系统能够二十四小时不间断地实时自动监测，充分保障实验室安全的各要素。当系统监测到异常时，会自动启动应急处置程序，以确保实验室包括实验人员在内的

安全。举个例子，一旦实验室的环境数据出现异常，如温度、湿度、照明度、空气等数据的采集值超出了限定范围，系统就会立即发出指令，通过各种智能反应装置，对实验室进行干预，解除安全隐患。

基于物联网等信息化技术的实验室管理系统的安全管理系统以 RFID 射频门禁系统为基石，门禁系统的主要任务是用来实时监测事物出入实验室的具体状况，判断出入事物的合法性和有效性，并按不同情况进行有序处理。而安全管理系统就是利用 RFID、网络摄像机、温度、湿度等传感设备对实验室信息进行安全监测，利用 GPRS/Wi-Fi 无线网络通信技术，通过统一的监控平台实现对现场的实时监控。系统可以根据已经设定的事件规则来进行监测，实时监控包括对人员出入实验室安全管理、仪器设备出入实验室安全管理、实验过程安全监控和针对实验室的全部环境因素及设备工作状态开展动态监管。

（1）人员出入实验室安全管理

实验室是高校实现系统化教学过程中不可缺少的一个重要教学场所，物联网技术已渗透到实验室的诸多应用和管理过程中。高校的实验室除了实验室管理人员和实验技术人员会进入之外，往往有不少的师生乃至校外科研人员也会不时地进入实验室进行实验操作。在实验室开放时间，当有人员进入 RFID 门禁系统时，固定安装在实验室出入口的 RFID 阅读器会自动扫描进入人员 RFID 电子标签身份卡信息。当阅读器获取进入人员的信息后，阅读器会将数据发送到实验室管理信息系统中。如果和预约授权的系统信息保持一致，那么该人员便以合法身份被许可进入实验室正式展开实验，同时系统还会自动记录实验情况，即使用人员、到达时间、使用的实验设备等信息，并在实验室管理人员管理终端上实时显示此类信息，以便管理人员实时掌握实验室人员情况并可随时核对检查。相反，若与预约授权的系统数据信息有出入，或者门禁系统读取不到该人员的 RFID 电子标签身份信息数据，但若凭借辅助红外感应技术装置探测到人员进入实验室时，系统会自动发出报警提示，第一时间发送消息（APP 消息、微信、手机短信）通知实验室管理人员该人员属于非法进入，由管理人员采取相应的干预措施。整个过程由智能网络监控系统的摄像机自动聚焦拍摄对象，进行视频取证。当实验人员结束实验离开实验室时，RFID 阅读器会再次自动扫描该人员 RFID 电子标签身份卡信息并发送至实验室管理信息系统，由该系统记录该实验人员的离开时间和设备使用时长等信息，同时更新管理人员管理终端上的实时数据信息。在实验室处于关闭状态并且设定相关防范措施时，若辅助红外感应技术装置探测到有人员进入实验室时，系统会立即发出声光报警信号，并第一时间启动安防装置，通知学校保卫部门和公安部门，以确保实验室的安全，防止被盗事件的发生。

（2）仪器设备出入实验室安全管理

在实验仪器设备的全生命周期内，经常会由于实验室功能变更，实验室布局调整，仪器设备损坏维修、外借、外调等各种预知原因，发生仪器设备移入、移出实验室的情况。另外，还有其他各种未知原因的仪器设备被改动位置的情况，如被盗等。

实验室RFID门禁系统探测发现携带有RFID电子标签的仪器设备进入实验室时，门禁系统会自动把此RFID信息传递给实验室管理系统，比对仪器设备数据。若不是该实验室仪器设备，管理系统会自动群发告警消息（APP消息、微信、手机短信）给原设备所处部门的设备管理员、资产设备管理系统管理员、当前实验室管理员，由上述管理人员确认仪器设备准入行为，一旦确认，系统会认为设备发生调拨变更，自动修改仪器设备的RFID数据，完成设备调拨处理。而实验室RFID门禁系统一旦探测到有仪器设备搬出实验室，实验室管理系统会立即发送告警消息给实验室管理人员进行处置。在实验室RFID门禁系统持续探测到设备有可能搬出大楼且管理人员未作出干预时，RFID门禁系统自动关闭楼宇大门并启动声光报警装置。不管是仪器设备入还是出，实验室RFID门禁系统都会第一时间触发启动智能网络监控系统的摄像机进行拍摄，以备后期查验。

（3）实验过程监控管理

实验室RFID门禁系统监测到实验人员合法进入实验室开展实验时，借助智能摄像监控系统对实验操作人员进行空间位置坐标定位，记录实验人员的操作过程。同时智能摄像监控系统对全景图像进行不间断的图像记录和分析。当实验室内发生高频次大范围人员聚集走动等异常情况时，系统借助通信系统自动向实验室管理人员告警。利用声音传感装置和光线传感装置，采集实验室声光数据，当有高分贝的连续声响或光线异常变化超出设定的阈值时，系统即可判断有异常情况发生，自动向实验室管理人员发出告警，由管理人员查明事件发生原因，并及时进行人工干预。实验室实时监控数据会存入预先构建好的数据库中，包括实验室的实验情况、环境要素、设备工作状态的数据及故障处理日志。

凭借智能摄像监控系统监控终端，实验室主管部门可以利用实时方式或回放方式巡检全校各实验室运行情况，也可以重新配置监控系统参数，调整监控计划。

（4）实验室环境要素智能管控

实验室的环境条件是实验正常展开的最重要的保证之一。实验室环境要素管控包括用电安全管控、用气安全管控、温度湿度管控、消防安全管控等方面。实验室管理系统的安全管理子系统中需包含环境智能管控系统。

高校实验室中大部分仪器设备是电气类设备，若使用不当或用电线路存在缺陷，极易引起用电安全事故，甚至人身伤亡事故。所以，安全用电是开展实验活动的前提条件，绝不能掉以轻心。用电安全主要包括防触电、防静电、防电起火三个方面。在基于 RFID 的实验室管理系统的安全管理子系统中能够通过电压传感器和电流传感器对设备中的静电进行感应和检测，如果设备积累的静电过多，那么传感器就会把相应的信息传递给系统，系统就会采取相应的措施。此外，通过电压传感器和电流传感器还可以检测到线路中电压和电流的情况，若出现漏电或短路，那么系统就会关闭电源，并向管理人员报警，保证实验室的用电安全。

很多实验室配置了不少数量的燃气设备。实验室内铺设有燃气管道，使用的是管道天然气，用于燃气设备。任何细微的燃气泄漏，如不及时处理，极易发生爆燃事故。如何及时发现安全隐患，从而采取有效的措施，防止危险事故的发生，是此类实验室重点关注的焦点问题。在基于 RFID 的实验室管理系统中则可以通过气体传感器来监视管道燃气是否泄漏，通过烟雾传感器可以监控是否发生了火灾。系统通过这些传感器可以在第一时间发现意外事故，立即切断电源并进行报警，通知管理人员和实验人员及早采取应对措施。

电子类实验室仪器设备对于温度、湿度都有一定的工作范围要求，超出限定值，发生设备故障的概率将会大幅提高，对环境温度、湿度等要素实现智能管控是基于 RFID 的智能实验室的必备条件。通过实验室内的温度、湿度传感器实时监测实验室内的环境条件，当环境温度高于或低于预设的限定值时，系统会自动开启空气调节器；当湿度大于或小于限定值时，系统会自动开启除湿机除湿或加湿器加湿。当传感器监测到一定时间内温度、湿度连续超出限定值时，便开启声光报警，并且系统会自动发送短信告警实验室管理人员。

3. 实验室安全教育信息平台建设

保持实验室的安全平稳运行，除了需要健全和完善实验室安全管理措施和安全管理手段，提高实验室安全管理信息化、智能化水平之外，还有必要对广大实验实践活动的参与者和实验室的管理者开展知识全面、内容丰富、手段多样的实验室安全教育，使他们能够全面掌握实验室安全管理制度、实验的正确操作流程、实验设备的安全使用规范以及实验室的安全逃生知识，提高实验室安全防范和应变能力，将灾害事故发生的概率降至最低，全面保障实验室工作人员的人身安全及财产安全。

数字化实验室安全教育平台能够为师生提供在线的、便捷的、交互式的自主学习平台。该平台针对实验室安全制度教育、实验操作流程教育、实验设备使用教育以及安全逃生知识教育等方面的学习文献资料进行数字信息化处理，采用包括文字、声音、视频等多种媒体展现形式，根据实验室安全教育知识内容的不同，建立不同的媒体知识库。研发以安卓、IOS、Windows 等系统为基础的移动手机终端 APP 应用或微信公众号，师生借助手机等移动终端可方便地阅读、浏览这些电子文献资料或视频教程，自主学习实验室安全知识，以便更迅捷地掌握实验室安全知识。在实验室安全教育信息平台中可建设实验室安全知识在线测试考核系统，在预先建立的实验室安全知识试题库中，系统可以随机生成测试试题，并可自动完成答卷批阅，给出测试结果。

　　实验室是培养高素质人才的必备场所，实验室的安全是研究人员开展实验项目的基础。改变传统人工方式的实验室安全管理模式，充分利用物联网等现代信息技术来构建实验室安全管理智能化系统，进行实验室安全管理的智能化、信息化及自动化建设是高等院校实验室安全管理的发展方向和必然趋势。构建实验室安全管理智能化系统，实现实验室安全的智能化管理，不仅能够提供安全有序的实验环境，有效提升实验室安全管理水平，更能够保障实验室财产和实验人员的安全，为实现安全校园发挥积极作用。

第七章　实验技术与检测管理

第一节　实验室技术

一、生活垃圾渗滤液处理新工艺

我国的城市化进程在不断推进，但城市生活垃圾也在以每年8%的速度增长。生活垃圾填埋场在垃圾处理过程中产生的渗滤液约占生活垃圾的25%，处理后渗滤液的排放还会造成环境污染。如果不对垃圾进行无污染处理，会对环境产生不利影响，影响人们的身体健康。因此，我们正在寻找一种廉价的方法来处理生活中的垃圾渗滤液。

目前处理垃圾渗滤液的技术主要有两种，一种是深度处理，另一种是膜处理。在渗滤液膜处理过程中，容易出现大量的处理浓缩液，而且这些处理浓缩液的成分比较复杂。如果返回到整个生化系统，也会带来很多的不良影响，还会增加处理系统的负担，增加整个垃圾处理系统的运行和维护成本，所以处理浓缩液过程是一个在国际上都难以克服的难题。

膜处理系统将会产生废物处理浓缩物，这种废物处理浓缩物是生产过程中超滤膜过滤的一部分，产生的滤液可用于干法脱硫技术和石灰乳的制备。因此，可引入干法脱硫系统对烟气进行冷却或用于制备石灰乳，以达到废物处理的目的。这种方法不仅可以实现全过程零排放，还可以通过处理浓缩水降低工艺成本，最终实现废物处理中浓缩液的回收利用，提高环保效益。

（一）垃圾渗滤液的来源

卫生填埋场渗滤液的最重要的来源是雨水和废物本身产生的水。废物中含有足够的水分，当废物的含水量大于其自身的含水饱和度时，即含水量的极限值，当水分深入土壤时就会产生渗滤液。有关资料显示，当垃圾含水量达到48%时，1 t垃圾可产生81 kg垃圾渗滤液。

生活垃圾填埋场渗滤液产生的原因和特征举例如下：① 直接降水：降水覆盖雨水，雨水是渗滤液形成的主要原因。② 地表水入渗：包括当前土壤灌溉，实际数据来自埋地附近的地形、埋地土壤的质量和入渗功能、场地绿化和排水工具的准备、土壤灌溉量和地表植被，以及土壤的类型。③地下水：如果场地的根部低于地下水位，水就有可能渗入场地。液体的体积和渗滤液的性质与地下水和废物的接触程度密切相关，如果在组织施工时采用防渗方法，可以在很大程度上避免或减少地下渗入量。④垃圾中的水分：垃圾填埋场内固体垃圾所附着的水分，包括固体垃圾本身带入的水分和从空气和河流中吸入水量，以及其他土壤环境的水分。进入垃圾填埋场的垃圾吸收水分有时是渗滤液生产的主要方法。

(二) 城市生活垃圾管理措施

1. 完善相关的法律制度

当前，普通民众大多对垃圾缺乏了解，更不了解垃圾可能给环境和我们的生活带来的破坏性影响。因此，就生活垃圾分类管理的层面建立起比较完善的垃圾分类回收法律体系是非常有必要的。通过制定相关的管理规定，可以使垃圾分类指南得到进一步的完善；制定标准，用于法律系统中的垃圾分类。考虑到我国地大物博，不同省份、不同地区地理环境不一样，人们的生活水平不一样，生活习惯也有很大差异，所以垃圾分类管理的立法细则不能笼统地一概而论，而要与当地民众的生活水平、生活习惯相对应，与生活垃圾分类实施的细则相结合，做到因地制宜、合情合理，这样人们才更容易接受，才能逐步习惯，做到给生活垃圾分类。

2. 垃圾分类积分系统

借助大数据库，利用大数据技术和人脸识别技术，对居民的垃圾处理全过程进行监控，全程跟踪，实现透明化。如果有人随意扔垃圾，垃圾分类系统将其自动纳入个人垃圾分类账户。用户可以通过APP验证自己的积分，或通过"兑换商城"页面进行交易，使用相应积分支付兑换翻新废品，或在购买产品时使用积分抵扣部分商品价格。同时，还需要建立有效机制，严肃处理违规行为。通过利用大数据实现了垃圾分类全过程的可追溯性，这引起了广大居民的关注。

3. 综合处置回收技术

近些年，我国社会经济发展比较快，同时城市化进程也不断加快，与往年相比，城市的人口总数增加幅度相当大。这固然为城市的发展和进步带来了动力，但万事有利亦有弊，人口的增多也直接导致了城市生活垃圾产生量的增加，城市人口背景各不相同，素质参差不齐，生活垃圾的构成也趋向复杂化。这些年，政府对城市垃圾管理的重视程度越来越高，城市生活垃圾处理技术也有所提高。但是，当前城市生活垃圾处理技术和设施建设等仍然不能满足实际需求，还有很大的提升空间，一旦对生活垃圾处理不当，就很容易引起更为严重的环境污染问题。

另外，在品类繁多的生活垃圾中，有许多是可再生能源。若加以正确利用，不但能避免浪费，而且能回馈给社会比较可观的经济价值。这就要求对生活垃圾处理技术进一步提升，城市垃圾的系统化管理进一步完善，从而实现再生资源的高效提取和利用。

4. 大力推进清洁生产

目前，我国工业领域大力倡导绿色工业，实行可持续发展理念，通过技术改造、设备引进等多种渠道开展清洁生产。在满足企业生产需要的同时，也要兼顾环保工作的需要，有效提高生产水平。新时代要求工业企业制订发展规划，尽量减少废物排放。例如，综合利用化学和物理方法，可以对固体废物进行分解，达到降解有毒有害物质的目的。

（三）生活垃圾焚烧厂垃圾渗滤液处理技术

1. 后喷法

这种方法已在许多国外国家应用。由于这些国家厨余垃圾少、热值高、渗滤液产量少，渗滤液通常被喷回焚烧炉进行高温氧化处理。比利时的一个1000 t/d垃圾焚烧厂，最大渗滤液产量为4 t/d，正常时间基本不可用。该厂有一个约300 m³的渗滤液收集池，渗滤液通常集中在池中，当焚烧炉炉温高时，用高压泵将焚烧炉中的渗滤液加压，并通过自动过滤器和反注系统进行处理，当残留物低热值时停止。后喷法适用于渗滤液和废弃物输出热值较高的场合，而对于低热值废弃物却不是很适用，因为其容易导致焚烧炉炉温过低，甚至熄火。

2. 生化处理技术

（1）UASB厌氧处理方法

再生垃圾可回收再利用，其渗滤液中有机污染物含量较多，并且很大一部分是能够进行生物降解的挥发性脂肪酸。UASB厌氧处理技术对这类渗滤液有很好的处理效果，据称对COD效率超过70%。该处理技术COD负荷可达10 kg/m³d，处理过程无须消耗能源，不仅节省了占地面积，还大幅度减少了反应装置的运行消耗。

（2）SBR好氧处理方法

SBR处理技术是一种基于时间的、顺序的间歇反应技术，在单独的储罐中完成取水、搅拌、曝气、沉淀、排水等操作。其具有良好的抗冲击性，可遵循复杂易变的特点，可灵活调整处理参数，一般结合厌氧处理技术，可有效提高脱氮除磷效率和质量。

（3）氨酸洗处理方法

城市生活垃圾最突出的特点是氨氮浓度高，一般每升渗滤液中含有数十甚至数千毫克的氨氮。由于高浓度氨态氮对生物处理有较大的抑制作用，同时会造成渗滤液中C/N的不平衡，使生物技术脱硝变得困难，这将阻止处理后的渗滤液排放。因此，对于高氨氮浸出液，一般先进行氨分离，再进行生物处理。

现阶段，氨提取处理方法主要有曝气池、提取塔等，在我国使用较多。其中，曝气池法由于气液接触面小，不太适合处理氨含量高的含氮渗滤液。虽然提取塔的氨氮去除率较高，但成本也较高。脱氨产生的废气难以处理，例如，在深圳某垃圾焚烧厂项目中，氨提取及技术建设相关设施投资占项目总投资的近30%，日常运行成本占项目总投资的近30%，占渗滤液处理总成本的70%，原因是在实际操作中，氨浸出需要将浸出液的pH调整到10~12。提取处理完成后，为保证生化处理的需要，必须将pH调回中性。因此，在实际应用中很有必要加入更多的酸和碱来调节pH。

3. 膜—生物反应器法

随着科技的发展，越来越多的新技术在垃圾填埋场渗滤液的处理中得到有效利用。其中膜技术的应用最为成功，最适合当前的应用趋势，其包括微滤、超滤和反渗透。其中，微滤（MF）孔径范围一般为0.1~50μm，超滤（UF）筛孔径为0.002~0.1μm，均不能拦截渗滤液中所含的盐分，但能用于将微生物细胞和沉淀物从污水中分离出来，压力在0.10~0.17MPa。最近，微滤和超滤与好氧生物处理结合使用，产生膜生物反应器（MBR）技术。其是一种将生物反应器和膜分离相结合的高效废水处理系统，用膜分离（通常是超滤）来取代常规生物工艺中的二沉池。跟传统的活性污泥法比起来，MBR对有机物去除率更高。在膜生物反应器中，由于分离效率的提高，生物反应器中微生物的质量浓度可以从常规方法的3~5g/L提高到15~25g/L，可以在短时间内达到较好的去除效果。与传统活性污泥法相比，水力停留时间更短，减少了生物反应器的体积，提高了生化反应的效率，在提高系统处理能力和水质方面具有很大的优势。

对于生活垃圾的处理，绝非小事，不可轻视。要想把渗滤液污染的问题解决好，绝不仅仅是控制填埋场，减少渗滤液产生就可以的。更为重要的是要对渗滤液进行有效处理，要令其达标排放才行，这是相当关键的。我们在对生物处理工艺进行选择的时候，一定要对渗滤液的成分进行全面、仔细的检测，分析其特性，通过小试或中试得到最合适的处理工艺，实现排放。

二、实验室技术管理

（一）实验室的经费管理

实验室经费管理是指实验室管理工作者，为了一定需要和目的，对实验室经济活动进行决策、计划、组织、指挥、监督和控制。实验室经费是为教学、科研所提供的物化劳动和活劳动的货币表现，是开展教学、科研工作的基本条件之一。实验室经费管理的目的在于以最小的劳动耗费换取最大的经济效益。

1. 实验室经费概述

（1）实验室经费的性质

实验室经费（科学技术研究经费）是从事科学研究与技术开发活动并取得成果和效益的必要条件。在科学技术研究活动中，总是要消耗各种人力、物力资源的，这些资源的货币表现就是实验室经费。

按照传统的观点，实验室经费属于社会消费资金。从第二次世界大战以后，由于科学技术的迅速发展，科学技术研究成果对社会、政治、经济、国防和人民物质文化生活产生了巨大影响，使人们认识并予以承认。实验室经费的性质已经由社会消费逐渐变成生产性投资。

我们说实验室经费是生产性投资，这是因为：首先，科学技术是生产力。科学技术研究成果，特别是技术开发的成果，在生产领域中广泛应用，对于开辟新的科学技术领域和新的生产领域，提高国民经济增长率和劳动生产率，改善产品性能和降低成本，都起着重要作用。现代社会生产力的迅速发展，在很大程度上取决于科学技术在生产上的应用。其次，科学技术研究的成果，特别是应用性的生产技术成果，是特殊形式的商品，它具有一般商品的属性，即使用价值和交换的属性。技术成果的商品化，使科技迅速转化为现实的生产力，促进了生产的发展和经济的繁荣。最后，经济建设必须依靠科学技术，科学技术工作也必须面向经济建设，科学技术与经济建设的关系已越来越密切，水乳交融，不可分离。我国把科学技术列为经济发展的战略重点，有计划、有比例地增加对实验室的投资，正是为了使科学技术更好地为社会经济建设服务，推动生产的发展，促进经济的振兴。我国及世界许多国家依靠科学技术发展经济的无数事例充分说明，在所有生产性投资中，对实验室的投资是最合算的、得益最大的。因此，研究经费是对发展生产、提高其技术水平和经济效益的投资，而不是消费性支出。

（2）实验室经费安排的原则

科技经费的安排要遵循以下几个基本原则：① 统筹兼顾，全面安排的原则。要正确处理全局与局部的关系，当前与长远的关系，维持与发展的关系，国家、集体和个人三者之间的关系。② 保证重点，照顾一般的原则。要正确处理"重点"与"一般"的辩证关系，重点往往来源于一般。③ 效益原则。要加强经济核算，讲求经济效益和社会效益，择优投放资金。④ 层次管理原则。统一安排收支预算计划，分级进行财务管理和财务监督。⑤ 厉行节约原则。一切经费的开支都要精打细算，勤俭节约，防止铺张浪费，要少花钱，多办事。⑥坚持制度，依法理财原则。财政法规是社会主义法规的一个组成部分，各项财务制度和开支标准都是财政法规的具体内容。在财务管理和财务监督工作中，必须坚持依法办事。⑦专款专用原则。无论是科技三项费用，还是科技事业费用都要限定使用范围，不能挪作他用。按项目下达的经费必须分项进行核算。

2. 实验室经费的渠道及管理

目前，实验室单位（从事科学研究和技术开发的单位）的经费来源渠道主要有：国家和地方财政的实验室事业费拨款；科技三项费用；国家、地方和主管部门科技三项费用以外的专项实验室费；本单位的经营收入（包括实验室合同收入、技术服务收入、其他各种专项收入）；向银行申请的贷款；向国家申请的自然科学基金。

为了使这些有限的资金发挥最大的效用，提高经济效益，需要从以下几方面去加强管理：①经常对实验室经费的使用情况进行动态分析，是合理使用和分配经费的基础工作。同时，还要从实际需要与国家的可能出发，做好年度实验室费的预算审查工作。②严格按各种经费的使用方向、任务安排费用支出。正常的事业支出，在国家和地方财政的实验室事业费拨款中列支；作为全国和部门、地方的实验室计划项目的费用支出，在科技三项费用拨款中列支，不足部分可在事业费中开支；专项实验室任务由专项实验室费列支；对确属技术先进、投资少、具备生产条件、可望较快取得经济效益的技术开发和推广应用项目，还可申请银行贷款；基础研究和近期尚不能取得实用价值的应用研究，可向国家申请自然科学基金。③对使用国家和地方财政的实验室事业费拨款和科技三项费用的实验室项目，应当根据项目的有无预期经济效益和偿还能力，分别实行有偿或无偿使用。承担单位是企业的，应当在缴纳所得税之前，用该项目投产后的新增利润归还实验室投资；承担单位是实验室单位的用该项目实现的收入归还。凡没有偿还能力的项目，可在合同中规定免还。④做好实验室经费有比例的分配管理。根据保证重点、兼顾一般、择优支持的原则进行综合平衡，实行项目技术方案与实验室经费预算、实验设备计划同时论证的制度，减少投资的盲目性，讲求技术经济效益。⑤对实验室计划的经费预算，要严格按审核报批程序办理，及时进行检查，加强经济监督，促其专款专用，年终编制决算上报核销。

随着经济建设和社会的发展，人们对科学技术研究的要求也将提高，实验室经费的渠道也在增多，因而，对实验室经费的管理必须加强。

（1）实验室预算的编制方法

实验室单位的性质和要求不同，采用的预算编制方法也随之不同。目前常用的方法有增量预算、弹性预算、零基预算。

增量预算是以当前的经费开支为基数（承认其合理），按照计划期业务的增减量确定计划期的预算额，这是传统的预算方法。它的优点是编制预算的工作量小，方法简单，适用于费用开支较稳定的单位。缺点是当实际的业务量与编制预算的业务量发生差异时，各费用明细项目的实际数与预算数无可比基础。如要使之可比，就需对原预算数进行调整。

弹性预算就是在编制费用预算时，考虑到计划期内业务量可能发生的变动，编出一套能适应多种业务量（一般是间隔 5% 或 10%）的费用预算，以便分别反映在各种业务量的情况下所应开支的费用水平。这种预算会随着业务量的变化做机动调整，本身具有弹性。由于固定费用一般是不随业务量增减而变动的，只需将变动费用部分按业务量的变动加以调整即可。编制时先要选择业务量的计量单位和确定业务量的适用范围，然后确定各项费用随业务量变动的关系，划分出固定费用、变动费用和混合费用，并计算各项费用。编制弹性预算可以根据实际业务水平，选用相应业务量水平的费用预算数与实际支付数进行对比，这样便于管理人员在事前据以严格控制费用开支，也有利于在事后细致分析各项费用节约或超支的原因。

零基预算是以零为基础的编制计划和预算的方法。零基预算对于任何一个预算期、任何一种费用项目的开支数，不是从原有的基础出发，即根本不考虑基期的费用开支水平，而是一切以零为起点，从根本上来考虑各个费用项目的必要性及其规模。零基预算要求首先根据本单位的具体任务，确定计划期需发生哪些费用项目，并对每一费用项目编写一套方案，提出费用开支的目的及数额。其次，对每一费用项目进行成本—效益分析对比，对各个费用开支方案进行评价；在权衡轻重缓急的基础上，分成若干层次，排出先后顺序。最后，按照所定的层次与顺序，结合计划期内可动用的资金来源，分配资金，落实预算。零基预算的优点是不受现行预算的束缚，能充分发挥各级管理人员的积极性和创造性，促进本单位精打细算，量力而行，合理使用资金，提高资金使用效果。而缺点是一切要从零开始，工作量比较大。

（2）实验室的收入管理

目前实验室单位的收入项目主要有：① 研制新产品和小批量生产产品的净收入。② 实验室成果推广收入，指技术转让的净收入。③ 新技术开发的净收入。④ 委托任务收入。指委托实验室任务完成后扣除实际支出而有结余的部分。⑤ 科技服务收入。指科技咨询、分析、测试、加工、计量、检验、复制、照相、制图、仪器设备租赁、展览等各种科技服务在补偿原消耗支出后的净收入。⑥ 工厂收入。指实际经济核算的附属上交的纯收入。⑦ 创汇收入。⑧ 资料图纸收入。指出售各种技术资料、图纸、样本等的收入。⑨ 勘测设计收入。

下列各项不能作为实验室单位的事业收入：① 处理物资收入。如固定资产变价收入，处理旧器材残值收入等，应做自动增加拨款处理。② 收回以前年度的事业费支出，也应做自动增加拨款处理。③ 追回赃款、赃物变价收入，应上缴国库。④ 房屋家具租赁费收入，应冲减相应项目的支出。⑤ 代培人员收入，应冲减支出。

（3）经费开支范围

经费开支范围包括由实验室直接使用、与实验室任务直接相关的开放运行费、基本科研业务费和仪器设备费等。

① 开放运行费

包括日常运行维护费和对外开放共享费。

日常运行维护费是指维持实验室正常运转、完成日常工作任务产生的费用，包括办公及印刷费、水电气燃料费、物业管理费、图书资料费、差旅费、会议费、日常维修费、小型仪器设备购置改造费、公共试剂和耗材费、专家咨询费和劳务费等。

对外开放共享费是指实验室支持开放课题、组织学术交流合作、研究设施对外共享等发生的费用。包括对外开放共享过程中发生的与工作直接相关的材料费、测试化验加工费、差旅费、会议费、出版 / 文献 / 信息传播 / 知识产权事务费、专家咨询费、劳务费、高级访问学者经费等。此外，实验室固定人员不得使用开放课题经费。

② 基本科研业务费

基本科研业务费是指实验室围绕主要任务和研究方向开展持续深入的系统性研究和探索性自主选题研究等产生的费用。具体包括与研究工作直接相关的材料费、测试化验加工费、差旅费、会议费、出版 / 文献 / 信息传播 / 知识产权事务费、专家咨询费、劳务费等。

③ 科研仪器设备费

科研仪器设备费是指正常运行且通过评估或验收的实验室，按照科研工作需求进行五年一次的仪器设备更新改造等产生的费用。包括直接为科学研究工作服务的仪器设备购置；利用成熟技术对尚有较好利用价值、直接服务于科学研究的仪器设备所进行的功能扩展、技术升级；与实验室研究方向相关的专用仪器设备研制；为科学研究提供特殊作用及功能的配套设备和实验配套系统的维修改造等费用。

④ 其他费

允许开支的劳务费是指在开展实验室相关工作中支付给实验室成员或相关课题组成员中没有工资性收入的人员（如在校研究生）和临时聘用人员等的劳务性费用。

经费中差旅费的开支标准应当按照国家有关规定执行；会议费的开支也应当按照国家有关规定执行，严格控制会议规模、会议数量、会议开支标准和会期。

经费中咨询费的开支标准为：以会议形式组织的咨询，专家咨询费的开支一般参照具体文件执行。

经费不得开支有工资性收入的人员工资、奖金、津贴、补贴和福利支出，不得开支罚款、捐赠、赞助、投资等，严禁以任何方式牟取私利。

3. 实验室经费预算的管理

(1) 预算的执行

实验室应当严格按照下达的经费预算执行，一般不予调整。确有必要调整的，应按原渠道报经上级部门批准。

实验室经费支出属于政府采购范围的，应按照《政府采购法》及政府采购的有关规定执行，并使用实验室经费形成的固定资产和无形资产按照相关资产管理的规定进行管理。经费形成的大型科学仪器设备、科学数据、自然科技资源等，按照规定开放共享，提高资源使用效率。经费的年度结余经费，按照有关部门关于经费拨款结余资金管理的有关规定执行。

(2) 监督检查与绩效评价

实验室主管部门应当按照职责加强对实验室经费管理的使用开展监督检查，并将有关情况及时向业主单位通报。业主单位应当建立健全专项经费内部管理机制，制定内部管理办法，将经费纳入单位财务统一管理，单独核算，专款专用。实验室主管部门应当建立实验室经费的绩效评价制度，按照定性与定量评价相结合的原则，对实验室经费使用情况进行绩效评价，并将有关制度和情况报送业主单位备案。采取年度抽查与五年评估相结合的方式，对经费执行情况进行监督检查。经费执行情况的五年评估与实验室五年评估时间相衔接，有关内容包含在后者之中，其结果作为预算安排的重要依据之一。此外，经费执行情况具体评估指标另行制定。对于违反规定管理和使用专项经费的，按照有关规定执行。

(二) 实验室家具的管理

家具是学校教学、科研、办公、学生生活必不可少的基本物资，也是各部门数量最多的物资。实验室家具管理的目的就是利用有效的管理措施，把用于采购、保养、维修、改造、更新的费用控制到最低点，使家具最大限度地发挥投资功效。

1. 实验家具的采购与选择

(1) 健康

实验家具要耐水、耐磨、耐黄变、不易燃烧，且具有超低甲醛、超低苯、二甲苯、乙苯及超低重金属、游离 TDI，不会污染环境，也没有刺激性的气味，无毒无味，令人放心。

(2) 性价比

在采购的时候不要只图价格便宜，应该了解清楚实验家具所用的板材和配件品牌，可要求其出示正规的检验报告。合格的板材和配件，是一个标准实验家具所必需的保证，而且不同质量的板材和配件也会导致价格上的差异。价低质次的家具一般只能用 3~5 年，而质量好的实验家具可用 10 年以上。

（3）封边

安装的时候要注意实验家具的封边，看封边是否平滑，是否厚实，是否存在脱胶、不严实的现象。封边的好坏最终会影响一个实验台的最终使用寿命。并且封边胶要注意不能有气味，应该环保。

（4）配件

注意所选实验家具的配件质量，配件也一定要选好的，因为好的配件能使用得更久。比如合页，如果没有选好，有可能会造成实验家具是好的，但配件不好使了，从而影响使用。

（5）售后

最好直接与厂家采购，并且选择的厂家售后一定要有保障和信誉，质保能有五年的就不要选用三年的。

（6）舒适

明快、亲切的色彩；符合人体工程学的外形尺寸；尤其针对国人的工作习惯和身材情况，对实验家具进行设计和合理布局。方便、美观大方的样式，以及选用不同材质，可以为实验室工作人员提供安全、舒适的工作环境。

2. 实验家具的保养与维护

实验家具的保养与维护是实验室管理工作的重要组成部分，搞好实验家具的保养与维护，关系到仪器的完好率、使用率和实验教学的开出率，还关系到实验成功率。因此，实验人员应懂得实验家具保养与维护的一般知识，掌握保养与维护的基本技能。此外，实验台是实验室中必不可少的设备，其清洁保养也别具讲究，正确清洁保养实验台可延长其使用寿命。下面介绍如何正确清洁保养实验台的方法：①实验台台面最好用温水擦拭，另外可以选择使用丙酮或性质温和的清洁剂擦拭实验台，或选用洗手液或洗洁精擦拭实验台，切忌选用含有磨料、强酸成分的清洁剂，以免损伤表面。对于顽固的污渍，可将次氯酸滴于污染的耐蚀理化板表面后用清水洗净。②可采用消毒剂来清洁表面比较顽固的污渍，切忌用尖锐锋利的硬物刻画。③切忌在太阳下暴晒，以免影响其外观或熔融金属。④定期开窗户，保证空气质量及工作人员的安全。⑤切忌长时间旋转在温度超过 135℃ 的环境下。⑥酒精灯的火焰会损坏实验台台面，所以应放在脚架上使用。

3. 实验家具报废程序

随着学校教学和科研工作的进一步发展，实验家具更新换代的速度逐渐加快，实验家具报废清理工作需要进一步加强。根据《家具报废处置管理办法》的规定，对符合报废条件的实验家具进行以下处置：

(1) 属下列情况之一的家具可申请报废、报失工作

① 正常使用中严重损坏，经厂家鉴定已无法维修，已失去教学、科研、行政使用价值的。

② 使用年限已久，已不适宜实验室改造再使用，又不能调配他用的。

③ 履行正常手续确认遗失的家具 (确认遗失的处理办法按有关规定办理) 方可申请家具报废。

(2) 实验家具申请报废的程序

① 将拟报废、报失的家具需填写《家具报废审批表》，还需写明家具编号、家具名称、数量、单价、购置时间、申请报废、报失原因等。

② 家具报废审批表需经 (部门) 申请人、主管领导签字，并盖部门公章，报后勤资产管理处，同时报电子文档。

(3) 实验家具申请报废审定批准

各单位所报的拟报废家具需经资产管理部门统计整理，组织有关专家 (技术鉴定人一栏，需要由本部门两位中级职称、一位副高职称以上的技术人员认定，并签字) 进行技术鉴定，确认符合报废条件的待报废设备、家具，报领导办公会议审定。在获得最终批准前，各部门必须妥善保管这部分设备、家具，不得随意处置。

第二节　检测质量控制

一、检验过程管理

(一) 抽样

(1) 实验室为后续检测或校准而对物质、材料或产品进行抽样时，应有用于抽样的抽样计划和程序。抽样计划和程序在抽样的地点应能够得到。只要合理，抽样计划应根据适当的统计方法制订。抽样过程中应注意需要控制的因素，以确保检测和校准结果的有效性。

(2) 当客户对文件规定的抽样程序有偏离、添加或删节的要求时，这些要求应与相关抽样资料一起被详细记录，并被纳入包含检测和校准结果的所有文件中，同时告知相关人员。

（3）当抽样作为检测或校准工作的一部分时，实验室应有程序记录与抽样有关的资料和操作。这些记录应包括所用的抽样程序、抽样人的识别、环境条件（如果相关）、必要时有抽样位置的图示或其他等效方法，如果合适，还应包括抽样程序所依据的统计方法。

（二）检验过程

实验室调度接到报检单（包括常规送检通知、临时工艺抽样检验指令、临时性抽检申请等）后，通知采样组，采回的试样送调度。调度将验收合格的报、送检样品送制样室进行制备，制好后返回调度，调度依据样品的检验要求送有关检验组（室），如原料组（室）、中检组（室）和成品组（室）。有关检验组（室）检查验收样品后，留取部分样品作为副样保存（也可由调度安排保存），然后安排具体人员进行检验，结果数据处理，填写检验报告，再交检验组（室）负责人审核签字，送调度。调度接收检验报告，汇总、登记台账后发出正式检验报告书。在日常的检验过程中如出现异常情况，调度将根据质量负责人的要求，派出相关的技术监督人员（技术监督人员可以从相关职能部门抽派），查明原因并作出相应的处理。

（三）检验过程的质量控制

1. 采样和制样质量控制

样品一般为固体、液体和气体，采样的方法和要求各不相同。对样品的采样基本要求是所采取的样品应具有代表性和有效性。要做到这一点，采样应按照规定的方法或条例进行，以满足采样环节的质量保证。制样是使样品中的各组分尽可能在样品中分布均匀，以使进行检验的样品既能代表所采取样品的平均组成，也能代表该批物料的平均组成。所以，制样也应该按照规定的方法或条例进行。

2. 检验与结果数据处理的质量控制

检验人员收到检验组（室）检查验收的样品，根据检验方法要求进行准备，检查仪器设备、环境条件和样品状况。一切正常后，开始按规定的操作规程对样品进行检验，记录原始数据。检验工作结束后，复核全部原始数据，确认无误后，对样品作检验后处理。对分析结果数据的处理，要遵循有效数字的运算规则和分析数据处理的有关方法进行。要求检验结果至少能溯源到执行的标准或更高的标准，如国家标准或某些方面要求更高的标准。

3. 其他注意事项

为保证整个检验过程的质量，除上述两个方面外，填写检验报告应准确无误；检验组（室）负责人审核报告必须仔细认真；调度在汇总、登记台账及发出正式检验报告书的过程中也不能疏忽大意；由于各种原因(如停电、停水、停气、仪器设备发生故障、工作失误、样品问题等)造成检验工作中断，且影响检验质量，应做好相应记录并向上一级负责人报告，待恢复正常后，该项检验应重新进行，已测得的数据作废。

二、检测结果质量保证

(一) 预防措施

无论是技术方面还是相关管理体系方面，应识别潜在不符合的原因和所需的改进。当识别出改进机会，或需采取预防措施时，应制订、执行和监控这些措施计划，以减少类似不符合情况发生的可能性并借机改进。

预防措施程序应包括措施的启动和控制，以确保其有效性。

(1) 预防措施为消除潜在的不符合或其他不期望情况的原因所采取的措施。

(2) 预防措施针对对象潜在的不符合，即：尚未发展到不符合规定要求的程度，但有这种可能性或发展趋势；其他尚未发生但不希望发生的情况。预防措施旨在消除潜在的原因。

(3) 预防措施涉及的内容有：① 避免出现不符合或不希望出现的情况。② 防止问题的发生。③ 预防措施可能会引起文件、体系等方面的更改。④ 预防措施是事先主动确定改进机会的过程，而不是对已发现问题或投诉的反应。⑤ 纠正措施可以转化为预防措施。

(二) 期间核查

所谓期间核查，是指核查仪器设备的系统漂移，以保持其校准状态的置信度，期间核查并不是校准，那究竟是一个怎样的核查方式呢？接下来，我们就全面彻底地了解一下实验室仪器设备期间核查。

检测机构为完成大量的检验任务，往往要配置各种仪器设备。为了保证检测结果的准确性，仪器设备的可信度至关重要。检测机构除了通过控制采购、校准等环节保证仪器设备的可靠性之外，期间核查也是一个重要的方法，同时它还是标准中的一项规定，也是国家实验室认可和计量认证所要求的质量管理的一种方式。

1. 期间核查必要性

仪器设备是否需要进行期间核查，应根据在实际情况下出现问题的可能性、出现问题的严重性及可能带来的质量追溯成本等因素来确定。

（1）设备的稳定性

对不够稳定、易漂移、易老化的设备，应进行期间核查。

（2）设备的使用状况和频次

对使用频繁的仪器设备；经常拆卸、搬运、携带到现场检测的仪器设备；使用环境恶劣的仪器设备；故障率高或曾经过载或怀疑出现质量问题的仪器设备；使用寿命临近到期的仪器设备应进行期间核查。

（3）校准数据分析

根据对历年来校准数据的变化情况的分析，来判断是否应进行期间核查。一般对稳定性好的设备、使用频率低的设备、带有自校功能且每次实验前均进行自校的设备，化学分析仪器每次带标样做，可不考虑进行期间核查。

不同实验室的测量设备期间核查要求是不尽相同的。校准实验室和法定计量检定机构必须对其计量标准和标准物质进行期间核查。对其他测量设备以及检测实验室的一般测量设备，需要进行期间核查的有使用频次高的，使用环境恶劣的，对检测结果有重大影响的，移动使用的，漂移较大、稳定性较差的，用于现场检测的，曾经过载或怀疑有质量问题的。

2. 期间核查方法来源

期间核查并不是一次再校准，但校准的某些方法可用于期间核查。

（1）检测标准中规定了核查方法。许多标准方法已经详细规定了校准等方法和要求，可以直接作为期间核查的方法。

（2）仪器设备检定或校准规程。仪器设备检定或校准规程往往详细规定了整个检定过程，期间核查可以采用其中需要核查的部分。如果没有该类仪器，设备的检定规程还可以参照类似仪器检定规程。

（3）仪器设备使用说明书或供应商提供的方法。

3. 期间核查的方法

期间核查的方法有多种，可根据实验室及其检定、校准、检测样品的特点，从测量设备的特性以及经济性、实用性、可靠性、可行性等方面综合考虑。

（1）传递测量法

当对计量标准进行核查时，如果实验室内具备高一等级的计量标准，则可方便地用其对被核查计量标准的功能和范围进行检查，当结果表明被核查的相关特性符合其技术指标时，可认为核查通过。

当对其他测量设备进行核查时，如果实验室具备更高准确度等级的同类测量设备或可以测量同类参数的设备，当这类设备的测量不确定度不超过被核查设备不确定度的1/3时，则可以用其对被核查设备进行检查。当结果表明被核查的相关特性符合其技术指标时，可认为核查通过。当测量设备属于标准信号源时，也可以采用此方法。

(2) 多台 (套) 设备比对法

当实验室没有高一等级的计量标准或其他测量设备，但具有多台 (套) 同类的具有相同准确度等级的计量标准或测量设备时，可以采用这一方法。

(3) 两台 (套) 设备比对法

当实验室只有两台 (套) 同类测量设备时，可用它们对核查标准进行测量，若这两台 (套) 设备是溯源到同一计量标准，它们之间具有相关性，在评定不确定度时应予以考虑。

当对标准物质进行核查时，也可用此法。这时标准物质为被核查的测量设备，选取性能稳定、具有满足标准物质量值分辨力的测量设备作为核查标准，分别用两个同类的、性能指标相同的标准物质对核查标准进行测量，得到两个结果，按上述判别准则进行判定。由于被核查的标准物质类型相同、技术指标相同，两次测量具有相同的不确定度。

(4) 标准物质法

当实验室具有被核查设备的标准物质时，可用标准物质作为核查标准。

用于期间核查的标准物质应能溯源至国家计量基准和国际单位制 (SI)，或是在有效期内的有证标准物质。当无标准物质时，可用已经过定值的标准溶液对测量设备进行核查。如 pH 计、离子计、电导仪等可用定值溶液进行核查。

(5) 留样再测法

留样再测法又可称作稳定性实验法、重复测量法。当测量设备经检定或校准得到其性能数据后，应立即用其对核查标准进行测量，把得到的测量值 Y_i 作为参考值。这时的核查标准可以是测量设备，也可以是实物样品。然后在规定条件下保存好该核查标准，并尽可能不作他用。

(6) 实物样件检查法

某些测量设备是用于测量限值的，当测量值超过限定值时即自动报警。对于这类设备，可用本方法进行期间核查。首先，根据被核查设备的工作原理以及被核查参数的性质，设计、制作或购买相应的实物样件。然后，设定该参数的限定值，将实物样件施加于测量设备上，操作设备并调节到规定的输出量，观察测量设备是否具有相应的响应。

(7) 自带标样核查法

有些测量设备自带标准样块，有的还带有自动校准系统，这时可将标准样块作为核查标准，按照制造商提供的方法进行核查。例如，电子天平往往自带一个标准工作砝码、金属超声波测厚仪、标准金属底板，可将标准工作砝码、标准金属底板作为核查标准，按照设备说明书上规定的方法进行核查。另外，像网络线缆认证测试仪开机就会自动校准。

(8) 直接测量法

当测量设备属于标准信号源时，若实验室具备计量标准，可直接用传递测量法；若不具备计量标准，则可使用本方法。

首先确定需要核查的功能以及测量点，然后选取具有相应功能的测量设备作为核查标准，在相应测量点上对核查标准的性能进行校准，得到相应的修正值，再用核查标准来测量被核查设备的性能，对核查结果进行修正后，观察是否符合其相应的技术要求。

(9) 实验室间比对法

当实验室条件无法满足以上方法时，可用实验室间比对法来进行核查。

当确定被核查设备所在实验室为比对的主导实验室时；当没有确定主导实验室时；当参加比对实验室的测量设备均溯源到同一校准实验室的同一计量标准时，在评定不确定度时应考虑相关性的影响。

(10) 方法比对法

可以采用不同的方法对测量设备进行核查：当利用同一台被核查测量设备对核查标准进行测量时；当两种方法的两次测量是在不同测量设备上进行时。

4. 核查结果处理及核查频次

(1) 通过期间核查发现测量设备性能超出预期使用要求时，首先，应立即停止使用并进行维修，在重新检定或校准表明其性能满足要求后方可投入使用；其次，应立即采取适当的方法或措施，对上次核查后开展的检定、校准、检测工作进行追溯，以尽可能减少和降低设备失准而造成的风险。

(2) 检定、校准、检测工作的追溯是需要成本的，同时设备失准会给实验室和顾客带来风险，从而损害实验室和顾客的利益。因此，实验室应从自身资源、技术能力、测量设备的重要程度，以及追溯成本和可能产生的风险等因素，综合考虑期间核查的频次。

5. 期间核查的实施

(1) 编制有关程序性文件，明确期间核查工作的职责分工、工作流程及要求，并明确期间核查不符合结果的处理。

(2) 编制年度的期间核查计划，期间核查计划应该包括仪器设备名称、型号、规格、编号、期间核查的日期或频次、检查方法依据来源、执行人等。

(3) 期间核查应有记录，可编制《仪器设备期间核查记录表》，包括仪器设备名称和编号、核查所用仪器设备的名称和编号、核查环境条件、核查方式描述、核查数据记录和综合结论、核查人员及核查日期。

6.检测实验室实施期间核查的步骤

（1）实验室应编制有关对实验室仪器设备进行期间核查的程序文件，内容至少要包括期间核查的职责分工，如何确定需要实施期间核查的仪器设备；核查工作流程；核查结果的处理；出现核查结果异常或发现有失控趋势时的处理程序等。

（2）针对每一台或每一类检测仪器设备应编制相应的期间核查操作规程，内容至少包括：使用的核查标准；核查参数；具体的核查操作步骤、测量点、测量次数；核查记录的要求；核查的时间间隔要求；核查数据的分析判定原则；发现问题时应采取的措施以及核查时的其他要求等。

（3）每年应根据识别出的需进行期间核查的仪器设备，年度期间核查计划，并由专人负责监督实施。年度期间核查计划的内容应包括核查设备名称、核查参数、核查时间要求、实施核查人员、核查方式等。

（4）核查时的注意事项：因为要了解仪器的变化情况，核查时必须注意保持所有实验条件的复现，应排除其他因素的影响，如人员、环境等，同时重复测量次数应充分，才能够保证数据变化只反映仪器状态的变化。

（5）及时做好仪器设备期间核查记录的归档工作。

通过实施对检测仪器设备的期间核查，可以及时判断仪器设备的运行状态和异常，起到防患于未然、减少损失的作用，是实验室采取预防措施，提高检测工作可靠性的手段之一。当核查发现仪器出现量值失准或异常时，实验可以采取适当的方法或措施，尽可能地减少和降低由于仪器设备检定或校准状态失效而产生的成本和风险，有效地维护实验室和顾客的利益。

期间核查应根据规定的程序和日程对参考标准、基准、传递标准或工作标准以及标准物质（参考物质）进行核查，以保持其校准状态的置信度。

期间核查内涵：① 期间核查是对设备（包括测量仪器、测量标准、参考物质、辅助设备）校准状态可信度的检查，在两次检定/校准周期内，设备的技术指标是否得到保持；② 期间核查仅是对设备计量溯源性的检查；③ 计量溯源性是对测量单位、测量程序或测量标准的溯源。

（三）能力验证

实验室能力验证（Proficiency Testing）是利用实验室间比对来确定实验室的检测的能力，也是认可机构加入和维持国际相互承认协议（MRA）的必要条件之一。

能力验证活动：由认可机构用于评审实验室和检查机构能力的一些活动，包括由合作组织、认可机构、商业机构或其他提供者运作的能力验证和测量审核。

1.能力验证活动的主要内容

能力验证活动的主要内容包括：① 能力验证计划；② 经认可机构批准或由动作的实验室间比对；③ 测量审核。

所谓实验室能力验证，通俗地讲，就是评价一个实验室有无开展某项检验、检测活动、出具合法有效的检验、检测报告的能力。能力验证的目的是保证实验室的运行满足质量管理的要求，出具的结果公平公正、合法有效。

能力验证要从两个方面来入手：第一，硬件，是否具备与所要从事的检验、检测活动相匹配的场地、人员、设备；第二，软件，人员的能力是否满足要求，实验室的管理运行是否满足要求。

例如，要开展工作场所粉尘浓度检测，首先，要满足硬件的要求：有粉尘采样检测设备，有相应的实验室、仪器室等场地，有相应的试剂耗材，有相应的采样、检测人员。其次，实验室的管理、运行还要满足检验、检测结构资质评审和相应的检验、检测规范的要求。

2.实验室能力验证的方法

实验室能力验证的方法可以有很多种，最常用的有两个。

（1）实验室间比对

不同实验室对同一个样品进行检验、检测，看看结果的偏差是不是在可接受的范围内。

（2）盲样

实验室从上级实验室领取盲样，按照规定的方法进行检验、检测，看看结果的偏差是不是在可接受的范围内。

第三节　检测方法管理

一、检测方法的选择

（一）检测方法的选择原则

当客户指定检测方法时，应使用客户指定的方法。当客户指定的方法不适宜或过期时，则应及时通知客户，提醒客户另行选择其他有效的检测方法。当客户坚持采用原提出方法时，应在合同注明，客户签字确认，并报告技术负责人作偏离授权。

当客户未指定检测方法时，实验室应按以下顺序进行方法的选择：① 首先优先采用国际标准（ISO、WHO、UNFAO、CAC 等）、国家或区域性标准（GB、EN、ANSI、BS、DIN、JIS、AFNOR、FOCT、药典等）、行业标准、地方标准、标准化主管部门备案的企业标准，或以上方法的偏离使用。② 其次选择知名的技术组织（AOAC、FCC 等）发布的方法、有关科学书籍和期刊公布的文章或方法、设备制造商指定的指导方法。③ 最后选择本单位制定的检测方法。

（二）方法使用的基本要求

① 检测方法在使用之前应进行方法的验证或确认。

② 当采用的检测方法发生偏离时，需要进行文件规定、技术判定、授权和客户同意后方能使用。

③ 采用的检测方法应是最新有效的版本。

（三）方法选择应考虑的因素

当进行方法选择时，实验室应从人、机、料、法、环、测等方面进行全方位的考虑，以确定有能力开展此项检测，具体为：① 检测人员是否熟练掌握该检测方法，或是否具备上岗资格证、具备从事检测该类指标的资格证；② 仪器设备是否满足检测需求，是否能正常运转；③ 检查样品、材料等是否符合实验要求；④ 检测方法是否适用于该项检测，是否为最新有效版本；⑤ 实验环境条件是否符合检测要求或客户要求；⑥ 各类检定和校准证书是否在有效日期内。

除以上六个方面，还需考虑人员的安全、设备的损耗、检测的成本、环境的影响等方面的因素。

二、检测方法的证实或确认

实验室在使用新的检测方法之前，应通过检查和提供有效证据进行标准方法证实或非标准方法确认，以证明实验室具备开展此项检测活动的能力。

（一）标准方法的证实

① 标准方法是指国际标准、国家标准、行业标准、地方标准等方法，在使用前，应对其技术能力进行证实。

② 技术证实的内容包括但不限于以下内容：识别相应的人员、设备、设施和环境等；通过试验证明结果的准确性和可靠性，如不确定度、检出限、定量限、回收率、正确度、线性范围、精密度等；关注检测方法中提供的限制说明、浓度范围和

样品基体等信息，并确保选择的检测方法应在限量点附近给出可靠的结果。

③在方法的证实过程中发现标准方法中未能详述但影响检测结果的环节，实验室应组织人员将详细操作步骤编制成作业指导书，作为标准方法的补充。

④检测标准发生检测方法原理、仪器设施、操作方法等变更时，各站（室）应组织人员进行技术证实，重新证明具备正确运用新标准的能力。当检测标准的变更未涉及技术问题时，则不需要进行技术验证。

⑤标准方法的证实应填写方法证实记录，经技术负责人审核后归档保存。

（二）非标准方法的确认

非标准方法是指对非标准方法、实验室制定的方法、超出其预定范围使用的标准方法、扩充和修改过的方法，其在使用前应得到确认。

当需要使用以上非标准方法时，实验室应组织人员确认其适用于预期的用途，填写确认信息，确认的内容包括但不限于以下内容：①非标准检测方法制定/使用的原因；②方法的适用范围；③拟采用方法引用、参照的标准及相关技术资料来源；④所需使用的仪器设备、标准物质、试剂以及所需的环境条件等；⑤方法描述，一般包括样品的采集、预处理、检测条件的准备、仪器设备的使用、数据的观察与记录、安全措施等内容；⑥方法确认记录，如检出限、精密度、回收率、适用的浓度范围、样品基体、标准物质评估偏差等；⑦数据处理及分析结果的表示方法；⑧检出限和报告限的获得的解释或说明；⑨报告限应设定在一定置信度下可获得定量结果的水平。

技术负责人根据确认信息、相关参考资料等，组织技术骨干进行非标准方法的确认工作，可采用但不限于以下几种方式：

①文件评审：由技术负责人组织召开评审会议，对提交的材料包括待证实的检测方法、参考资料、初步证实材料（具备时）进行系统的文件审查，判断其方法的可行性。

②标准样品试验：使用待确认的方法对标准样品进行检测，通过审查检测结果的准确度和精密度来证实方法的可行性。

③实验室间的比对试验：通过和其他具有相关资质的检测实验室进行比对试验，与其有效的结果进行比较分析，以确定方法的有效性。具体参照《检测质量控制程序》执行。

确认工作完成后，实验室应汇总有关记录、资料，对待确认的非标准检测方法能否达到预期目标进行评价，形成结论，提交技术负责人审核后归档保存。

实验室应使用有证标准物质（CRMS）评估方法偏差，使用的有证标准物质应尽可能与样品基体一致，分析物的水平也应在方法的适用范围内。如无合适的基体有证标准物质，应进行回收率研究或与标准参考方法进行比对。当设备、环境变化可能影响检测结果或不满足制造商的要求时，实验室应组织人员对检测方法特性重新进行确认。

对于非标准检测方法投入使用前，应与委托方协商并征得委托方书面同意，使出具的结果报告为委托方所接受。经批准的非标准检测方法作为本中心质量体系的有效文件，按照检测文件控制程序中的有关条款进行管理。

技术负责人应适时组织对非标准方法进行复审，标准查新员应跟踪最新检测方法，当有相应的标准方法可取代其使用时，非标准方法将失效并应及时收回。

三、检测方法的偏移管理

(一) 允许偏离的控制

当标准方法超出其预定范围使用、扩充使用、修改使用时，应得到控制。允许偏离的方法应经过验证，编制偏离标准的作业指导书，经审核批准后方可使用。

(二) 允许偏离的使用范围

① 通过对标准方法的偏离（如试验条件适当放宽、对操作步骤适当简化），以缩短检测时间，且这种偏离已被证实对结果的影响在标准允许的范围之内。

② 对标准方法中某一步骤采用新的检测技术，能够在保证检测结果准确度的情况下，提高效率，或者能提高原标准方法的灵敏度和准确度。

③ 由于实验室条件的限制，无法严格按照标准方法中所述的要求进行检测，不得不作偏离，但在检测过程中要同时使用标准物质或者参考物质加以对照，以抵消条件变化带来的影响。

④ 对标准方法中由于环境条件、仪器设备、材料等内部因素不能满足检测方法的要求，需对标准方法产生偏离时。

⑤ 委托方提出的要求偏离标准方法的规定时。

(三) 允许偏离的管理

① 当满足允许偏离使用范围的要求时，实验室应组织人员分析产生偏离原因、内容及处置方法，填写偏离信息，交由检测室主管审核。

② 各检测室主管接到偏离申请后，应组织专业人员对偏离所产生的风险程度、检测结果的影响等方面进行初步判定，并报技术负责人。技术负责人接到偏离许可申请后，应组织技术人员进行技术论证，并对允许偏离进行审批。

③ 若涉及客户的偏离时，则需客户确认签字后，才能允许发生。对经批准和客户同意的偏离许可，在检测前，相关实验室应确认能够正确的执行，偏离情况应记录在包含检测结果的所有文件中。

④ 质量负责人应安排监督人员对偏离的项目进行监督，以确认其预定要求得到满足。当检测条件恢复正常或客户要求停止偏离时，则原有的允许偏离措施就会自动停止使用。

四、检测方法的查新管理

实验室应使用最新、有效的检测方法，为此实验室应规定标准查新的方式、查新要求、查新周期以及审核审批等要求。

（一）标准查新的渠道和方式

标准查新的渠道和方式包含以下方面：① 向标准情报部门查询；② 订购权威机构出版的国家标准和行业标准；③ 从期刊获取最新信息；④ 运用互联网查询，如烟草行业标准化网、国家烟草科技网等。

（二）标准查新的管理要求

实验室应定期（建议每季度）开展标准的查新工作，内容包括两个部分：体系内标准的查新，是指实验室已经正式使用并纳入体系管理的标准；体系外标准的查新，是指国家、行业、地方新发布的、与检测工作相关、预期使用但未列入体系管理的标准。

（三）标准查新的内容

1. 体系内标准的查新内容

识别是否有新的标准替代原有标准并在查新报告中标注；当检测方法类的标准有替换时，应明确方法确认（证实）的完成时间和责任人。

2. 体系外标准的查新内容

识别新发布的标准是否与工作相关，明确标准是否直接引用或偏离使用，明确检测方法类标准的方法确认（证实）的完成时间、投入使用时间和责任人，并填写标准转化清单。

（四）查新报告的编制、审核和审批

标准查新管理员应根据标准查新的内容，编制标准查新报告，提交技术负责人审核，实验室主任审批后存档。

（五）检测方法的管理

实验室根据查新结果，把新增或替换标准纳入体系并按文件控制程序进行管理。各检测室根据查新报告的要求，组织人员对检测方法进行证实或确认。证实或确认的文件和记录由综合管理员负责归档、保存。

第八章 分析化学技术

第一节 分析检验准备

一、分析化学

(一) 分析化学的含义

分析化学是关于研究物质的组成、含量、结构和形态等化学信息的分析方法及理论的一门科学，是化学的一个重要分支。

古代冶炼、酿造等工艺的高度发展，必然存在简单的鉴定、分析和制作过程的控制等手段。随后，在东西方兴起的炼丹术、炼金术可视为分析化学的前驱。最早出现的分析用仪器当推等臂天平，它记载在《莎草纸卷》(公元前 1300 年) 上。等臂天平用于分析，当始于中世纪的烤钵试金法 (火试金法的一种) 中。

分析化学的任务是对物质进行组成分析和结构鉴定，研究获取物质化学信息的理论和方法。

分析化学在工农业生产及国防建设中更有着重要的作用。分析化学在工业生产中的重要性，主要表现在原材料的选择、加工，半成品、成品质量的检查，工艺流程的控制，新产品的研制，新工艺及技术的革新，以及进出口商品的检验等方面，均需以分析化学提供的信息为依据。所以，分析化学被称为工农业生产的"眼睛"、科学研究的"参谋"。

(二) 分析检验的一般程序

进行定量分析，首先需要从批量的物料中采出少量有代表性的试样，并将试样处理成可供分析的状态。固体样品通常需要溶解制成溶液。若试样中含有影响测定的干扰物质，还需要预先分离，然后才能对待测组分进行分析。

但是，实际上的分析是一个复杂的过程，试样的多样性也使分析过程不可能一成不变。因此，对某一试样的具体分析过程还要视具体情况而定。

1. 采样与制样

采样的基本原则是分析试样要有代表性。

对于固体试样，一般经过粉碎、过筛、混匀及缩分，得到少量试样，烘干保存于干燥器中备用。

2. 试样分解和分析试液的制备

定量分析常采用湿法分析。对于水不溶性的固体试样，可采用酸、碱溶解或加热熔融的方法制成分析试液。

3. 分离及测定

常用的分离方法有沉淀分离、萃取分离、离子交换、色谱分离等。这些方法要求分离过程中被测组分不丢失。

分离干扰组分之后得到的溶液，就可按指定的分析方法测定待测组分的含量。分离或掩蔽是消除干扰的重要方法。

4. 分析结果的计算及评价

根据分析过程中有关反应的计量关系及分析测量所得数据，计算试样中待测组分的含量，并对分析结果的可靠性进行评价。

二、分析实验室

化学检验员的工作场所是化学分析实验室。无论是做简单还是复杂的实验，在进行实验之前，首先要了解实验室的自然环境，熟悉与实验过程相关的知识。做到事先有充足的准备，工作脉络清晰，也就是知道自己要去做什么，为什么做，采用什么方法去做，在实验的过程中应注意什么，可能会出现什么意外事故，如果出现意外事故应怎样处理，等等。为了避免事故的发生，每一位分析检验工作者都应该按照一定的规则做事。

（一）实验室安全规则

① 必须主动接受安全教育和培训；必须通过实验室安全教育；必须懂得紧急情况下如何撤离，能够听从教师的指挥和安排，有自救常识。

② 必须认真预习，熟悉实验的原理和操作过程，明确实验的关键和危险点，否则不得进入实验室。

③ 要有自我保护意识，必须按照要求穿着实验服。必要时，佩戴防护眼镜、防护围裙、防护手套等。

④ 实验过程中，必须仔细观察、认真记录，不得擅自离开实验装置，不得闲谈，更不准打闹。

⑤遵照规定正确使用有毒、有害试剂，能够正确使用通风橱、加热设备等。

⑥遵照实验室环保要求，将实验中的废液、废渣等倒入指定容器中，不得将其倒入下水道。

⑦不得携带试剂等离开实验室。

⑧离开实验室前，应洗手；离开实验室时，应完成卫生打扫和安全检查。

(二) 分析实验室工作程序

1. 实验站工作人员的工作职责

①站长对安全全面负责。经常进行安全教育，组织安全检查，处理安全事故。

②安全员负责水、电线路，消防器材的配置和设施的安全检查。

③各科安全负责人负责本科的化学药品、水电气、门窗的安全。

④综合管理室及保管人员负责试剂、药品，特别是有毒、有害、易燃、易爆物品的管理。

2. 工作中需要注意的问题

①检测人员在工作中要严格按照操作规程，杜绝一切违章操作。发现异常情况立即停止工作，并及时登记报告。

②禁止用嘴、鼻直接接触试剂。使用易挥发、腐蚀性强、有毒物质必须戴防护手套，并在通风橱内进行，不许中途离岗。

③在进行加热、加压、蒸馏等操作时，操作人员不得随意离开现场。若因故需暂时离开，必须委托他人照看或关闭电源。

④各种安全设施不许随意拆卸搬动、挪作他用，要保证其完好及功能正常。

⑤操作人员要熟悉所使用的仪器设备性能和维护知识，熟悉水、电、燃气、气压钢瓶的使用常识及性能，遵守安全使用规则，精心操作。

3. 有毒有害物质的管理

①化学试剂、药品中，凡属易燃易爆、有毒(特别是剧毒物品)、易挥发产生有害气体的均应列为危险物品，应严格分类，加强管理，由专人负责。

②建立详细账目，账、物、卡相符，由专人限量采购，并入库检查。

③危险物品、易燃易爆物品要单独存放，有毒物品应放入专用加锁铁柜内，并注意通风。

④剧毒物品(氰化物、砷化物等)应执行"双人双锁"保管制度。

⑤领用时，应严格履行登记审批手续，用多少领多少。操作室内不宜大量储存危险物品，更不许存放剧毒试剂。

（三）实验室废弃物的处理

1. 实验室废气的处理

实验室从事日常检测活动时，伴有产生有害气体的操作（如浓氨水、浓硝酸、浓盐酸、氢氟酸等试剂的取用和配置），以及通过反应能产生有毒有害气体的实验均必须在通风橱内进行。实验室的设置应便于使泄漏的有害气体能自行扩散和自净。

2. 实验室废液的处理

① 低危害无机盐类化合物的处理。无毒或低毒酸、碱溶液分别集中后，一般进行酸碱中和后的低危害性盐类处理方法，通过调整溶液 pH 大小，依其溶解度大小产生沉淀而过滤，以降低无机化合物浓度或经由稀释后排放。

② 有毒废液（物）进行化学处理，专桶收集后送委托单位处理。

3. 实验室废物的处理

① 分析检验产生的一般废渣（如纸屑、碎玻璃、废塑料等）直接排往工业垃圾桶。

② 没有被污染的分析剩余固体产品（如各种固体产品、各种固体原材料等）送回生产厂，燃料分析剩余样品（如焦炭等）送往煤场回收。

③ 过期变质的有毒有害固体试剂应经处理解毒后丢弃。

④ 废液通过集中处理后得到的固体废弃物，应按危险物品进行安全处置或统一妥善保管。

三、滴定分析基本操作技术

在进行测定之前，首先要掌握的是滴定分析操作中一些基本操作技术，试样的准确称取，容量瓶的使用，移液管的使用，滴定管的使用，滴定终点的判断，以及仪器校准。这些是取得一组可靠数据的前提，也是最基础的技能。

（一）试样的准确称取

试样称取可使用托盘天平或分析天平。在辅助溶液的配置或要求精确度不高的溶液配置时，可采用托盘天平。

准确称量物质的质量是获得准确分析结果的第一步。分析天平是定量分析中最主要也是最常用的称量仪器之一，正确、熟练地使用分析天平是做好分析工作的基本保证。熟练使用差减法、固定质量称量法、直接称量法进行样品的称量，养成正确、及时、简明记录实验原始数据的习惯。

1. 托盘天平的使用

(1) 放水平

把天平放在水平台上，用镊子将游码拨到标尺左端的零刻线处。

(2) 调平衡

调节横梁右端的平衡螺母 (若指针指在分度盘的左侧，应将平衡螺母向右调；反之，将平衡螺母向左调)，要使指针指在分度盘中线处，此时横梁平衡。

(3) 称量

将被测量的物体放在左盘，估计被测物体的质量后，用镊子向右盘按由大到小的顺序加减适当的砝码，并适当移动标尺上游码的位置，直到横梁恢复平衡。

(4) 读数

天平平衡时，左盘被测物体的质量等于右盘中所有砝码的质量加上游码对应的刻度值。

(5) 整理

测量结束时，要用镊子将砝码夹回砝码盒，并整理器材，恢复到原来的状态。

2. 电子天平的使用

电子天平具有结构简单、方便实用、称量速度快等特点，广泛应用于企业和实验室，用来测定物体的质量。目前，国内使用的电子天平种类繁多，无论是国产的，还是进口的；无论是大称量的，还是小称量的；无论是精度高的，还是精度低的，其基本构造原理都是相同的。怎样正确安装、使用和维护电子天平，并获得正确的称量结果，是保证产品质量的有效方法之一。

(1) 对电子天平安装室的环境要求

① 房间应避免阳光直射，最好选择阴面房间或采用遮光的办法。

② 应远离震源，如铁路、公路、振动机等振动机械。无法避免时，应采取防震措施。

(2) 电子天平操作前的注意事项

① 电子天平选择的电压档位，应与使用处的外接电源电压相符。

② 电子天平应处于水平状态。

③ 电子天平应按说明书的要求进行预热。

④ 称量易挥发和具有腐蚀性的物品时，要盛放在密闭的容器内，以免腐蚀和损坏电子天平。

⑤ 天平室内温湿度应恒定，温度应在20℃，湿度应在50%左右。

⑥ 对天平进行校正，使其达到最佳状态。

（3）操作电子天平的主要步骤

① 接通电源并预热，使天平处于备用状态。

② 打开天平开关（按操纵杆或开关键），使天平处于零位，否则按去皮键。

③ 放上器皿，读取数值并记录，用手按去皮键清零，使天平重新显示为零。

④ 在器皿内加入样品至显示所需质量时为止，记录读数。如有打印机，可按打印键完成。

⑤ 将器皿连同样品一起拿出。

⑥ 按天平去皮键清零，以备再用。

（4）正确维护电子天平应注意的问题

① 经常保持天平室内的环境卫生，更要保持天平称量室的清洁。一旦物品撒落，应及时小心清除干净。

② 经常对电子天平进行自校或定期外校，保证天平灵敏度等处于最佳状态。

③ 长期不用天平时，应收藏好。

④ 如果电子天平出现故障，应将其及时检修，不可再用。

⑤ 操作天平不可过载使用，以免损坏天平。

3. 天平的称量方法

（1）直接称量法

这种称量方法适用于称量洁净干燥的器皿、棒状或块状的金属等。天平零点调定后，将被称物直接放在称量盘上，所得读数即被称物的质量。注意，不得用手直接取放被称物，而可采用戴细纱手套、垫纸条、用镊子或钳子等适宜的办法。

（2）减量（差减）称量法

这种称量方法适用于一般的颗粒状、粉状及液态样品。一般放在称量瓶中称量，而称量瓶通常放在干燥器中备用。

① 干燥器的使用

干燥器是具有磨口盖子的密闭厚壁玻璃器皿。

② 称量瓶的使用

称量瓶是使用分析天平准确称量固体物质质量的具盖小玻璃器具。它方便称量，便于保存，可以防止被称量的固体物质吸收水分。

（3）固定质量称量法

这种方法是为了称取固定质量的物质，又称增量法。此法只能用来称取不易吸湿，且不与空气作用、性质稳定的粉末状物质。

（二）容量瓶的使用

容量瓶主要用于准确地配制一定摩尔浓度的溶液。它是一种细长颈梨形的平底玻璃瓶，配有磨口塞。瓶颈上刻有标线，当瓶内液体在所指定温度下达到标线处时，其体积即为瓶上所注明的容积数。一种规格的容量瓶只能量取一个量。常用的容量瓶有 100 mL、250 mL、500 mL 等多种规格。

使用容量瓶配制溶液的步骤为：洗涤→试漏→转移→稀释→定容→摇匀→保存。

1. 洗涤

依次用自来水、纯水洗净。

2. 试漏

使用前，检查瓶塞处是否漏水。具体操作方法是：在容量瓶内装入半瓶水，塞紧瓶塞，用右手食指顶住瓶塞，另一只手五指托住容量瓶底，将其倒立（瓶口朝下），观察容量瓶是否漏水。若不漏水，将瓶正立且将瓶塞旋转180°后，再次倒立，检查是否漏水。若两次操作，容量瓶瓶塞周围皆无水漏出，即表明容量瓶不漏水。经检查不漏水的容量瓶才能使用。

3. 转移

把准确称量好的固体溶质放在烧杯中，用少量溶剂溶解。然后，把溶液转移到容量瓶里。为保证溶质能全部转移到容量瓶中，要用溶剂多次洗涤烧杯，并把洗涤溶液全部转移到容量瓶里。转移时，要用玻璃棒引流。其方法是将玻璃棒一端靠在容量瓶颈内壁上，注意不要让玻璃棒其他部位触及容量瓶口，防止液体流到容量瓶外壁上。

4. 稀释

5. 定容

向容量瓶内加入的液体液面离标线 1 cm 左右时，应改用滴管小心滴加，最后使液体的弯月面与标线正好相切。若加水超过刻度线，则需重新配制。

6. 摇匀

盖紧瓶塞，用倒转和摇动的方法使瓶内的液体混合均匀。静置后，如果发现液面低于刻度线，这是因为容量瓶内极少量溶液在瓶颈处润湿所损耗，所以并不影响所配制溶液的浓度，故不要在瓶内添水；否则，将使所配制的溶液浓度降低。

（三）移液管的使用

移液管是用来准确移取一定体积溶液的量器。移液管是一种量出式仪器，只用来测量它所流出溶液的体积。它是一根中间有一膨大部分的细长玻璃管，其下端为尖嘴状，上端管颈处刻有一条标线，是所移取的准确体积的标志。常用的移液管有 5 mL、10 mL、25 mL、50 mL 等规格。通常又把具有刻度的直形玻璃管称为吸量管。常用的吸量管有 1 mL、2 mL、5mL、10mL 等规格。移液管和吸量管所移取的体积通常可准确到 0.01 mL。

移液管的使用步骤为：检查→洗涤→吸液→调零→放液。

1. 检查

移液管的管口和尖嘴有无破损，若有破损则不能使用。

2. 洗涤

先用自来水淋洗后，用铬酸洗涤液浸泡，并用自来水冲洗移液管（吸量管）内、外壁至不挂水珠，再用蒸馏水洗涤 3 次，待测溶液润洗 3～4 次后即可吸取溶液。

3. 吸液

将用待吸液润洗过的移液管插入待吸液面下 1～2 cm 处，用吸耳球按上述操作方法吸取溶液（注意移液管插入溶液不能太深，并要边吸边往下插入，始终保持此深度）。当管内液面上升至标线以上 1～2 cm 处时，迅速用右手食指堵住管口（此时若溶液下落至标线以下，应重新吸取），将移液管提出待吸液面，并使管尖端接触待吸液容器内壁片刻后提起，用滤纸擦干移液管或吸量管下端黏附的少量溶液（在移动移液管或吸量管时，应将移液管或吸量管保持垂直，不能倾斜）。

4. 调零

左手另取一干净小烧杯，将移液管管尖紧靠小烧杯内壁，小烧杯保持倾斜，使移液管保持垂直，刻度线和视线保持水平（左手不能接触移液管）。稍稍松开食指（可微微转动移液管或吸量管），使管内溶液慢慢从下口流出，液面将至刻度线时，按紧右手食指，停顿片刻，再按上述方法将溶液的弯月面底线放至与标线上缘相切为止，立即用食指压紧管口。将尖口处紧靠烧杯内壁，向烧杯口移动少许，去掉尖口处的液滴。将移液管或吸量管小心移至承接溶液的容器中。

5. 放液

将移液管或吸量管直立，接收器倾斜，管下端紧靠接收器内壁，放开食指，让溶液沿接收器内壁流下，管内溶液流完后，保持放液状态停留 15 s，将移液管或吸量管尖端在接收器靠点处靠壁前后小距离滑动几下（或将移液管尖端靠接收器内壁旋转一周），移走移液管（残留在管尖内壁处的少量溶液，不可用外力强使其流出，因校准移液管或吸量管时，已考虑了尖端内壁处保留溶液的体积。除在管身上标有"吹"字的，可用吸耳球吹出，其余不允许保留）。洗净移液管，放置在移液管架上。

（四）滴定管的使用

滴定管是滴定时用来准确测量流出标准溶液体积的量器。它的主要部分管身是用细长而且内径均匀的玻璃管制成，上面刻有均匀的分度线，下端的流液口为一尖嘴，中间通过玻璃旋塞或乳胶管连接以控制滴定速度。常量分析用的滴定称容量为 50 mL 和 25 mL，最小刻度为 0.1 mL，读数可估计到 0.01 mL。

滴定管一般分为两种：一种是酸式滴定管，另一种是碱式滴定管。酸式滴定管的下端有玻璃活塞，可盛放酸液及氧化剂，不宜盛放碱液。碱式滴定管的下端连接一橡皮管，内放一玻璃珠，以控制溶液的流出，下面再连一尖嘴玻璃管。这种滴定管可盛放碱液，而不能盛放酸或氧化剂等腐蚀橡皮的溶液。

目前，实验室使用较为广泛的是聚四氟乙烯酸式滴定管。由于不怕碱的聚四氟乙烯活塞的使用，它克服了普通酸式滴定管怕碱的缺点，使酸式滴定管可以做到酸碱通用，所以碱式滴定管的使用大为减少。

滴定管的使用步骤为：试漏→洗涤→装液→排气→调零→滴定→读数。

1. 试漏

关闭活塞，装入蒸馏水至一定刻度线，直立滴定管约 2 min，仔细观察刻线上的液面是否下降，滴定管下端有无水滴滴下，以及活塞缝隙中有无水渗出；然后将活塞转动 180° 等待 2 min 再观察。如有漏水现象，应重新擦干涂油。

2. 洗涤

使用滴定管前，先用自来水洗，再用少量蒸馏水淋洗 2～3 次，每次 5～6 mL。洗净后，管壁上不应附着液滴。最后用少量滴定用的待装溶液洗涤两次，以免加入滴定管的待装溶液被蒸馏水稀释。

3. 装液

将待装溶液加入滴定管中到刻度"0"以上，开启旋塞或挤压玻璃球，把滴定管下端的气泡逐出，然后把管内液面的位置调节到刻度"0"。

4. 排气

如果是酸式滴定管，右手拿滴定管上部无刻度线处，使滴定管倾斜 30°，左手迅速打开活塞以排气。如为碱式滴定管，则可将橡皮管向上弯曲，并在稍高于玻璃珠所在处用两手指挤压，使溶液从尖嘴口喷出，气泡即可除尽。

5. 调零

6. 滴定

滴定开始前，先把悬挂在滴定管尖端的液滴除去。滴定时，用左手控制阀门，右手持锥形瓶，并不断旋摇，使溶液均匀混合。将到滴定终点时，滴定速度要慢，最好一滴一滴地滴入，防止过量，并且用洗瓶挤少量水淋洗瓶壁，以免有残留的液滴未起反应。此外，必须待滴定管内液面完全稳定后，方可读数。

7. 读数

常用滴定管的容量为 50 mL，每一大格为 1 mL，每一小格为 0.1 mL，读数可读到小数点后两位。读数时，滴定管应保持竖直。视线应与管内液体凹面的最低处保持水平，偏低、偏高都会带来误差。

（五）滴定终点的判断

前色：为滴加指示剂到样品溶液中呈现的颜色，即终点前的颜色。

过渡色：当前色和后色共同存在时出现的复合色。此时，还有少量样品未被滴定。

后色：滴定达到终点后的溶液颜色。

出现过渡色之前可以快滴，出现过渡色后应慢滴。除非微量成分滴定，常规样品的慢滴也应逐滴滴加，必要时半滴或 1/4 滴的滴加。

滴定终点的判断如下。① 接近终点：滴定到出现过渡色。② 终点：前色全部消失。如果不能确定为终点，应先记录可疑终点时消耗标准溶液的体积。继续滴定做以下验证：继续滴加 1～2 滴标准溶液到样品液中，溶液的颜色没有明显变化，可疑终点就是真正的终点，原记录有效；继续滴加 1～2 滴标准溶液到样品液中，溶液的颜色有明显的变化，可疑终点不是真正的终点，原记录无效。应按本方法继续滴定，直到终点。

（六）校准滴定分析仪器

校准是一项技术性强的工作，操作要正确规范。在实际工作中，容量仪器的校准通常采用绝对校准和相对校准两种方法。

1. 绝对校准法（称量法）

在分析工作中，滴定管一般采用绝对校准法，用作取样的移液管，也必须采用绝对校准法。绝对校准法准确，但操作比较麻烦。其原理是：称量量入式或量出式玻璃量器中水的表观质量，并根据该温度下水的密度，计算出该玻璃量器在 20℃时的实际容量。

（1）容量瓶容积的校准

① 将待校准容积瓶清洗干净，并自然干燥。

② 准确称其重（精确至 5 位有效数字），加入已测过温度的蒸馏水（或去离子水）至刻度线处，再称其重，前后两次质量差即为瓶中水质量。用该温度时水的相对密

度除水的质量，就能得到容量瓶准确的容积。

③重复 3 次求得平均值即可。如果实测值与标称值间差值在允许偏差范围内，该容量瓶即可使用；否则，将实测值记录在瓶壁上，以备计算时校准用。

（2）移液管容积的校准

在洗净的移液内吸入蒸馏水，并使水弯月面恰好在标线处，然后把水放入预先称好质量（精确至 0.01g）的带塞小锥瓶中，塞好后称取瓶和水的总质量。根据水的质量、水的温度以及水的相对密度计算出移液管的转移体积，相应做 2～3 次取平均值。

校准时应注意以下 3 个问题：① 带塞小锥瓶必须洗净并烘干，移液管则只需洗净即可。② 开始放水前，管尖不能挂水珠，外壁不能有水。③ 移液管放完水后，等 15 s 后拿出，尖嘴处残留最后一滴水不可吹出（等待 8 s，注有"吹"字的则要吹出）。

（3）滴定管容积的校准

① 将滴定管清洗干净，内外壁都不挂水珠。

② 注入蒸馏水，排除尖嘴气泡，使之充满水，并使水的弯月面最低处与零刻度线重合，再除去尖嘴外的水。

③ 在滴定管中放 5 mL 的水到已称过质量的、清洁干燥的带塞锥形瓶中，要控制流速保持在 3～4 滴 /s，5mL 约用 0.5 min。读数时的液面应与视线在同一水平面上。由称得水的质量及操作温度下的相对密度即可计算得出滴定管中部分管柱的实际容积。

④ 在方格纸上以滴定管的校正值为横坐标，滴定管读数为纵坐标，并画出整个曲线。这样，滴定时任何体积的校正值都可以由曲线查出。计算结果时，应将校准值加入得到的体积中。

2. 相对校准法

相对校准法是相对比较两容器所盛液体体积的比例关系。在实际的分析工作中，容量瓶与移液管常常配套使用，如经常将一定量的物质溶解后，在容量瓶中定容，用移液管取出一部分进行定量分析。因此，重要的不是所用容量瓶和移液管的绝对体积，而是容量瓶与移液管的容积比是否正确。所以，需要做容量瓶和移液管的相对校准，并且必须配套使用。相对校准法操作比较简单。

3. 溶液体积的校准

滴定分析仪器都是以 20℃为标准温度来标定和校准的，但使用时则往往不是在 20℃，温度变化会引起仪器容积和溶液体积的改变。如果在不同的温度下使用，则需要校准。当温度变化不大时，玻璃仪器容积变化的数值很小，可忽略不计，但溶液体积的变化则不能忽略。

溶液体积的改变是由于溶液密度的变化所致，稀溶液密度的变化和水相近。

第二节　氧化还原滴定技术

一、氧化还原反应及其滴定技术概述

氧化还原反应与酸碱滴定法及配位反应不同，它不是离子或分子之间的相互结合，而是一种电子由还原剂向氧化剂转移的反应，这种电子的转移往往是分步进行的，反应机制比较复杂。有许多氧化还原反应虽然有可能进行得相当完全，但反应速率慢，常有副反应发生，故不能用于滴定分析。因此，在进行氧化还原滴定时，除了从平衡的观点判断反应进行的可能性外，还应创造适宜的条件，加快反应速度，防止副反应发生，以保证滴定反应按照既定的方向定量完成。

氧化还原滴定法应用是滴定分析中应用广泛的方法之一。它不仅可直接测定具有氧化还原性质的物质，而且可间接测定一些本身不具有氧化还原性质但能与氧化剂或还原剂定量反应的物质；不仅可测定无机物，也能用于有机物的测定。

在氧化还原滴定法中，习惯上常按滴定剂（氧化剂）的名称不同进行命名和分类，如 $KMnO_4$ 法、$K_2Cr_2O_7$ 法、碘量法及硫酸铈法等。

氧化剂和还原剂的强弱，可用有关电对的标准电极电势来衡量。电对的电势越高，其氧化型的氧化能力就越强；反之，电对的电势越低，则其还原型的还原能力就越强。根据有关电对的电势，可判断氧化还原反应进行的方向、顺序和反应进行的程度。

氧化还原电对的电势可用能斯特方程（Nernst equation）表示。例如，下列电极反应

$$Ox + ne \rightarrow Red$$

$$\varphi_{Ox/Red} = \varphi_{Ox/Red}^{\ominus} + \frac{0.0592}{n} \lg \frac{c_{Ox}}{c_{Red}} \qquad (8\text{-}1)$$

式中，$\varphi_{Ox/Red}$ 称为条件电势。它是在特定的条件下，氧化态和还原态的分析浓度均为 1 mol/L 或它们的分析浓度比为 1 时，校正了各种外界因素影响后的实际电势。

条件电势与标准电势不同，它不是一种热力学常数，它只有在溶液的离子强度和副反应等条件不变的情况下才是一个常数。对某一个氧化还原电对而言，标准电势只有一个，但在不同的介质条件下却有不同的条件电势。

（一）氧化还原反应的影响因素

1.氧化还原反应的方向及影响因素

氧化还原反应的方向可根据反应中两个电对的条件电极电势或标准电极电势的

大小来确定。当溶液的条件发生变化时，氧化还原电对的电势也将受到影响，从而可能影响氧化还原反应进行的方向。影响氧化还原反应方向的因素有氧化剂和还原剂的浓度、溶液的酸度、生成沉淀和形成配合物等。

2. 氧化还原反应进行的顺序

在分析工作的实践中，经常会遇到溶液中含有不止一种氧化剂或不止一种还原剂的情形。例如，用重铬酸钾法测定 Fe^{3+} 时，通常先用 $SnCl_2$ 还原 Fe^{3+} 为 Fe^{2+}。为了使 Fe^{3+} 还原完全，必须加入过量的 Sn^{2+}。因此，溶液中就有 Sn^{2+} 和 Fe^{2+} 两种还原剂存在，若用 $K_2Cr_2O_7$ 标准溶液滴定该溶液，则由下列标准电极电势可得

$$\varphi^{\ominus}\left(Cr_2O_7^{2-} / Cr^{3+}\right) = 1.33V$$
$$\varphi^{\ominus}\left(Fe^{3+} / Fe^{2+}\right) = 0.77V \qquad (8\text{-}2)$$
$$\varphi^{\ominus}\left(Sn^{4+} / Sn^{2+}\right) = 0.15V$$

$Cr_2O_7^{2-}$ 是其中最强的氧化剂，Sn^{2+} 是最强的还原剂。滴加的 $Cr_2O_7^{2-}$ 首先氧化 Sn^{2+}，只有将 Sn^{2+} 完全氧化后才能氧化 Fe^{2+}。因此，在用 $K_2Cr_2O_7$ 标准溶液滴定 Fe^{2+} 前，应先将多余的 Sn^{2+} 除去。

上例清楚地说明，溶液中同时含有几种还原剂时，若加入氧化剂，则首先与溶液中最强的还原剂作用。同样，溶液中同时含有几种氧化剂时，若加入还原剂，则首先与溶液中最强的氧化剂作用。即在适当的条件下，在所有可能发生的氧化还原反应中，标准电极电势相差最大的电对间首先进行反应。因此，如果溶液中存在数种还原剂，而且各种还原剂电对的电势相差较大，又无其他反应干扰，可用氧化剂分步滴定溶液中各种还原剂。

3. 氧化还原反应的速度及其影响因素

氧化还原反应平衡常数的大小只能表示氧化还原反应的完全程度，不能说明氧化还原反应的速度。多数氧化还原反应是较为复杂的，需要一定的时间才能完成。因此，在氧化还原滴定分析中，不仅要从平衡观点来考虑反应的可能性，还要从反应速度来考虑反应的现实性。

（1）反应物浓度的影响

根据质量作用定律，反应速度与反应物的浓度有关。由于氧化还原反应是分步进行的，反应的速度取决于反应历程中最慢的一步，即反应速度应与最慢的一步反应物的浓度乘积成正比。一般来说，增加反应物浓度可以加速反应的进行。例如，在酸性溶液中，$Cr_2O_7^{2-}$ 和 KI 的反应为

$$Cr_2O_7^{2-} + 6I^- + 14H^+ \rightleftharpoons 2Cr^{3+} + 3I_2 + 7H_2O \qquad (8\text{-}3)$$

增加 I 的浓度或提高溶液的酸度，都可以使反应加速。

（2）反应温度的影响

温度对反应速度的影响是复杂的。对于大多数反应来说，升高温度可提高反应速度。例如，在酸性溶液中，MnO_4^- 和 $C_2O_4^{2-}$ 的反应为

$$2MnO_4^- + 5C_2O_4^{2-} + 16H^+ \rightleftharpoons 2Mn^{2+} + 10CO_2\uparrow + 8H_2O \tag{8-4}$$

室温下，反应缓慢。但如果将溶液加热，反应便明显加快。因此，用 $K_2Cr_2O_7$ 滴定 $H_2C_2O_4$ 时，通常将溶液加热至 $75\sim85℃$。

应该注意，在氧化还原滴定中，不是所有情况都可利用升高温度来提高反应速度。有些物质（如 I_2）易于挥发，若将溶液加热，则会引起这些物质的挥发损失；有些物质（如 Sn^{2+}、Fe^{2+} 等）很容易被空气中氧所氧化，若将溶液加热，就会促进它们的氧化，从而引起误差。在这些情况下，如果要提高反应的速度，只能采用其他方法。

（3）催化剂和诱导反应的影响

催化剂对反应速度有很大影响。在氧化还原滴定中，可通过加入催化剂加快反应速度，也可利用反应生成物来加快反应速度。上述 MnO_4^- 和 $C_2O_4^{2-}$ 的反应进行缓慢，若向溶液中加入 Mn^{2+}，能促使反应迅速进行。如果不加入 Mn^{2+}，在反应开始时，虽然加热到 $75\sim85℃$，由 MnO_4^- 红色消失的速度，即可看出反应仍较缓慢。但在 MnO_4^- 和 $C_2O_4^{2-}$ 反应后，生成的 Mn^{2+} 起催化作用，反应速度逐渐加快。这种由生成物起催化作用的反应称为自身催化反应。该催化剂（生成物）称为自身催化剂。自身催化反应的特点是开始时反应速度较慢，随着反应的不断进行，催化剂（生成物）的浓度逐渐增大，反应速度逐渐加快。

在氧化还原反应中，不仅催化剂能影响反应速度，而且有的氧化还原反应还能促进另一氧化还原反应的进行。

（二）氧化还原滴定指示剂

在氧化还原滴定法中，可用电位法确定终点，也可用指示剂确定滴定终点。根据作用机制，氧化还原指示剂可分为以下 3 类：

1. 自身指示剂

在氧化还原滴定中，有些标准溶液或被测物质本身具有颜色，并且显色灵敏，而其反应产物无色或颜色很浅，则滴定时无须另外加入指示剂，利用它们本身的颜色变化即可指示滴定终点。这种标准溶液或被测物质称为自身指示剂。例如，$KMnO_4$ 具有很深的紫红色，用它来滴定 Fe^{2+}、$C_2O_4^{2-}$ 等溶液时，反应产物 Mn^{2+}、

Fe^{3+} 等颜色很浅，在化学计量点后稍过量的 $KMnO_4$ 就能使溶液呈现明显的粉红色，指示终点的到达，$KMnO_4$ 就是自身指示剂。实验表明，$KMnO_4$ 浓度为 $2 \times 10^{-6} mol/L$ 就能呈现明显的粉红色，所以用 $KMnO_4$ 作为指示剂是十分灵敏的。由此造成的终点误差通常可以忽略不计。

2. 专属指示剂（或特殊指示剂）

有些物质本身并不具有氧化还原性质，但能与滴定剂或被滴定物质反应生成特定颜色的化合物，可借此指示终点。该物质称为专属指示剂（或特殊指示剂）。例如，可溶性淀粉与碘反应生成深蓝色的吸附化合物，可用于碘量法指示终点。上述反应具有可逆性，当 I_2 全部还原为 I^- 时，深蓝色消失。该反应是专属反应，而且灵敏度很高，在没有其他颜色存在的情况下，可检出约 $5 \times 10^{-6} mol/L$ 的 I_2 溶液。又如，以 Fe^{3+} 滴定 Sn^{2+} 时，可用 KSCN 作指示剂，当溶液出现红色 $Fe(III)$-SCN^- 配合物时，即为终点。此外，利用有机染料（如甲基橙等）被氧化剂氧化破坏而褪色，也可用来指示终点。

3. 氧化还原指示剂

这类指示剂本身具有氧化还原性质，其氧化型和还原型具有不同的颜色。在滴定至化学计量点后，指示剂被氧化或还原，同时伴有颜色变化，从而指示滴定终点。例如，二苯胺磺酸钠指示剂，它的还原型是无色，氧化型是红紫色。若用 $K_2Cr_2O_7$ 溶液滴定 Fe^{2+}，以二苯胺磺酸钠为指示剂，则滴定到化学计量点时，稍过量的 $K_2Cr_2O_7$ 溶液，便可使二苯胺磺酸钠由无色转变成红紫色，从而指示了滴定的终点。

现分别以 $In(Ox)$ 和 $In(Red)$ 表示指示剂的氧化型和还原型，并假定其电极反应是可逆的，则指示剂的电极反应和能斯特方程式为

$$In(Ox_x) + ne^- \rightleftharpoons In(Red)$$

$$\varphi(In) = \varphi^{\ominus'}(In) + \frac{0.059}{n} \lg \frac{c(In_{Ox})}{c(In_{Red})} \tag{8-5}$$

式中，$\varphi^{\ominus'}(In)$ 为指示剂的条件电势。显然，滴定系统电势的任何改变都将引起 $c(In_{Ox})/c(In_{Red})$ 比值的改变，使溶液颜色发生变化。

当指示剂 $c(In_{Ox})/c(In_{Red}) = 1$ 时，当被滴定溶液的电势恰好等于 $\varphi^{\ominus'}(In)$ 时，指示剂呈现中间色，称为氧化还原指示剂的理论变色点，即

$$\varphi(In) = \varphi^{\ominus'}(In) \tag{8-6}$$

如果指示剂的两种不同颜色的强度相仿，其变色范围就相当于 $c(In_{Ox})/c(In_{Red})$ 从 10/1 变到 1/10 时的电势变化范围，即

$$\varphi^{\ominus'}(In) \pm \frac{0.059}{n} \qquad (8\text{-}7)$$

选择这类指示剂的原则是指示剂的变色范围应处在滴定系统的电势突跃范围内，且 $\varphi^{\ominus'}(In)$ 与 φ_{sp} 越接近越好。例如，在 1 mol/L 的 H_2SO_4 溶液中，用 Ce^{4+} 滴定 Fe^{2+} 时，化学计量点前后 0.1% 的电势突跃范围是 0.86 ~ 1.26V。因此，可选择邻二氮菲亚铁或邻苯氨基苯甲酸作指示剂。若用二苯胺磺酸钠，将使终点提前，终点误差大于 0.1%。因此，可在溶液中加入 H_3PO_4，避免指示剂过早被氧化。

氧化还原滴定涉及的反应的完全程度一般比较高，突跃范围较大。因此，只要指示剂选择合理，终点误差一般并不大。但是，指示剂本身会消耗滴定剂。例如，0.1 mL 0.2% 的二苯胺磺酸钠将消耗 0.01 mL 0.01667 mol/L 的 $K_2Cr_2O_7$ 溶液。因此，如果 $K_2Cr_2O_7$ 溶液的浓度为 0.01667 mol/L 或更稀时，应该作指示剂空白校正。

(三) 滴定曲线及指示剂的选择

在氧化还原滴定过程中，随着滴定剂的加入，被滴定物质的浓度不断发生变化，相应电对的电势也随之改变，其变化规律可用滴定曲线来表示。氧化还原滴定曲线可通过电位滴定方法测得数据进行绘制，也可使用能斯特方程式进行计算，求出相应的数据来描绘。

现以在 1 mol/L 的 H_2SO_4 溶液中，用 0.1000 mol/L 的 $Ce(SO_4)_2$ 溶液滴定 20.00 mL 0.1000 mol/L 的 $FeSO_4$ 溶液为例，计算不同滴定阶段时溶液的电势。其滴定反应为

$$Ce^{4+} + Fe^{2+} \rightleftharpoons Ce^{3+} + Fe^{3+} \qquad (8\text{-}8)$$

该反应由两个半反应组成，在 1 mol/L 的 H_2SO_4 溶液中

$$
\begin{aligned}
&Ce^{4+} + e^- \to Ce^{3+} \\
&\varphi^{\ominus'}\left(Ce^{4+}/Ce^{3+}\right) = 1.44V \\
&Fe^{3+} + e^- \to Fe^{2+} \\
&\varphi^{\ominus}\left(Fe^{3+}/Fe^{2+}\right) = 0.68V
\end{aligned}
\qquad (8\text{-}9)
$$

两电对的电极电势可分别表示为

$$
\begin{aligned}
\varphi\left(Fe^{3+}/Fe^{2+}\right) &= \varphi^{\ominus'}\left(Fe^{3+}/Fe^{2+}\right) + 0.059 \lg \frac{c\left(Fe^{3+}\right)}{c\left(Fe^{2+}\right)} \\
\varphi\left(Ce^{4+}/Ce^{3+}\right) &= \varphi^{\ominus'}\left(Ce^{4+}/Ce^{3+}\right) + 0.059 \lg \frac{c\left(Ce^{4+}\right)}{c\left(Ce^{3+}\right)}
\end{aligned}
\qquad (8\text{-}10)
$$

上述 Ce^{4+}/Ce^{3+} 和 Fe^{3+}/Fe^{2+} 电对的反应均是可逆的，且得失电子数相等。在滴定

前为 Fe^{2+} 溶液，根据上述能斯特方程式可知，当 $c(Fe^{3+})=0$ 时，电极值为负无穷大，这实际上是不可能的。由于空气的氧化，溶液中或多或少总会存在痕量的 Fe^{3+}，但其浓度无从得知，所以滴定前的电势无法计算。而这对滴定曲线的绘制是无关紧要的。因此，只需计算滴定开始后溶液的电极电势即可。

1. 滴定开始到化学计量点前

滴定开始后，系统中就同时存在着两个电对。在任何一个滴定点，达到平衡时，两电对的电势均相等，即

$$
\begin{aligned}
\varphi &= \varphi^{\ominus\prime}\left(Fe^{3+}/Fe^{2+}\right)+0.059\lg\frac{c\left(Fe^{3+}\right)}{c\left(Fe^{2+}\right)} \\
&= \varphi^{\ominus\prime}\left(Ce^{4+}/Ce^{3+}\right)+0.059\lg\frac{c\left(Ce^{4+}\right)}{c\left(Ce^{3+}\right)}
\end{aligned}
\tag{8-11}
$$

原则上，可根据任何一个电对来计算溶液的电势，但是由于加入的 Ce^{4+} 几乎都被还原成 Ce^{3+}，其浓度不易求得；相反，知道了 Ce^{4+} 的加入量，就能确定 $c(Fe^{3+})/c(Fe^{2+})$ 的比值，所以可采用 Fe^{3+}/Fe^{2+} 电对计算溶液的 φ 值。

2. 化学计量点时

在化学计量点时，两电对的电极电势相等。其电势 φ_{sp} 可分别表示为

$$
\begin{aligned}
\varphi_{sp} &= \varphi^{\ominus\prime}\left(Ce^{4+}/Ce^{3+}\right)+0.059\lg\frac{c\left(Ce^{4+}\right)}{c\left(Ce^{3+}\right)} \\
\varphi_{sp} &= \varphi^{\ominus\prime}\left(Fe^{3+}/Fe^{2+}\right)+0.059\lg\frac{c\left(Fe^{3+}\right)}{c\left(Fe^{2+}\right)}
\end{aligned}
\tag{8-12}
$$

两式相加并整理，得

$$
\begin{aligned}
\varphi_{sp} &= \frac{\varphi^{\ominus\prime}\left(Ce^{4+}/Ce^{3+}\right)+\varphi^{\ominus\prime}\left(Fe^{3+}/Fe^{2+}\right)}{2} \\
&= \frac{1.44+0.68}{2}=1.06V
\end{aligned}
\tag{8-13}
$$

可见，当两电对的电子转移数相等时，化学计量点时的电势是两个电对条件电势的算术平均值，而与反应物的浓度无关。

3. 化学计量点后

在化学计量点后，由于 Fe^{2+} 已定量地氧化成 Fe^{3+}，$c(Fe^{2+})$ 很小且无法知道，而 Ce^{4+} 过量的百分数是已知的，从而可确定 $c(Ce^{4+})/c(Ce^{3+})$ 的比值，即可根据 Ce^{4+}/Ce^{3+} 电对计算溶液的 φ 值。

在氧化还原滴定中，若用氧化剂（还原剂）滴定还原剂（氧化剂），当滴定至50%时的电势为还原剂（氧化剂）电对的条件电势。滴定至200%时的电势即是氧化剂（还原剂）电对的条件电势。两电对的条件电势相差越大，计量点附近电势的突跃越大，滴定的准确度也就越高。氧化剂和还原剂的浓度基本上不影响突跃的大小。当两电对的电子转移数相等时，化学计量点在滴定突跃的中点，但对于一般的氧化还原滴定反应

$$n_2 Ox_1 + n_1 Red_2 \rightleftharpoons n_2 Red_1 + n_1 Ox_2 \tag{8-14}$$

两电对的半反应及条件电极电势（或标准电极电势）分别为

$$\begin{aligned} Ox_1 + n_1 e &\rightleftharpoons Red_1 \\ \varphi^{\ominus'} &(Ox_1 / Red_1) \\ Ox_2 + n_2 e &\rightleftharpoons Red_2 \\ \varphi^{\ominus'} &(Ox_2 / Red_2) \end{aligned} \tag{8-15}$$

计算化学计量点电势的通式为

$$\varphi_{sp} = \frac{n_1 \varphi^{\ominus'}(Ox_1 / Red_1) + n_2 \varphi^{\ominus'}(Ox_2 / Red_2)}{n_1 + n_2} \tag{8-16}$$

当 $n_1 \neq n_2$ 时，滴定曲线在化学计量点前后是不对称的，4m不在滴定突跃的中央，而是偏向电子转移数较大的一方。

二、高锰酸钾法

（一）原理

$KMnO_4$ 法是以 $KMnO_4$ 为滴定剂的滴定分析方法。$KMnO_4$ 是一种强氧化剂，它的氧化能力和还原产物与溶液的酸度有关。

在强酸性溶液中，高锰酸钾的氧化能力最强。因此，一般都在强酸性条件下使用。酸化时常使用 H_2SO_4，避免使用 HCl 或 HNO_3。因为 Cl⁻ 具有还原性，能与 MnO_4^- 作用；而 HNO_3 具有氧化性，也可能氧化被测定的物质。

在近中性时，$KMnO_4$ 反应的产物为褐色 MnO_2 沉淀，影响滴定终点的观察，氧化能力也不及酸性条件下的强，故很少在中性条件下使用。

在强碱性条件下（NaOH 溶液的浓度大于 2 mol/L），$KMnO_4$ 与有机物的反应比在酸性条件下更快，所以常用 $KMnO_4$ 法在强碱性溶液中测定有机物。

高锰酸钾法的优点是：$KMnO_4$ 氧化能力强，应用范围广，可直接或间接测定多种无机物和有机物；$KMnO_4$ 是典型的自身指示剂，用它滴定无色或浅色溶液时，

一般不需另加指示剂。若用很稀的 $KMnO_4$ 溶液滴定时，可加入二苯胺磺酸钠作指示剂。

高锰酸钾法的主要缺点是：试剂含有少量杂质，溶液不够稳定；由于 $KMnO_4$ 的氧化能力强，可与很多还原性物质作用，所以干扰也比较严重。

（二）$KMnO_4$ 应用

$KMnO_4$ 氧化能力强，应用广泛，可直接或间接地测定多种无机物和有机物。

1. 直接滴定法——H_2O_2 的测定

可用 $KMnO_4$ 标准溶液直接滴定 H_2O_2 及碱金属碱土金属的过氧化物等物质。

2. 间接滴定法——Ca^{2+} 的滴定

Ca^{2+} 没有氧化性和还原性，必须采用间接法测定。测定时，取石灰石试样，溶于酸后，在弱碱性条件下使 Ca^{2+} 与 $C_2O_4^{2-}$ 反应生成 $Ca_2C_2O_4$ 沉淀，经过滤洗涤后，将沉淀溶于 H_2SO_4 溶液中，然后用 $KMnO_4$ 标准溶液滴定溶液中的 H_2SO_4。

许多能与 $C_2O_4^{2-}$ 定量生成沉淀的金属离子，如 Sr^{2+}、Ba^{2+}、Cd^{2+}、Zn^{2+}、Hg^{2+}、Th^{4+} 等都可用上述方法间接测定。

3. 返滴定法——化学需氧量（Chemical Oxygen Demand，COD）的测定

COD 是量度水体积受还原物质（主要是有机物）污染程度的综合指标。它是指水体积中易被强氧化剂氧化的还原性物质所消耗的氧化剂的量。

4. 有机化合物的测定

许多有机物，在浓度大于 2mol/L 的碱性溶液中，可用高锰酸钾法测定。在测定过程中，MnO_4^- 被还原为 MnO_4^{2-}。

例如，甲酸含量的测定，具体测定方法是将待测的甲酸溶液加到略过量的碱性 $KMnO_4$ 溶液中，使甲酸与 $KMnO_4$ 反应。待反应完全后，再将溶液酸化，用另一种还原剂标准溶液（如 Fe^{2+} 标准溶液）滴定剩余的 MnO_4^-，根据加入的 $KMnO_4$ 溶液的总量和滴定消耗的还原剂标准溶液的量，即可计算甲酸的含量。

此法还可用于滴定甘油、甲醇、羟基乙酸、酒石酸、柠檬酸、苯酚、水杨酸、甲醛、葡萄糖等有机化合物。

三、重铬酸钾法

（一）原理

$K_2Cr_2O_7$ 是一种常用的氧化剂。它具有较强的氧化性，在酸性介质中 $Cr_2O_7^{2-}$ 被还原为 Cr^{3+}。其电极反应为

$$Cr_2O_7^{2-} + 14H^+ + 6e^- \rightarrow 2Cr^{3+} + 7H_2O$$
$$\varphi^{\ominus}\left(Cr_2O_7^{2-}/Cr^{3+}\right) = 1.33V$$

(8-17)

由于其氧化能力比 $KMnO_4$ 稍弱，应用也不及 $KMnO_4$ 法广泛。但与 $KMnO_4$ 法相比，它有以下 3 个独特的优点：① $K_2Cr_2O_7$ 易提纯，基准试剂在 120℃烘至质量恒定，则可准确称量直接配制标准溶液。② $K_2Cr_2O_7$ 标准溶液相当稳定，若长期密闭保存，浓度不变。③ 在 1 mol/L HCl 溶液中 $\varphi^{\ominus}$ =1.00 V，室温下不与 Cl^- 作用，故可在 HCl 溶液中进行滴定。但当 HCl 溶液的浓度较大或将溶液煮沸时，$K_2Cr_2O_7$ 也能部分被 Cl^- 还原。

由于 $K_2Cr_2O_7$ 溶液的枯黄色不深，且滴定产物为绿色且很淡，不能作为自身指示剂，必须采用氧化还原指示剂确定滴定终点。常用的指示剂是二苯胺磺酸钠和邻苯氨基苯甲酸。

(二) 重铬酸钾法应用

重铬酸钾法最重要的应用是铁矿石 (或钢铁) 中全铁的测定，被公认为标准方法。通过 $Cr_2O_7^{2-}$ 和 Fe^{2+} 的反应，还可测定其他氧化性或还原性物质。例如，测定钒的含量，是酸性溶液中用过量 Fe^{2+} 标准溶液将 VO_2^+ 还原为 VO^{2+}，剩余的 Fe^{3+} 用 $K_2Cr_2O_7$ 标准溶液滴定。利用间接滴定法还可测定一些非氧化还原性物质。例如，Pb^{2+} 或 Ba^{2+} 的测定，先将 Pb^{2+} 或 Ba^{2+} 沉淀为铬酸盐，经过滤洗涤后，将沉淀物溶于酸中，以 Fe^{2+} 标准溶液直接滴定 $Cr_2O_7^{2-}$，或加入过量的 Fe^{2+} 标准溶液，剩余的 Fe^{2+} 用 $K_2Cr_2O_7$ 标准溶液滴定。

重铬酸钾法主要用于铁矿石的勘探、采掘以及钢铁冶炼过程的控制中，也用于水和废水的检验，如测定化学需氧量。

1. 铁矿石中全铁量的测定

重铬酸钾法是测定矿石中全铁量的标准方法。滴定反应为

$$Cr_2O_7^{2-} + 6Fe^{2+} + 14H^+ = 2Cr^{3+} + 6Fe^{2+} + 7H_2O$$

(8-18)

2. 水中化学耗氧量 (COD_{Cr})

COD_{Mn} 只适用于较为清洁的水样的测定，若需要测定污染严重的生活污水和工业废水，则需要用 $K_2Cr_2O_7$ 法。用 $K_2Cr_2O_7$ 法测定的化学耗氧量用 COD_{Cr}（mg/L）表示。COD_{Cr} 是衡量污水被污染程度的重要指标。

第三节 酸碱滴定技术

一、滴定分析的基本概念及计算

(一)滴定分析概述

基于不同的反应类型，滴定分析法可分为4类，包括以酸碱反应为基础的酸碱滴定法，以配位反应为基础的配位滴定法，类似的还有氧化还原滴定法和沉淀滴定法。

酸碱滴定法用强酸（如 HCl）作滴定剂测定强碱、弱碱和两性物质，用强碱（如 NaOH）作滴定剂测定强酸、弱酸和两性物质。

由于配位反应的复杂性，许多配位剂或配位反应不能用于配位滴定。配位滴定法一般用 EDTA 滴定金属离子。

氧化还原滴定法通常选用 $KMnO_4$、$K_2Cr_2O_7$，碘为标准溶液，测定具有氧化性或还原性的物质。

沉淀滴定法的具体方法及测定对象不多，用得较多的是基于生成难溶性银盐反应的银量法，用来测定 Cl^-、Br^-、I^-、SCN^-、Ag^+ 等离子。

(二)滴定分析法对化学反应的要求

任何滴定分析法都基于特定的化学反应。在大多数情况下，所谓特定的化学反应，是滴定剂与被测物质之间的反应。这样的反应必须满足以下4点要求：① 反应具有确定的化学计量关系，即反应按一定的反应方程式进行。这是定量计算的基础。② 反应的平衡常数足够大。如此，才能保证滴定曲线具有足够大的跳跃范围。③ 反应速度快。有时，可通过加热或加入催化剂方法来加快反应速度；否则，会造成分析过程时间长，甚至出现其他不利的反应，如指示剂的分解。④ 必须有适当的方法确定滴定终点。其中简便、可靠的方法是：适当的指示剂。

能满足上述要求的反应都可用于直接滴定法，即用标准溶液直接滴定待测物质。直接滴定法准确度高、简便，是滴定分析中基本和常用的滴定方法。

但是，有些反应不能完全符合上述要求，因而不能采用直接滴定法。不能采用直接滴定法测定的物质，可采用返滴定法、置换滴定法和间接滴定法中的一种方法进行测定。

(三)滴定分析等物质的量规则计算

等物质的量规则是指对于一定的化学反应，如选定适当的基本单元（物质 B 在反应中的转移质子数或得失电子数为 Z_B 时，基本单元选 $1/Z_B$ ），滴定到达化学计量点时，被测组分 B 的物质的量就等于所消耗标准滴定溶液 A 的物质的量，即

$$n\left(\frac{1}{Z_B}B\right) = n\left(\frac{1}{Z_A}A\right) \tag{8-19}$$

如在酸性溶液中用 $K_2Cr_2O_7$ 标准滴定溶液滴定 Fe^{2+} 时，滴定反应为

$$Cr_2O_7^{2-} + 6Fe^{2+} + 14H^+ = 2Cr^{3+} + 6Fe^{3+} + 7H_2O \tag{8-20}$$

$K_2Cr_2O_7$ 的电子转移数为 6，以 $1/6K_2Cr_2O_7$ 为基本单元；Fe^{2+} 的电子转移数为 1，以 Fe^{2+} 为基本单元，则

$$n\left(\frac{1}{6}K_2Cr_2O_7\right) = n\left(Fe^{2+}\right) \tag{8-21}$$

主要采用等物质的量规则进行有关计算，该规则的运用要注意正确选择基本单元。

(四) 酸碱的质子理论及酸碱水溶液中 [H⁺] 计算

酸碱质子理论：凡是能给出质子（H^+）的物质就是酸，凡是能接收质子的物质就是碱。其酸碱关系为：

$$HA \rightleftharpoons H^+ + A^- \tag{8-22}$$

此反应是酸碱反应，式中 HA 为酸，当它给出质子后，剩余部分 A^- 对质子有一定的亲和力，因而是一种碱，这就构成了一个酸碱共轭体系。酸 HA 与碱 A^- 处于一种相互依存的关系中，即 HA 失去质子转化为 A^-，A^- 得到质子后，转化为它的共轭酸 HA，则 HA 与 A^- 被称为共轭酸碱对。

酸碱质子理论认为，酸碱反应的实质是质子的转移。例如，HAc 在水中离解，溶剂水就起着碱的作用，否则 HAc 无法实现其在水中的离解，即质子转移是在两个共轭酸碱对间进行。同样，碱在水中接收质子，也必须有溶剂水分子参加。

所不同的是，H_2O 在此反应中起酸的作用，可见水是一种两性溶剂。

水是两性物质，在水分子之间也发生酸碱反应，即一分子的水作为碱接收另一水分子的质子。

酸的强度取决于它给予溶剂分子的能力和溶剂分子接收质子的能力；碱的强度取决于它从溶剂分子中夺取质子的能力和溶剂分子给出质子的能力。也就是说，酸碱的强度与酸碱的性质和溶剂的性质有关。

（五）酸碱缓冲溶液

酸碱缓冲溶液是一种在一定的程度和范围内对溶液酸度起到稳定作用的溶液。含有弱酸及其共轭碱或弱碱及其共轭酸的溶液体系能够抵抗外加少量酸、碱或加水稀释，而本身 pH 基本保持不变的溶液。缓冲溶液的重要作用是控制溶液的 pH。

1. 缓冲范围

缓冲溶液抵御少量酸碱的能力，称为缓冲能力。但是，缓冲溶液的缓冲能力有一定的限度。当加入酸或碱量较大时，缓冲溶液就会失去缓冲能力。

实验表明，当 c_a/c_b 为 0.1～10 时，其缓冲能力可满足一般的实验要求，即 $pH = pK_a \pm 1$ 或 $pOH = pK_b \pm 1$ 为缓冲溶液的有效缓冲范围，超出此范围，则认为失去缓冲作用；当 $c_a/c_b = 1$ 时，缓冲能力最强。

2. 缓冲落液 pH 的计算及配制

作为控制溶液酸度的一般缓冲溶液，因为共轭酸碱组分的浓度不会很低，对计算结果也不要求十分准确，可采用近似公式进行其 pH 计算。

二、酸碱指示剂

（一）酸碱指示剂的作用原理

酸碱滴定分析中，一般利用酸碱指示剂颜色的变化来指示滴定终点。酸碱指示剂是一些有机弱酸或弱碱，这些弱酸或弱碱与其共轭碱或共轭酸具有不同的颜色。

现以酚酞指示剂（简称 PP）为例加以说明。酚酞是一有机弱酸，其 $K_a = 6 \times 10^{-10}$。

当溶液由酸性变化到碱性，平衡向右方移动，酚酞由酸式色转变为碱式色，溶液由无色变为红色；反之，由红色变为无色。

在碱性溶液中，甲基橙主要以碱式存在，溶液呈黄色。当溶液酸度增强时，平衡向右方移动，甲基橙主要以酸式存在，溶液由黄色向红色转变；反之，由红色向黄色转变。

（二）酸碱指示剂的变色范围

现以弱酸性指示剂 HIn 为例来讨论指示剂的变色与溶液 pH 之间的定量关系。

溶液的颜色完全取决于溶液的 pH。溶液中，当两种颜色的指示剂浓度大于等于 10 倍时，只能看到浓度较大的那种颜色。由于人眼对各种颜色的敏感程度不同，加上两种颜色之间的相互影响。因此，实际观察到的各种指示剂的变色范围并不都是两个 pH 单位，而是略有上下。例如，甲基橙的 $pK_{HIn} = 3.4$，理论变色范围为

2.4～4.4，而实际变色范围为3.1～4.4。这是由于人眼对红色比对黄色更为敏感的缘故。

指示剂的变色范围越窄越好，这样当溶液的 pH 稍有变化时，就能引起指示剂的颜色突变，这对提高测定的准确度是有利的。

(三) 影响指示剂变色范围的因素

影响指示剂变色范围的因素主要有两方面：一方面是影响指示剂常数 K_{HIn} 的数值，因而移动了变色范围的区间。这方面的因素如温度、溶剂的极性等，其中温度的影响较大。另一方面就是对变色范围的影响，如指示剂的用量、溶剂的用量、滴定程序等。下面分别进行讨论。

1. 温度

指示剂的变色范围和 K_{HIn} 有关，而 K_{HIn} 与温度有关，故温度改变，指示剂的变色范围也随之改变。例如，在18℃时，甲基橙的变色范围为3.1～4.4；在100℃时，则为2.5～3.7。

2. 溶剂

指示剂在不同的溶剂中，pK_{HIn} 值不同。因此，指示剂在不同溶剂中的变色范围不同。例如，甲基橙在水溶液中 $pK_{HIn} =3.4$，而在甲醇中 $pK_{HIn} =3.8$。

3. 指示剂用量

指示剂的用量（或浓度）是一个重要因素，从指示剂变色的平衡关系式可得

$$HIn \rightleftharpoons H^+ + In^- \tag{8-23}$$

如果溶液中指示剂的浓度小，则单位体积中 HIn 为数不多，加入少量标准溶液即可使之几乎完全变为 In^-，颜色变化灵敏；反之，指示剂浓度大时，发生同样的颜色变化所需要的指示剂的量也较多，致使终点时颜色变化不敏锐，而且指示剂本身也会多消耗一些滴定剂从而带来误差。这种影响对单色指示剂或双色指示剂是一样的。因此，指示剂少一点为佳。对单色指示剂来说，指示剂的用量还会影响指示剂的变色范围。例如，酚酞的酸式为无色，碱式为红色。设人眼观察碱式的红色的最低浓度为 a，它应该是固定不变的。假设指示剂的总浓度为 c，由指示剂的离解平衡式可得

$$\frac{K_{HIn}}{\left[H^+\right]} = \frac{\left[In^-\right]}{\left[HIn\right]} = \frac{a}{c-a} \tag{8-24}$$

如果 c 增大到 c'，因为 K_{HIn}、a 都是定值，为维持比值关系，$[H^+]$ 必须相应地增大。也就是说，指示剂会在较低的 pH 变色。例如，在50～100 mL 溶液中加入

2 ~ 3 滴 0.1% 酚酞，在 pH≈9 时出现微红，而在同样情况下加 10 ~ 15 滴酚酞，则在 pH≈8 时出现微红。

4. 滴定程序

由于浅色转深色明显，因此，当溶液由浅色变为深色时，肉眼容易辨认出来。例如，用碱演定酸时，以酚酞为指示剂，终点时溶液容易由无色变为红色，颜色变化明显，易于辨别；反之，则不明显，滴定剂易滴过量。同样，甲基橙由黄色变红，比由红变黄易于辨别。因此，当用碱滴定酸时，一般用酚酞作指示剂；用酸滴定碱时，一般用甲基橙作指示剂。

（四）混合指示剂

在某些酸碱滴定中，由于化学计量点附近 pH 突跃小，使用单一指示剂确定终点无法达到所需要的准确度，这时可考虑采用混合指示剂。

混合指示剂是利用颜色之间的互补作用，使变色范围变窄，从而使终点时颜色变化敏锐。它的配制方法一般有两种：一种是由两种或多种指示剂混合而成；另一种是在某种指示剂中加入一种惰性染料（其颜色不随溶液 pH 的变化而变化），由于颜色互补使变色敏锐，但变色范围不变。

三、酸碱滴定基本原理（滴定曲线）

在酸碱滴定中，要顾及被测物质能否准确被滴定，就必须了解在滴定过程中溶液 pH 的变化情况，以便选择适宜的指示剂来确定终点。要解决这个问题，就必须了解不同类型酸碱滴定过程中溶液的 pH 随滴定剂的加入而变化的情况，尤其是计量点前后 ±0.1 相对误差范围内溶液 pH 的变化情况。只有在这一 pH 范围内产生颜色变化的指示剂，才能用来确定终点。

（一）强酸强碱的滴定

滴定的基本反应为

$$HCl + NaOH \rightleftharpoons H_2O + NaCl \tag{8-25}$$

现以 NaOH（0.1000 mol/L）滴定 20.00 mL HCl（0.1000 mol/L）为例讨论。滴定过程可分为以下 4 个阶段：

1. 滴定前

溶液的酸度等于 HCl 的原始浓度。

$$\left[H^+\right] = 0.1000 mol / L，pH = 1.00 \tag{8-26}$$

2. 滴定开始至计量点前

溶液的酸度取决于剩余的 HCl 的浓度。

例如，当滴入 NaOH 溶液 19.98 mL 时

$$[H^+] = \frac{0.1000 \times 0.02}{20.00 + 19.98} \text{mol} / L = 5.0 \times 10^{-5} \text{mol} / L \tag{8-27}$$
$$pH = 4.30$$

3. 计量点时

滴入 NaOH 溶液 20.00 mL，溶液呈中性，即

$$[H^+] = [OH^-] = 1.00 \times 10^{-7} \text{mol} / L \tag{8-28}$$
$$pH = 7.00$$

4. 计量点后

溶液的碱度取决于过量 NaOH 的浓度。例如，滴入 NaOH 溶液 20.02 mL 时

$$[OH^-] = \frac{0.1000 \times 0.02}{20.00 + 20.02} \text{mol} / L = 5.0 \times 10^{-5} \text{mol} / L \tag{8-29}$$
$$pOH = 4.30$$
$$pH = 14 - pOH = 9.70$$

从滴定开始到加入 NaOH 溶液 19.98 mL，溶液 pH 仅改变了 3.30 个 pH 单位。但在计量点附近加入 1 滴 NaOH 溶液（从剩余 0.02 mL HCl 到过量 NaOH 0.02 mL）就使溶液的 pH 由 4.30 急剧改变为 9.70，增大了 5.40 个 pH 单位，即 [H⁺] 降低了 25 万倍，溶液由酸性突变到碱性。这种计量点附近 pH 的突变，称为滴定突跃。突跃所在的 pH 范围，称为滴定突跃范围。此后，再继续滴加 NaOH 溶液，溶液的 pH 变化又越来越小。

滴定突跃有重要的实际意义，它是选择指示剂的依据。凡是变色范围全部或部分落在滴定突跃范围内的指示剂都可用来指示终点。用 NaOH（0.1000 mol/L）滴定 HCl（0.1000mol/L）时，其滴定突跃的 pH 范围为 4.30 ~ 9.70。因此，酚酞、甲基红、甲基橙等都可用来指示终点。

如果反过来用 HCl（0.1000 mol/L）滴定 NaOH（0.1000 mol/L），则情况类似于 NaOH 滴定 HCl 时的滴定曲线的形状，但变化方向相反。这时，酚酞、甲基红都可选为指示剂。

酸碱的浓度可以改变滴定突跃范围的大小。若用 0.01 mol/L、0.10 mol/L、1.0mol/L 这 3 种浓度的标准溶液进行滴定，它们的突跃范围分别为 5.30 ~ 8.70，4.30 ~ 9.70，3.30 ~ 10.70。可见溶液越浓，突跃范围越大，可供选择的指示剂越多；溶液越稀，突跃范围越小，指示剂的选择就受到限制。

（二）一元弱酸（弱碱）的滴定

1. 强碱滴定弱酸

这一类型可用 NaOH（0.1000 mol/L）滴定 20.00 mL HAc（0.1000 mol/L）为例来讨论。其滴定反应为

$$HAc + OH^- = Ac^- + H_2O \tag{8-30}$$

（1）滴定前

0.1000 mol/L HAc 溶液，溶液中 H^+ 浓度为

$$\left[H^+\right] = \sqrt{K_a c_a} = \sqrt{1.8 \times 10^{-5} \times 0.1000}\, mol/L = 1.34 \times 10^{-3}\, mol/L$$
$$pH = 2.87 \tag{8-31}$$

（2）滴定开始至计量点前

由于 NaOH 的滴入，溶液中存在 HAc-NaAc 缓冲体系。其 pH 可计算为

$$\left[H^+\right] = K_a \frac{[HAc]}{\left[Ac^-\right]} \tag{8-32}$$

当加入 NaOH 19.98 mL 时，剩余 0.02 mL HAc，则

$$[HAc] = \frac{0.1000 \times 0.02}{20.00 \times 19.98}\, mol/L = 5.0 \times 10^{-5}\, mol/L$$
$$\left[Ac^-\right] = \frac{0.1000 \times 19.98}{20.00 \times 19.98}\, mol/L = 5.0 \times 10^{-2}\, mol/L \tag{8-33}$$
$$\left[H^+\right] = 1.76 \times 10^{-5} \times \frac{5.0 \times 10^{-5}}{5.0 \times 10^{-2}}\, mol/L = 1.8 \times 10^{-8}\, mol/L$$
$$pH = 7.70$$

（3）计量点时

HAc 全部被中和为 NaAc。由于 Ac^- 为一弱碱，由电解平衡可得

$$\left[OH^-\right] = \sqrt{K_b c_b} = \sqrt{\frac{K_w}{K_a} c_b} = \sqrt{\frac{1.0 \times 10^{-14}}{1.8 \times 10^{-5}} \times 0.05000}\, mol/L = 5.27 \times 10^{-6}\, mol/L$$
$$pOH = 5.28 \tag{8-34}$$
$$pH = 14 - 5.28 = 8.72$$

（4）计量点后

由于 NaOH 过量，抑制了 Ac^- 离解，此时溶液 pH 由过量的 NaOH 决定，其计算方法和强碱滴定强酸相同。例如，滴入 NaOH 20.02 mL 时

$$\left[OH^{-}\right] = \frac{0.1000 \times 0.02}{20.00 \times 20.02} mol / L = 5.0 \times 10^{-5} mol / L$$
$$pOH = 4.3 \tag{8-35}$$
$$pH = 14 - 4.30 = 9.70$$

2. 强酸滴定弱碱

这一类型可用 HCl（0.1000 mol/L）滴定 20.00 mL $NH_3 \cdot H_2O$ 溶液（0.1000 mol/L）为例进行讨论。其滴定曲线与强碱滴定弱酸相似，所不同的是溶液的 pOH 由小到大，而 pH 由大到小，所以滴定曲线的形状刚好相反。在化学计量点时，因 NH_4 显酸性，pH 也不为 7，而在偏酸性区（pH=5.23），滴定突跃为 6.34～4.30。因此，只能选用酸性范围变色的指示剂，如甲基橙、甲基红等指示终点。与强碱滴定弱酸相似，只有弱碱 $c_b K_b \geqslant 10^{-8}$ 时，才能用强酸准确滴定。

第九章 仪器分析技术

第一节 电化学分析法

一、仪器分析实验的目的和要求

(一) 仪器分析实验的教学目的

"仪器分析实验"是化学、化工、制药、环境、食品等专业本科学习的基础课之一，是一门理论性和实践性都很强的基础课程。本课程的教学目的是巩固和加深学生对各类常用仪器分析方法基本原理的理解，了解各类常用仪器分析方法的定性、定量分析技术，了解各类仪器分析方法的分析对象、应用范围，掌握数据处理与图谱分析方法，培养学生应用现代仪器分析测试技术的技能，为培养 21 世纪需要的综合性科研和应用型人才打下坚实基础。

通过本课程培养学生形成较强的实验能力、动手能力、理论联系实际的能力、统筹思维能力、创新能力、独立分析解决问题的能力、查阅手册资料并运用其数据资料的能力以及归纳总结 (实验报告) 的能力等。

(二) 仪器分析实验的基本要求

1. 课前预习，课后复习

仪器分析实验所使用的仪器一般都比较昂贵，同一实验室不可能购置多套同类型的仪器，仪器分析实验通常采用大循环方式组织教学。因此，学生在实验前必须做好预习工作，仔细阅读仪器分析实验教材、分析方法和分析仪器工作的基本原理，以及仪器主要部件的功能、操作程序和注意的事项。实验课程结束后再结合理论知识，进一步消化、复习、巩固，有利于对理论知识与实验技能的全面掌握。

2. 实验室规则

学生要在教师指导下熟悉和使用仪器，勤学好问，未经教师允许不得随意开启或关闭仪器，更不得随意旋转仪器按钮、改变仪器工作参数等。详细了解仪器的性能，防止损坏仪器或发生安全事故。实验中应始终保持实验室的整洁和安静，若发现仪器工作不正常，应及时报告教师处理。每次实验结束后，应将所用仪器复原，清洗好使用过的器皿，整理好实验室。

3. 培养良好实验习惯

在实验过程中，要认真地学习有关分析方法的基本要求；要细心观察实验现象，仔细记录实验条件和分析测试的原始数据；学会选择最佳实验条件；积极思考、勤于动手，培养良好的实验习惯和科学作风。培养良好的实验习惯需注意以下几点：① 认真听取实验前的课堂讲解，积极回答教师提出的问题。进一步明确实验原理、操作要点、注意事项，仔细观察教师的操作示范，保证基本操作规范化。② 按拟定的实验步骤操作，既要大胆又要细心，仔细观察实验现象，认真测定数据。每个测定指标至少要做 3 个平行样，有意识地培养自己高效、严谨、有序的工作作风。③ 观察到的现象和数据要如实记录在预习报告本上，做到边实验、边思考、边记录。不得用铅笔记录，原始数据不得涂改或用橡皮擦拭，如有记错可在原数据上画一横杠，再在旁边写上正确值。④ 实验中要勤于思考，仔细分析。如发现实验现象或测定数据与理论不符，应尊重实验数据，并认真分析和检查原因，也可以做对照实验、空白实验或自行设计实验来核对。⑤ 实验结束后，应立即把所用的玻璃仪器洗净，仪器复原，填好使用记录，清理好实验台面。将预习报告本交给教师检查，确定实验数据合格后，方可离开实验室。⑥ 值日生应认真打扫实验室，关好水、电、门、窗后方可离开实验室。

4. 认真写好实验报告

实验报告应简明扼要，图表清晰。实验报告的内容包括实验名称、完成日期、实验目的、方法原理、仪器名称及型号、主要仪器的工作参数、主要实验步骤、实验数据或图谱、实验现象、实验数据处理和结果处理、问题讨论等。认真写好实验报告是提高实验教学质量的一个重要环节。

(三) 仪器分析实验室的安全规则

在仪器分析化学实验中，会经常使用有腐蚀性的易燃、易爆或有毒的化学试剂，或大量使用易损的玻璃仪器和某些精密分析仪器，实验过程中也不可避免地用电、水等。为确保实验的正常进行和人身及设备安全，必须严格遵守实验室的安全规则：① 实验室内严禁饮食、吸烟，一切化学药品禁止入口，实验完必须洗手；水、电使用后应立即关闭；离开实验室时，应仔细检查水、电、门、窗是否均已关好。② 了解实验室消防器材的正确使用方法及放置的确切位置，一旦发生意外，能有针对性地扑救。实验过程中，门、窗及换风设备要打开。③ 使用电气设备时，应特别细心，切不可用潮湿的手去开启电闸和电器开关。凡是漏电的仪器不可使用，以免触电。④ 使用精密分析仪器时，应严格遵守操作规程，仪器使用完毕后，将仪器各部分复原，并关闭电源，拔去插头。⑤ 浓酸、浓碱具有腐蚀性，尤其是用浓 H_2SO_4 配制溶液时，应将浓酸缓缓注入水中，而不得将水注入酸中，以防浓酸溅在皮肤和衣服上。使用浓 HNO_3、HCl、H_2SO_4、氨水时，均应在通风橱中操作。⑥ 使用四氯化碳、乙醚、苯、丙酮、三氯甲烷等有机溶剂时，一定要远离火源和热源。使用完毕后，将试剂瓶塞好，放在阴凉（通风）处保存。低沸点的有机溶剂不能直接在火焰上或热源上加热，而应在水浴上加热。⑦ 热、浓的高氯酸遇有机物常易发生爆炸，汞盐、砷化物、氰化物等剧毒物品使用时应特别小心。⑧ 储备试剂、试液的瓶上应贴有标签，严禁非标签上的试剂装入试剂瓶。从试剂瓶中取用试剂后，应立即盖好试剂瓶盖。绝不可将已取出的试剂或试液再倒回试剂瓶中。⑨ 将温度计或玻璃管插入胶皮管或胶皮塞前，用水或甘油润滑，并用毛巾包好再插，两手不要分得太开，以免折断划伤手。⑩ 加热或进行反应时，人不得离开。⑪ 保持水槽清洁，禁止将固体物、玻璃碎片等扔入水槽，以免造成下水管堵塞。⑫ 发生事故时，要保持冷静，针对不同的情况采取相应的应急措施，防止事故扩大。

二、实验报告的撰写

（一）实验数据的表达

1.列表法
列表法表达数据，具有直观、简明的特点。实验的原始数据一般均以此方法记录。列表需标明表名。表名应简明，但又要完整地表达表中数据的含义。此外，还应说明获得数据的有关条件。表格的纵列一般为实验号，而横列为测量因素。记录数据应符合有效数字的规定，并使数字的小数点对齐，便于数据的比较分析。

2.图解法
图解法可以使测量数据间的关系表达得更为直观。在许多测量仪器中使用记录仪记录获得测量图形，利用图形可以直接或间接地求得分析结果。

（1）通过标准曲线法求值
利用变量间的定量关系图形求得未知物含量。定量分析中的标准曲线，就是将自变量浓度作为横坐标，应变量即各测定方法相应的物理量作为纵坐标，绘制标准曲线。对于欲求的未知物浓度，可以由测得的相应物理量值从标准曲线上查得。

（2）通过曲线外推法求值
分析化学测量中常用间接方求测量值。如对未知试样可以通过连续加入标准溶液，测得相应方法的物理量变化，再用外推作图法求得结果。例如，在氟离子选择电极测定饮用水中氟的实验中，就使用了格氏图解法求得氟离子含量。

(3) 求函数的极值或转折点

实验常需要确定变量之间的极大、极小、转折等，通过图形表达后，可迅速求得其值。如光谱吸收曲线中，峰值波长及它的摩尔吸光系数就能通过图形求得。

(4) 图解微分法和图解积分法

如利用图解微分法来确定电位滴定的终点，在气相色谱法中，利用图解微分法求色谱峰面积。

(二) 分析结果的数值表示

报告分析结果时，必须给出多次分析结果的平均值以及它的精密度。应当注意的是，数值所表示的准确度与测量工具、分析方法的精密度要一致。报告的数据应遵守有效数字规则。重复测量试样，平均值应报告出有效数字的可疑数。当测量值遵守正态分布规律时，其平均值为最可信赖值和最佳值，它的精密度优于个别测量值，故在计算不少于四个测量值的平均值时，平均值的有效数字位数可增加一位。一项测定完成后，仅报告平均值是不够的，还应报告这一平均值的偏差。在多数场合下，偏差值只取一位有效数字。只有在多次测量时，取两位有效数字，且最多只能取两位。最后，用置信区间来表达平均值的可靠性。

三、电位分析法

电位分析法是以测量电池电动势为基础的定量分析法，不能用于定性分析。它起源于18世纪末，是一种较古老的仪器分析方法。20世纪60年代末，离子选择性电极的出现，给电位法增添了新的活力，使电位法以全新的面貌跻身于近代仪器分析方法之列。

电位分析法包括直接电位法和电位滴定法。

直接电位法是通过测量工作电池电动势以确定待测离子活度的分析方法。

电位滴定法则是依据滴定过程中电池电动势的变化以确定滴定终点的分析方法。

电位分析法中的工作电池是由两支性质不同的电极插入同一试液中构成的。一支电极的电位随待测离子活度而变化，称为指示电极；另一支电极的电位则不受试液组成变化的影响，具有恒定的数值，称为参比电极。

电位分析所用的电极，总体上可分为参比电极和指示电极两类。每类中又有若干品种。

参比电极是测量电池电动势，计算电极电位的基准，要求它的电极电位已知且恒定。在测量过程中，即使有微小电流通过，仍能保持不变，它与不同的测试溶液之间的液体接界电位差很小，数值很低，甚至可忽略不计，并且容易制作，使用寿命长。标准氢电极（以 NHE 表示）是最精确的参比电极，其是参比电极的一级标准，它的电位值规定在任何温度下都是 0 V。用标准氢电极与另一电极组成电池，测得的电池两极的电位差即为另一电极的电极电位。但是，标准氢电极制作麻烦，氢气的净化、压力的控制等难以满足要求，而且铂黑容易中毒。因此，直接用 NHE 作参比电极很不方便，实际工作中常用的参比电极是甘汞电极和银—氯化银电极。

常用的指示电极种类很多，主要有金属基电极及近几十年来发展起来的离子选择性电极。以玻璃膜电极为例，其主要构成部分是一个玻璃泡，泡的下半部是在 SiO_2 基质中加入 Na_2O 和少量 CaO 经烧结而成的玻璃膜，膜厚 $30 \sim 100 \, \mu m$，泡内装有 pH 一定的缓冲溶液（内参比溶液），在其中插入一支银—氯化银电极作内参比电极。

玻璃膜电极中内参比电极的电位是恒定的，与待测溶液的 pH 无关。玻璃膜电极之所以能测定溶液的 pH，是由于玻璃产生的膜电位与待测溶液的 pH 有关。

玻璃膜电极在使用前必须在水中浸泡一定时间（一般 $\geqslant 24 \, h$），玻璃膜表面形成很薄的一层水化硅胶层，其厚度为 $0.05 \sim 1 \, \mu m$。玻璃膜内侧表面由于长期与内部溶液接触也形成了水化硅胶层，处于两水化硅胶层中间的是干玻璃层。

四、直接电位法

直接电位法包含的定量分析方法很多，归纳起来可分为标准比较法、标准曲线法和标准加入法等。

标准比较法是将指示电极和参比电极插入一系列含有不同活度的待测离子的标准溶液中，并在其中加入一定量的总离子强度调节缓冲液（TISAB），分别测定不同活度时电池的电动势 E，绘制 E 和 lgc 或 $E - pM$ 关系曲线。然后，把试液置于工作电池中，插入电极，测得电池的电动势 E，从标准曲线上即可查得试液的 c_x。

标准曲线法适用于批量试样的分析，同时试样中也应加入与系列标准溶液中同量的 TISAB。另外，测量系列标准溶液的 E 值时，应按溶液浓度由低到高依次测量。

上述方法只能用于测定游离离子的活（浓）度。若试样为金属离子溶液，离子强度比较大，且溶液中存在配位体，要测定金属离子总浓度（包括游离的与配位的），则可采用标准加入法。

五、电位滴定法

电位滴定法是根据滴定过程中电极电位的突跃代替指示剂颜色的变化来确定滴

定终点的一种滴定分析方法。对于一些有色溶液、浑浊溶液，或具有荧光的溶液和某些离子的连续滴定、某些非水滴定等，都可以采用电位滴定法。

电位滴定法以测量电位变化为基础，它比直接电位法具有较高的准确度和精密度，但分析时间长，如用自动电位滴定仪，再用计算机处理数据，就可达到简便快速的目的。

电位滴定法所用的基本仪器装置包括滴定管、滴定池、指示电极、参比电极、搅拌器以及测量电动势的仪器。市售的电位滴定计也是由这些部件构成的。

电位滴定法在滴定分析中应用广泛。

(一) 酸碱滴定

一般酸碱滴定都可用电位滴定法，尤其是对弱酸弱碱的滴定，使用电位滴定法更有实际意义。在滴定中，常用玻璃电极、锑电极作指示电极，用甘汞电极作参比电极。

太弱的酸和碱或不易溶于水而溶于有机溶剂的酸或碱，不能在水溶液中滴定，但可在非水溶剂中滴定。很多非水滴定都可用电位法指示终点。例如，在醋酸介质中可滴定苯胺和生物碱；在丙酮介质中可以滴定高氯酸、盐酸、水杨酸的混合物，等等。

(二) 沉淀滴定

在沉淀滴定中，使用最广泛的是银电极。参比电极用甘汞电极或玻璃电极。滴定 Ag^+ 或卤素离子时应用双盐桥甘汞电极，选用 KNO_3 作外盐桥溶液。以银电极为指示电极，可以用 $AgNO_3$ 溶液滴定 Cl^-、Br^-、I^-、SCN^-、S^{2-}、CN^- 等离子以及一些有机酸的银离子。

此外，以汞电极作指示电极，可用 $AgNO_3$ 溶液滴定 Cl^-、I^-、SCN^-、$C_2O_4^{2-}$ 等离子；用铂电极作指示电极，可用 $K_4[Fe(CN)_6]$ 溶液滴定 Pb^{2+}、Cd^{2+}、Zn^{2+}、Ba^{2+} 等离子，还可间接滴定 SO_4^{2-}。

(三) 氧化还原滴定

在氧化还原滴定中，一般以铂电极为指示电极，以甘汞电极或钨电极为参比电极。可用 $KMnO_4$ 滴定 I^-、NO_2^-、Fe^{2+}、V^{4+}、Sn^{2+}、$C_2O_4^{2-}$ 等离子，用 $K_2Cr_2O_7$ 溶液滴定 Fe^{2+}、Sn^{2+}、I^-、Sb^{3+} 等离子。

(四) 配位滴定

使用汞电极作指示电极，可用 EDAT 滴定 Cu^{2+}、Zn^{2+}、Ca^{2+}、Mg^{2+}、Al^{3+} 等多种离子。配位滴定的终点也用离子选择性电极指示。例如，钙离子电极作指示电极，可用 EDAT 滴定钙；以氟电极为指示电极，可用镧滴定氟化物。电位滴定法是把离子选择性电极的使用范围扩大化了。

　　自动电位滴定仪可更好地解决精确终点问题，尤其对批量样品的分析更能显示其优越性。目前，使用的滴定仪主要有两种类型：一种是滴定至预定终点电位时，滴定自动停止；另一种是保持滴定剂的加入速度恒定，在记录仪上记录其完整的滴定曲线，以所得曲线确定终点时滴定剂的体积。自动控制终点型仪器需事先将终点信号值（如 pH、mV）输入，当滴定到达终点后 10s 时间内电位不发生变化，若延迟电路就自动关闭电磁阀电源，不再有滴定剂滴入。曲线记录滴定仪，把滴定曲线记录在记录纸上，滴定到超过化学计量点，然后根据所记录的滴定曲线求得滴定结果。使用这些仪器，使滴定分析不需要加入指示剂，使用范围就可扩大，不仅实现了滴定操作的连续自动化，而且提高了分析的准确度。

第二节　分光光度与色谱法

一、分光光度法

　　光化学分析法可分为光谱法与非光谱法两大类。光谱法主要是基于光的吸收、发射、拉曼散射等作用而建立的分析方法，它通过检测光谱的波长和强度来进行定性和定量分析。非光谱法是指那些不以光的波长为特征信号，仅通过测量电磁辐射的某些基本性质（反射、折射、干涉、衍射及偏振等）的变化的分析方法。这类方法主要有折射法、比浊法、旋光法及衍射法等。

　　分光光度分析法是光学分析法的一种，是通过测量溶液中被测组分对一定波长光的吸收程度，以确定被测物质含量的方法。这种依据物质对光的选择性吸收而建立起来的分析方法，称为吸光光度法或分光光度法。它主要有红外吸收光谱、紫外吸收光谱、可见吸收光谱。

（一）分光光度法原理

　　基于物质对光的选择性吸收而建立的分析方法，称为吸光光度法。

　　许多物质是有颜色的，如水合铜离子呈蓝色，高锰酸钾溶液呈深紫色。另外，有些物质本身并没有颜色或有颜色但不够明显，但当它们与某些化学试剂反应后，则可生成颜色明显的物质，如 Fe^{3+} 和 SCN^- 反应可生成血红色物质。这些有色溶液颜色的深浅与这些物质的浓度有关，溶液越浓则颜色越深。因此，可通过比较溶液颜色深浅来测定物质的浓度，这种测定的方法称为比色分析法。

目前，人们已广泛地使用分光光度法进行这种分析。它不仅可测定有色物质，而且对一些无色物质也可以测定；不仅可用于定量分析，也可用于定性分析，显然拓宽了比色分析的范围，故又将这类分析方法称为分光光度法。它包括可见–紫外分光光度法、红外分光光度法等。一般就将上述方法统称为吸光光度法。本部分只介绍可见光区的吸光光度法。与质量法、容量法等相比，吸光光度法具有以下特点：

1. 灵敏度高

吸光光度法用于定量分析时，所测试液的浓度下限可达 $10^{-6} \sim 10^{-5}$ mol/L，相当于 0.001% ~ 0.0001% 的微量组分，因而具有较高的灵敏度，可适用于微量组分的测定。近年来合成的系列新显色剂，将吸光光度法应用领域拓宽到了痕量组分。

2. 准确度高

吸光光度法测定的相对误差为 2% ~ 5%，其准确度虽不如容量法和质量法，但对微量维分的测定已是比较满意了，因为此时用容量和质量法测定也不够准确，甚至无法进行测定。

3. 操作简便，测定速度快

所用仪器简单，操作简便。进行分析时，试样处理成溶液后，一般只经历显色和测定两个步骤，就可得出分析结果。

4. 应用广泛

仪器价格便宜，应用广泛。几乎所有无机离子和大多数有机物都可直接或间接地用此方法测定。另外，此方法通常还用于测定配合物的配合比、配合物及酸碱物质的平衡常数等。因此，吸光光度法对于生产和科研都有着极其重要的意义。

(二) 物质对光的选择性吸收

已知，光是一种电磁波。可见光、紫外线、红外线、X 射线等都是电磁波。各种电磁波的区别在于它们的频率 (或波长) 不同。不同频率的光，其能量也不同。它们的关系为

$$E = \mathrm{h}\nu \text{ 或 } E = \mathrm{h}\frac{c}{\lambda} \tag{9-1}$$

上式表明，波长越短，则 E 越大，所以短波能量高，长波能量低。同一波长的光称为单色光。波长在 400 ~ 750 nm 范围内的电磁波，依不同的波长而呈现红、橙、黄、绿、青、蓝、紫等颜色。人眼能感受到的阳光或白炽灯所发出的光，就是由 400 ~ 750 nm 的各种波长的单色光混合而成的。由此可知，白光为复色光。

当一束白光通过某一有色溶液时，一部分波长的光被吸收，另一部分波长的光

则透过。例如，$KMnO_4$ 溶液吸收绿色的光，透过紫红色的光，因而 $KMnO_4$ 溶液呈现紫红色。当两种光按一定的比例组成白光时，常称这两种光为互补色光，两种颜色互为补色。在可见光区，不同波长的光呈现不同颜色，溶液的颜色由透射光的波长所决定。物质呈现颜色是物质对不同波长的光选择性吸收的结果。以上只是从有色溶液对各种色光选择性吸收来定性说明有色溶液的颜色。一种有色溶液选择性地吸收哪些波长的光，可用有色溶液的光吸收曲线来定量描述。所谓光吸收曲线，就是用不同波长的光照射某一固定浓度和液层厚度的溶液时，测量每一波长下，此溶液对光的吸收程度（称为吸光度，用 A 表示）。

以吸光度 A 值为纵坐标，相对波长 λ 的 nm 值为横坐标，绘制作图，则得到一曲线。这种描述某组分吸光度 A 值与波长 λ(nm) 的函数关系曲线，常称为吸收曲线。$KMnO_4$ 溶液对 525 nm 的光的吸收最强。在吸收程度最大处的波长称为最大吸收波长，用 λ_{max} 表示。

不同物质的吸收曲线的形状和 λ_{max} 也不相同，根据这个特性可用作物质的初步定性分析。如果溶液的浓度不同，吸光度 A 值也不同，但吸收曲线形状相同，最大吸收波长 λ_{max} 不变，可见在最大吸收波长处测定吸光度，其灵敏度最高。因此，吸收曲线是吸光度法选择测定波长及进行初步定性分析的重要依据。

(三) 光吸收的基本定律

光吸收定律，即朗伯 – 比尔定律，也简称为比尔定律，是由实验事实总结得出的。它定量地说明了物质对光的选择性吸收的程度与物质浓度及液层厚度间的关系，是吸光度法定量分析的理论基础。

当一束平行单色光通过液层厚度为 b（cm）的有色溶液时，I_0 为入射光强度；I_t 为透射光的强度。溶质吸收了光能，光的强度就要减弱。溶液的浓度越大，通过的液层厚度越大，则光被吸收得越多，光强度减弱也越显著。描述它们之间定量关系的定律称为光的吸收定律。

将朗伯定律与比尔定律结合起来，就称为朗伯 – 比尔定律，可表示为

$$A = \lg \frac{I_0}{I_t} = Kbc \tag{9-2}$$

式中 A——吸光度；

I_0——入射光强度；

I_t——透射光强度；

K——比例常数；

b——吸收池液层厚度（光程长度）；

c——有色溶液的浓度。

其物理意义是，当一束单色平行光照射并通过均匀的、非散射的吸光物质溶液时，溶液中质点的吸光度 A 与溶液浓度和液层厚度的乘积成正比。

朗伯 – 比尔定律不仅适用于溶液，也适用于其他均匀非散射的吸光物质（气体或固体）。

在吸光光度法中，有时也用透光率 T 来表示物质吸收光的能力大小，透光率是透射光强度 I_t 与入射光强度 I_0 之比，即

$$T = \frac{I_t}{I_0} \tag{9-3}$$

T 与 A 之间的关系为

$$T = \frac{1}{A} \tag{9-4}$$

K 值表示单位浓度、单位液层厚度的吸光度，它是与吸光物质性质及入射光波长有关的常数，是吸光物质的重要特征值。

K 值的表示方法依赖于溶液浓度的表示方法，在液层厚度 b 以 cm 为单位时，系数 K 的名称、数值及单位均随溶液浓度单位而变。这里介绍两种表示方法：

① 浓度以 g/L 为单位时，将 K 称为光系数，以 a 表示，单位为 L/（g·cm），即

$$A = abc \tag{9-5}$$

② 浓度以 mol/L 为单位时，则将系数 K 称为摩尔吸光系数，以 ε 表示，单位为 L/（mol·cm），即

$$A = \varepsilon bc \quad A = \varepsilon bc \tag{9-6}$$

a 与 ε 的关系为

$$\varepsilon = Ma \tag{9-7}$$

式中 M——吸光物质的摩尔质量。

吸光光度法主要应用于微量和痕量组分的测定，有时也用于某些高含量物质的分析，近年来还用于多组分物质的分析。定量分析方法很多，应根据测定对象和目的加以选择。对于单组分的定量测定，可选择常规定量分析方法；如果测定高浓度溶液，可采用示差分光光度法。

（四）定量分析方法

1. 比较法

比较法又称为标准对照法。在最大吸收波长处分别测出试样溶液 c_X 和标准溶液

c_S 的吸光度 A_x 和 A_s，进行比较即可直接求得样品的浓度。

因为 $A_x = \varepsilon c_x b, A_s = \varepsilon c_s b$，所以

$$c_x = \frac{A_x}{A_s} \cdot c_s \tag{9-8}$$

2. 标准曲线法

该法应用得最为广泛。配制一系列（一般为 5 ~ 8 个）浓度不同的标准溶液，显色后分别在最大吸收波长处测定各自的吸光度，然后以标准溶液浓度为横坐标，以相应的吸光度为纵坐标，绘制 $A-c$ 工作曲线。如果符合光吸收定律，则可得一条通过坐标原点的直线。在相同的条件下测定样品溶液的吸光度 A_x，就可从工作曲线上查出对应 A_x 的浓度 c_x。在固定仪器和方法的条件下，工作曲线可以长期多次使用，必要时可定期核对，此法常用于工厂中的例行分析。

3. 标准加入法

标准加入法也称增量法。这里只介绍一次标准加入法。取一份浓度为 c_x 的试液测其吸光度，设为 A_x；再取一等份该试液，加入一定量的待测物质的标准溶液使其浓度增加 c_k，再测其吸光度设为 A_{x+k}。

因为 $A_x = \varepsilon c_x b$，$A_{x+k} = \varepsilon(c_x + c_k)b$，所以

$$c_x = \frac{A_x c_k}{A_{x+k} - A_x} \tag{9-9}$$

4. 示差分光光度法

当待测组分含量高，溶液的浓度大时，吸光度值往往超出读数的范围，无法直接测定。此时，可采用示差分光光度法。

示差分光光度法是用来测定常量组分的，采用一个比待测试液浓度稍低的标准溶液作为参比溶液，设参比标准溶液浓度为 c_X，待测试液为 c_s，且 $c_x > c_s$。根据朗伯—比尔定律，可得

$$A_x = \varepsilon c_x b \quad A_s = \varepsilon c_s b$$
$$A_x - A_s = \varepsilon b c_x - \varepsilon b c_s = \varepsilon b(c_x - c_s) \tag{9-10}$$

则

$$\Delta A = \varepsilon b \Delta c \tag{9-11}$$

吸光度差值与浓度差值成正比关系。这就是示差分光光度法的基本原理。因为是用已知浓度的标准溶液为参比液，在仪器上调试为"零"（T=100%），故测得的吸光度就是待测试液与参比溶液的吸光度差值（相对吸光度）。此法可测定 Mo、W、

Ta、Ti、Al、SiO_3^{2-} 等高含量组分。

示差法在实际应用时受到一定限制，因为使用一定浓度的标准溶液作为参比溶液时，透射光强度减弱，为了调至100%透光度，就必须提高光源强度，增宽狭缝或提高仪器的灵敏度。这样，往往会使光谱通带变宽（单色光纯度变劣），噪声增大，结果造成测定灵敏度下降和工作曲线的线性关系破坏。

二、色谱法

色谱法是一种用来分离、分析多组分混合物质的极有效方法。它的分离原理是基于混合物各组分在互不相溶的两相间进行反复多次的分配。由于组分性质和结构上的差异，在色谱柱中的前进速度有所不同，从而按不同的顺序先后流出。这种利用物质在两相间进行分配而使混合物中各组分分离的技术，称为色谱分离技术。这种分离技术与适当的柱后检测方法相结合，应用于分析化学领域中，就是色谱分离分析法。色谱分析已成为近代分析方法中的重要手段之一。通常所说的色谱即指色谱分析法，又称色层法、层析法。

（一）色谱法的分类及特点

1. 色谱法的分类

色谱分析法有很多种类，从不同的角度出发，可有不同的分类方法。

（1）从两相的状态分类

色谱法中，流动相可以是气体，也可以是液体，由此可分为气相色谱法（GC）和液相色谱法（LC）。固定相既可以是固体，也可以是涂在固体上的液体，由此又可将气相色谱法和液相色谱法分为气—液色谱、气—固色谱、液—液色谱、液—固色谱。

（2）从固定相的形式分类

① 柱色谱。固定相装在色谱柱中。

② 纸色谱。利用滤纸作载体，吸附在纸上的水作固定相。

③ 薄层色谱。将固体吸附剂在玻璃板或塑料板上制成薄层作固定相。

（3）按分离原理分类

① 吸附色谱法。利用吸附剂（固定相一般是固体）表面对不同组分吸附能力的差别进行分离的方法。

② 分配色谱法。利用不同组分在两相间的分配系数的差别进行分离的方法。

③ 离子交换色谱。利用溶液中不同离子与离子交换剂间交换能力的不同而进行分离的方法。

④ 空间排斥（阻）色谱法。利用多孔性物质对不同大小的分子的排阻作用进行分离的方法。

2. 色谱法的特点

（1）分离效能高

色谱法能在较短的时间内对组成极为复杂、各组分性质极为相近的混合物进行分离和测定。例如，在气相色谱中，用空心毛细管柱一次可解决石油馏分中的几十个、上百个组分的分离和测定。同位素、顺 – 反异构体、旋光异构体等都可利用气相色谱法分离和测定。

（2）分析速度快

一般只需几分钟或几十分钟便可完成一个试样的分析。

（3）应用范围广

可分析无机或有机的气态、液态和固态物质。不适合于色谱分离或检测的物质，可通过化学衍生等方法转化为适于色谱分离和分析的物质。色谱法几乎能分析所有的化学物质。

色谱法的缺点是对未知物的定性分析比较困难。如果没有待测物的纯品或相应的色谱定性数据相对照，则很难根据色谱峰给出定性结果。为了分离和鉴定有机混合物，常常把色谱方法的高效分离能力和质谱或光谱的鉴别能力结合在一起，发展各种联用技术。近年来，发展了气相色谱 – 质谱、气相色谱 – 傅里叶变换红外光谱、高效液相色谱 – 电喷雾质谱、气相色谱 – 等离子发射光谱等联用技术，解决了未知物的定性分析问题，为色谱分析开辟了新的途径。

（二）气相色谱

气相色谱仪大致可分为 6 大系统，即气路系统、进样系统、分离系统、检测系统、数据处理系统及温控系统。

进行气相色谱法分析时，载气（一般用氮气或氢气）由高压钢瓶供给，经减压阀减压后，载气进入净化管干燥净化，然后由稳压阀控制载气的流量和压力，并由流量计显示载气进入柱之前的流量后，以稳定的压力进入气化室、色谱柱、检测器后放空。当气化室中注入样品时，样品瞬间气化并被载气带入色谱柱进行分离。分离后的各组分先后流出色谱柱进入检测器，检测器将其浓度信号转变成电信号，再经放大器放大后在记录器上显示出来，就得到了色谱的流出曲线。

（三）气相色谱法结果分析

1.定性分析

一个混合物样品，经气相色谱分离后，得到了一系列的色谱峰，我们的首要任务是定性分析鉴别这些峰是属于什么物质。

任何一种物质在选定的色谱条件下都有其确定的保留值，依据这一特性即可定性。常有以下3种方法：

（1）利用保留时间定性

该法比较简单、方便。在一定的色谱条件下，将未知样、标准物质分别进样，测量它们的 t_R 进行比较。如果未知样的组分与标准物质有相同的 t_N，就认为它们属于同一物质。

也可测量 V_R 或 X_R 进行定性，而且 V_R 不受载气流速变化的影响。

峰加高的方法也常使用。其做法是：取少量试样，加入一定的标准物质，混合均匀试样，观察加入标准物质前后色谱峰高的变化。如果峰加高，则峰加高前的峰与加高的峰就属于同一物质。

这种定性方法的可靠性欠佳，因为不同的物质可能有相同的 t_R，所以可用其他定性方法加以检验。

（2）利用比保留体积定性

因为比保留体积为每克固定液校正到273K时的净保留体积，即

$$V_g = \frac{273}{T_c} \cdot \frac{V_N}{m_t} = \frac{jV_R^{'}}{m_t} \cdot \frac{273}{T_c}$$ (9-12)

组分的 V 只与 T 有关，与固定液含量、载气流速等无关。计算出组分的 V 与标样的 V 进行比较即可定性，这也是一种常用的定性方法。但要注意，由于固定液在柱温和载气流速的影响下总会流失，计算出的 V 值也会发生变化，影响定性的准确性。

（3）利用相对保留值定性

用相对保留值定性可依据下式，即

$$\gamma_{i,s} = \frac{t_{R(i)}^{'}}{t_{R(s)}^{'}} = \frac{V_{g(i)}}{V_{g(s)}} = \frac{K_i}{K_s}$$ (9-13)

由公式可知，$\gamma_{i,s}$ 值只与固定液性质、组分的性质及柱温有关，而与固定液的含量及其他操作条件无关，测量比较准确。

测定时，选择某化合物为 s，在相同色谱条件下，分别测出未知样和标准物质

中各组分的值加以比较。当未知样和标准物质中相应组分的 $\gamma_{i,s}$ 值相同时，即认为它们属于同一物质，这样就可以鉴别出未知样的各组分属于何物。

2.气相色谱法的定量分析

进行气相色谱法的定量分析时，除将各组分很好地分离外，还必须准确测量峰面积或峰高，确定峰面积或峰高与组分质量的关系，选择合适的定量计算方法，才能获得准确的定量分析结果。

（1）色谱峰面积的测定

对于积分式检测器，流出曲线的台阶高度正比于该组分的含量，定量方式简便。对于微分式检测器，流出曲线的色谱峰上各点仅表示组分在该瞬间的量，而色谱峰曲线与基准线间的整个面积才表示该组分的总量，现在的气相色谱工作站都能根据要求自动积分出峰面积。

（2）定量校正因子的确定

气相色谱定量分析的基础是依据载气带入检测器中的组分量 Q 与检测器所产生的响应值（色谱峰面积 A 或峰高 h）成正比，即

$$Q = f'A \tag{9-14}$$

式中，比例常数 f' 称为该组分的定量校正因子。若 Q 的单位（随检测器类型不同）采用质量、摩尔或体积表示，对应的 f' 有质量校正因子、摩尔校正因子和体积校正因子。

校正后的峰面积可定量地代表该组分的含量。为了消除定量校正因子在检测时所受的影响，现在多用组分与规定的基准物 st（参比物质）的相对校正因子作定量分析，热导检测器则多以苯作为基准物，氢火焰离子化检测器多以正庚烷作基准物。

第三节　光谱法

一、吸收光谱分析技术

（一）透光度与吸光度

当一束单色平行光通过均匀而透明的溶液时可分成几部分：一部分被容器的表面散射或反射；还有一部分被吸收；仅有一部分透过溶液（透射）。设入射光的强度为 I_0，反射光的强度为 I_r，吸收光的强度为 I_a，透射光的强度为 I，则

$$I_0 = I_r + I_a + I \tag{9-15}$$

在吸收光谱法分析中，测量时采用同样材质的比色皿，反射光强度基本不变，影响相互抵消，于是上式可简化为

$$I_0 = I_a + I \tag{9-16}$$

透射光强度 I 与入射光强度 I_0 之比称为透光度，用 T 表示，则

$$T = \frac{I}{I_0} \tag{9-17}$$

透光度 T 的负对数称为吸光度，用 A 表示。则吸光度 A 与透光度 T 之间的关系是：

$$A = -\lg T = -\lg \frac{I}{I_0} = \lg \frac{I_0}{I} \tag{9-18}$$

实际工作中常用吸光度 A 表示物质对光的吸收程度，由上式可见，溶液对光的吸收越多，T 值越小，A 值越大。

(二) 吸收光谱分析法的基本定律

1. Lambert-Beer (朗伯 – 比尔) 定律

Lambert-Beer (朗伯 – 比尔) 定律是讨论吸收光与溶液浓度和液层厚度之间关系的基本定律，它是分光分析的理论基础。当入射光波长一定时，溶液的吸光度 A 只与溶液的浓度和液层厚度有关。Lambert (朗伯) 和 Beer (比尔) 分别于 1760 年和 1852 年研究了溶液的吸光度与液层厚度和溶液浓度间的定量关系。

Lambert 定律表述为当一束平行的单色光照射一固定浓度的溶液时，溶液的吸光度与光透过的液层厚度成正比，即

$$A = KL \tag{9-19}$$

式中: L 为液层厚度; K 为吸光系数。

Beer 定律表述为当一束平行的单色光照射一溶液时，若液层厚度一定，则溶液的吸光度与溶液浓度成正比，即

$$A = Kc \tag{9-20}$$

式中: c 为溶液浓度; K 为吸光系数。

将 Lambert 定律和 Beer 定律合并，可得 Lambert-Beer 定律，即

$$A = KcL \tag{9-21}$$

上式称为 Lambert-Beer 定律的数学表达式。式中的 K 为吸光系数，它是吸光物质在单位浓度、单位液层厚度时的吸光度，与溶液的性质、温度及入射光的波长等

有关。Lambert-Beer 定律的物理意义：当一束平行的单色光通过均匀透明的溶液时，该溶液对光的吸收程度与溶液中物质的浓度和光通过的液层厚度的乘积成正比。

朗伯 – 比尔定律不仅适用于可见光区，也适用于紫外光区和红外光区；不仅适用于溶液，也适用于其他均匀的、非散射的吸光物质（包括气体和液体）。因此，它是各类吸光光度法定量的依据。

2. 吸光系数

Lambert-Beer 定律中的吸光系数 K 的物理意义：吸光物质在单位浓度及单位液层厚度时的吸光度。在给定条件（单色光波长、溶剂、温度等）下，K 是物质的特征常数，只与该物质分子在基态和激发态之间的跃迁概率有关。若溶液的浓度 c 以 g/L 为单位，b 为吸光池厚度即光通过溶液的距离，以 cm 为单位，则吸光系数 K 的单位为 L/（g·cm）。不同物质对同一波长的单色光有不同的 K，它可作为物质定性的依据。在吸光度与浓度及液层厚度之间的直线关系中，K 是斜率，是定量的依据，K 值越大，则测定的灵敏度越高。K 常有以下两种表示方法：

（1）摩尔吸光系数

摩尔吸光系数用 ε 表示，其物理意义是 1 mol/L 浓度的溶液在液层厚度为 1 cm 时的吸光度。

（2）比吸光系数（或称百分吸光系数）

比吸光系数用 $E_{1cm}^{1/r}$ 表示，是指浓度为 1%（1 g/100 mL）的溶液在液层厚度为 1 cm 时的吸光度。一般常在化合物成分不明、相对分子质量未知的情况下采用。

两种吸光系数之间的关系为

$$\varepsilon = \frac{M}{10} \cdot E_{1cm}^{1/r} \tag{9-22}$$

式中：M 是吸光物质的摩尔质量。

摩尔吸光系数一般不超过 10^5 数量级。通常将 ε 值达到 10^4 的划为强吸收，小于 10^2 的划为弱吸收，介于两者之间的划为中强吸收。

（三）偏离朗伯 – 比尔定律的因素

根据 Lambert-Beer 定律，当波长和强度一定的入射光通过液层厚度一定的溶液时，物质的吸光度与其浓度成正比。因此，在固定液层厚度及入射光强度和波长的条件下，测定一系列已知浓度标准溶液的吸光度时，以吸光度为纵坐标，浓度为横坐标，应得到一条通过原点的直线（称为标准曲线或工作曲线）。但在实际测定中，特别是溶液浓度较高时，标准曲线容易出现弯曲，这种偏离直线的现象称为对 Lambert-Beer 定律的偏离。导致偏离的因素很多，主要有光学和化学方面的因素。

1. 光学因素

Lambert-Beer 定律成立的重要前提是单色光，但在实际测定中，使用的入射光并不是严格的单色光，常有其他波长的杂光混入，而非单色光是引起偏离的主要因素，其原因是物质溶液对不同波长光的吸收率是不同的，一种有色溶液只对某一波长的光产生最大吸收。

2. 化学因素

浓度、pH、溶剂和温度等因素均可影响化学平衡，因被测物的解离、结合和形成新的配合物等原因导致溶液或各组分间比例发生变化。若各组分的吸收系数差别较大，则吸光度与浓度间的关系偏离直线。应用 Lambert-Beer 定律的实际工作中，溶液应该是一个均匀体系，否则就可能在液层厚度一定的条件下，吸光度与溶液的浓度不呈直线关系。

3. 透光度读数误差

为了减少误差，掌握好仪器的透光度或吸光度的读数范围是至关重要的，因为透光度或吸光度的准确度是衡量仪器精度的指标之一。

(四) 吸收光谱分析的特点

1. 可见光分光分析特点

可见光分光分析一般称为比色分析，具有以下特点：

(1) 操作简便、快速，选择性好

选用灵敏度高的显色剂，只和被测液组分发生反应，很少与其他无关组分生成干扰色，无须分离步骤。显色后即可直接测定，而且显色反应快且完全，反应产物稳定。

(2) 可见光的吸收池只需光学玻璃作入射或出射光面即可

虽然比色分析法有许多优点，但仍存在一定的局限性，如测定过程中需有标准品，有些反应的显色剂本身的颜色会影响测定的专一性和灵敏度。

2. 紫外分光分析特点

紫外分光分析法除具备灵敏度高、操作简便及应用广泛等特点外，更重要的是无须显色，无论是无色还是有色溶液，只要在紫外光区有特异性吸收峰，即可进行定性或定量分析。有机化合物中的 π 键的存在，是有机化合物在近紫外光区及可见光区产生吸收或"生色"作用的首要条件。含有 π 键的不饱和官能团，称为发色团或生色团。某些化合物本身不产生紫外吸收，但由于它的存在能使发色基团的吸收峰产生位移或改变峰强弱的基团，称为助色团。有些溶剂，特别是极性溶剂，对吸收峰的位置有很大的影响。这是因为溶剂和溶质之间常生成氢键，或者溶剂的偶极使溶质的极性增强，从而引起 $n \to \pi$ 和 $\pi \to \pi$ 跃迁，导致产生的吸收峰位置移动。某些常见的发色团和助色团在饱和化合物中的最大吸收峰都在紫外光区或近紫外光区。这类物质均可在一定条件下无须显色而直接用紫外分光光度计进行测定，同样符合 Lambert-Beer 定律。

　　紫外分光分析法的吸收池要求用不吸收紫外线的石英玻璃作为入射或出射的光学面。紫外分光分析法除可采用标准品比较检测外，还可采用被测物质的摩尔吸光系数计算其含量，而无须标准管。

　　(五) 可见 – 紫外光分光分析

　　1. 分光光度计的组成
　　分光光度计种类很多，一般包括光源、单色器、吸收池、检测器和指示器五大部件。
　　(1) 光源
　　光源可以发射出供溶液或吸收物质选择性吸收的光。光源发出的光，强度大，有良好的稳定性，且在整个光谱区域内光的强度不随波长有明显的变化。但几乎所有的光源的强度都随波长而改变，为解决这一问题，一般在分光光度计内装有光强度补偿凸轮，该凸轮与狭缝联动，使狭缝的开启大小随波长而改变，以补偿光强度随波长的变化而改变。
　　分光光度计共设有两种类型的光源，即白炽光和氢弧灯或氢灯。白炽光源使用钨丝灯或碘钨灯，能发射出 350 ~ 2500 nm 波长范围的连续光谱，而适用范围是 360 ~ 1000 nm，是可见光分光光度计的光源。氢灯或氘灯能发射 150 ~ 400 nm 波长范围的连续光谱，是紫外分光光度计的光源，仪器均装有稳压装置。
　　(2) 单色器
　　将来自光源的光按波长的长短顺序分散为单色光并能随意改变波长的一种分光部件，包括入口狭缝、色散元件、出口狭缝和准直镜四部分。其中，色散元件是单色器的主要组成部分，一般为三棱镜或光栅或滤光片。
　　(3) 吸收池
　　吸收池又称为比色皿或比色杯等。常用的吸收池是用无色透明、耐腐蚀的玻璃或石英材料制成的，前者用于可见光区，后者用于紫外光区，吸收池光程有 0.1 ~ 10 cm 不等，其中以 1 cm 为最多。同一种吸收池上下厚度必须一致，装入同一种溶液时，于同一波长下测定其透光度，两者误差应在透光度 0.2% ~ 0.5%。
　　(4) 检测器
　　检测器的作用是检测通过溶液后的光强度并把光信号转变成电信号。常见的检测器有硒光电池、光电管和光电倍增管，后两者主要用于分光光度计。

（5）指示器

常用仪器指示器有光电检流计、微安表、记录器和数字显示器等。光电检流计和微安表指示器的标尺上刻有透光度（T）和吸光度（A）。

2. 分光光度分析的定性和定量方法

（1）定性分析

定性分析即根据物质的最大吸收波长（λ_{max}）和摩尔吸光系数（ε）对待测物质进行分析。λ_{max} 即最大吸收峰对应的波长，其求法是将一系列不同波长的单色光照射同一固定浓度的待测物溶液，可测得相应的吸光度。以吸光度为纵坐标、以波长为横坐标，绘制待测液的吸收曲线，从曲线上可以找出 λ_{max}。

摩尔吸光系数 ε 的测定通常需要配制 3 种不同浓度的待测物溶液，分别在 λ_{max} 处测出其吸光度，再根据 Lambert-Beer 定律 $\varepsilon = A / (Lc)$，求出 3 个 ε 的平均值，将测得的 λ_{max} 和 ε 值与标准品比较，即可对待测物进行定性分析。具体可用于以下几个方面：

① 比较物质吸收光谱的一致性

同一物质在同一条件下其吸收光谱应完全一致。在定性分析时，分别绘制纯化样品和标准纯品的吸收光谱。如无标准，可利用现成的标准光谱图（从文献和参考书中可查到），比较两者吸收峰的数目、位置、相对强度和形状。如两者的吸收峰完全一致，可初步确定两者具有相同的生色基团，样品和标准可能为同一化合物。

② 比较物质的最大吸收波长及 λ_{max} 的一致性

有些物质具有相同的生色基团，虽然分子结构不同但吸收光谱却相同，但它们的吸光系数是有差别的，在比较整个光谱图的同时，还要比较 λ_{max}、ε、$E_{1cm}^{1\%}$ 的一致性。如整个吸收光谱相同，而且 λ_{max}、ε 或 $E_{1cm}^{1\%}$ 也完全相同，则可认为它们是同一物质。

③ 与其他方法结合分析

因为大多数化合物的紫外 – 可见吸收光谱吸收峰的谱带较宽，特征性不明显，仅仅依靠紫外 – 可见吸收光谱来定性鉴定化合物，其可信程度是极为有限的，往往还需要结合红外光谱、色谱、质谱或核磁共振波谱等的特征，才能作出可靠的鉴定。但比较样品与标准品的吸收光谱，对于纯度的鉴定却很有用处，若发现样品的吸收光谱存在有异常吸收峰，则可以认为是由于样品中存在杂质。

（2）定量分析

紫外 – 可见分光光度法最主要的应用是定量分析。按照 Lambert-Beer 定律，溶液中溶质的吸光度与溶质的浓度成正比。在一特定波长下测出溶液的吸光度即可计算出溶液的浓度。在应用紫外 – 可见分光光度法进行定量分析时，常使用下列方法：

① 标准曲线（工作曲线）法

配制含与被测组分相同成分的一系列浓度不同的标准溶液，按一定的操作方法显色后（紫外分析可不显色），在与被测组分相同的最大吸收波长 $\lambda_{\max}$ 下分别测定各标准溶液的吸光度（A），以吸光度为纵坐标，标准溶液的浓度（C）为横坐标，绘出浓度 – 吸光度关系曲线，即标准曲线。

标准曲线的制备，根据 Lambert-Beer 定律，标准溶液的浓度在一定范围内与吸光度呈直线关系，标准曲线是这种直线关系的描述，它的根据数学上最小二乘法原理求得的。如何准确而简便地拟合和使用标准曲线，是医学检验最重要的问题。

② 直接对比测定法

此法又称标准对比法。当标准曲线是一条通过坐标原点的直线时，可将样品溶液和标准品溶液在相同条件下分别测定各自的吸光度。因为是同一物质在相同条件下测定，根据 Lambert-Beer 定律，待测样品浓度可用下式计算：

$$c_x = \frac{A_x}{A_s} c_s \qquad (9\text{-}23)$$

由测得的样品溶液的吸光度和标准品溶液的浓度即可计算得到样品溶液的浓度。用对比法定量时，为了减少误差，选用的标准品溶液的浓度应尽可能接近于样品溶液的浓度。

③ 差示分光光度法

当溶液浓度过高或过低时，测得的吸光度偏大，往往使结果的相对误差增加。在此情况下，用差示分光光度法可减少误差，提高测量的准确性。它是用一个已知浓度的样品作为参比溶液调零，然后测定同种未知浓度样品溶液的吸光度，这就减少了相对误差。此法提高准确度是把透光度标尺扩展了 10 倍，从而减少了测定误差。用此法测定高浓度样品，不需稀释，只需用略低于样品浓度的已知浓度的样品来代替空白进行测定即可。因此，此法非常适用测定高吸收情况下的微量变化。它把量程范围扩展了，故又称此法为扩展量程光度法。

④ 多组分混合物的测定

当样品中有两种或两种以上的组分共存时，可根据各组分吸收光谱的重叠程度，选用不同的定量方法。最简单的情况是各组分的吸收峰互不干扰，这时可按单组分的测定方法，选取测定波长，分别测定各组分的含量。但在混合物测定中，遇到更多的情况是各组分的吸收峰相互重叠。在此情况下，可采用解联立方程法、等吸收点法、双波长法等解决定量中的干扰问题。

二、荧光分析

(一) 基本原理

物质中的分子在吸收光能后可由基态跃迁到激发态，当从激发态返回基态时，发出比原激发光频率较低的荧光，此现象称为光致发光。激发光源一般为紫外光，而发出的荧光多为可见光。对于一种浓度较低的荧光物质，在一定范围内，其荧光强度与溶液浓度呈线性关系，据此可测定荧光物质的含量。

在定量测定时，应选择一物质的最大激发波长 (λ_{max}) 和最大荧光波长 (λ_{max})，这就需要先获知激发光谱和荧光光谱。测定不同波长激发光时的荧光强度，以激发光波长为横坐标，荧光强度为纵坐标，所得曲线即为激发光谱。荧光强度最大时的激发光波长称为最大激发波长；以此类推，在最大激发波长时测定不同波长的荧光强度，以荧光波长为横坐标、以荧光强度为纵坐标作图，所得曲线即为荧光光谱。

(二) 应用

荧光分析法具有灵敏度高 (其检测范围达 $10^{-6} \sim 10^{-4}$ g/L，甚至可达 $10^{-9} \sim 10^{-7}$ g/L)、特异性强、操作简便和样品用量少等优点。不足之处：应用范围有一定的局限性，因为许多物质不能发射荧光；测定条件严格；仪器价格较贵。

荧光分析法在医学检验和医学研究中有较广泛的应用，适用于生物体内微量的有机物和体内代谢产物的监测和测定，如某些激素及其代谢产物、单胺类神经递质和生物活性物质 (儿茶酚胺、组胺等)、某些维生素、过氧化脂质及部分药物浓度的测定。

三、火焰光度分析

火焰光度分析即火焰发射光谱法，是利用火焰作为激发光源对待测元素进行原子分析的一种方法，属于原子发射光谱分析的一种。

(一) 基本原理

火焰光度分析是指在一定条件下，以火焰作为激发源提供能量，使样品中的待测元素原子化，由于原子能级的变化，产生特征的发射谱线。在一定范围内，发射强度与物质 (元素) 浓度成正比，由此可对该元素进行定量分析。金属元素经燃烧激发可产生特定颜色的火焰。如钠的火焰呈黄色，光谱波长为 589 nm；钾的火焰呈深红色，光谱波长为 767 nm。定量分析时可分别选用不同的波长进行测定。

（二）应用

火焰光度分析具有简单、快速、灵敏度高、取样少、误差小（1%～2%）等优点。主要缺点是火焰的温度和稳定性受多种因素影响（如燃气的组分、纯度与压力，喷雾的速率，仪器的稳定性等），测试前需严格调试。火焰光度分析广泛用于医疗卫生的临床化验及病理研究，如对精神病患者服用锂盐的检测。此外，还适用于农业、工业、食品行业对钾、钠、锂、钙的测定，如肥料中的钾的测定，矿石、岩石、硅酸盐中的钠、钾的测定及油脂中锂的测定等。

四、透射和散射光谱分析法

散射光谱分析法为主要测定光线通过溶液混悬颗粒后的光吸收或光散射程度的一类定量方法。测定过程与比色法类同，常用方法为比浊法，主要有透射比浊法和散射比浊法。

（一）透射比浊法

当光线通过混浊介质溶液的混悬颗粒时，出现光散射作用，散射光强度与溶液中混悬颗粒的量成正比，这种测定光吸收量的方法称为透射比浊法。

（二）散射比浊法

当光线通过一种混浊介质溶液时，由于溶液中存在混悬颗粒，光线被吸收一部分，吸收的多少与混悬颗粒的量成正比，这种测定光散射强度的方法称为散射比浊法。

透射比浊法和散射比浊法在临床上多用于对抗原或抗体的定量分析。现在已有多项免疫学指标，如免疫球蛋白、补体及其他蛋白质（如载脂蛋白）等都采用免疫比浊法进行快速定量。

第十章 实验室废弃物处理

第一节 废弃物的分类与危害

一、废弃物分类及来源

(一) 实验室废弃物的分类

实验室废弃物有多种分类方法,如按照废弃物的化学性质分类,可以分为有机废弃物和无机废弃物。其中,实验室有机废弃物是指在实验活动中产生的丧失原有利用价值或者虽未丧失利用价值但被抛弃或者放弃的固态、液态或者气态的有机类物质,包含挥发性有机物(苯、甲苯、甲醇、乙醇、丙酮、乙醚等)、卤代烃(氯仿、二氟二氯甲烷、二氯乙烯、氯苯等)、多环芳烃(萘、蒽、菲、芘等)、有机金属化合物(甲基汞、四乙基铅、三丁锡等)等;无机废弃物有重金属(如 Cu、Pb、Ni、Hg、Cd、Sn 等)以及无机化合物(HCl、H_2SO_4、$NaOH$、CS_2、HCN、KCN、CO、I_2 等)等。

按废弃物的危害程度来分,可以分为一般废弃物和有害废弃物。一般废弃物是指比较常见的、对环境和人体相对安全的废弃物,如实验室中装试剂及仪器的包装纸盒、废纸、废塑料、玻璃瓶、废铁等。一般废弃物经过回收处理后大多可以成为再生产品。有害废弃物,即危险废弃物,是指具有腐蚀性、毒性、易燃易爆性、反应性或者感染性等一种或者几种危险特性的废弃物。

实验室废弃物还可以分为化学性废弃物、生物性废弃物和放射性废弃物三种。化学性废弃物是指实验室中使用或产生的废弃化学试剂、药品、样品、分析残液及盛装危险化学品的容器、被危险化学品污染的包装物和其他列入国家危险废物名录或者根据国家规定的危险废物鉴别标准和鉴别方法认定的具有危险特性的废弃物。生物性废弃物主要是开展生物性实验的实验室产生的,包括实验过程中使用过或培养产生的动植物的组织或器官、动物尸体、组织液及代谢物、微生物(细菌、真菌和病毒等)、培养基等,还包括被微生物污染的实验耗材、实验垃圾等。这些实验废弃物若未经严格灭菌处理而直接排出,会造成严重的生物性污染后果。放射性废弃物是指含有放射性核素或被放射性核素污染,其浓度或比活度大于规定的清洁解控水平，并且预计不再利用的物质，一般在一些生物实验室、医学实验室及矿物冶炼方面的实验室会产生放射性废弃物。

按照废弃物状态，可分为固体废弃物、废液及废气。实验室的固体废物是实验活动中产生的固态或半固态废弃物，包括残留的固体试剂、多余固体试剂、沉淀絮凝反应所产生的沉淀残渣、消耗和破损的实验用品（如玻璃器皿、包装材料等）、残留的或失效的固体化学试剂以及生活垃圾等；废液主要有酸碱性废水、挥发性有机溶剂、低挥发性有机溶剂、含卤素有机溶剂、含重金属废液、含盐废液等；废气有易挥发的有机蒸气、悬浮颗粒、有毒有害气体（CO、SO_2、Cl_2、NO_x 等）。实验室中废弃物的种类和排放量与所进行的试验有关。

（二）实验室废弃物的来源

1. 固体废弃物的来源

实验室固体废弃物来源广泛，成分复杂。例如，有实验原料、废弃的实验产物、破碎器皿、试剂瓶、废弃的破旧仪器设备以及生活垃圾等。在化学实验中，实验室的废弃实验产物中，有未反应的原料、副产物、中间产物；有化学反应中添加的辅助试剂，如催化剂、助催化剂的剩余物；还有化工单元操作中产生的固体废弃物，如精馏残渣及吸附剂等。在生物实验中，不仅会有固体培养基等废弃物，还会产生大量的实验器械与耗材类废弃物，如吸头、吸管、离心管、注射器、手套等一次性用品。在食品实验室，会有下脚料、添加剂等固体废弃物产生。实验室固体废弃物堆放在实验室中，一方面会占用实验室空间，影响实验室观感；另一方面，固体废弃物中的一些有毒有害物质会挥发到空气中，对实验人员造成伤害。未经处理而放置于环境中的固体废弃物会在自然环境条件作用下，释放有害气体、粉尘或滋生有害生物，产生恶臭味，或是其中的有毒有害物质被雨水冲刷后进入土壤以及水体，造成污染。

2. 废液的来源

实验室废液主要有有机废液（如苯、甲苯、乙醇、卤化有机物废液等）及废水（如含重金属废水、含盐废液、废酸、废碱液、含有机物废水等）。实验室废液中污染物的种类以及排出量与相应的实验有关，不同行业在进行科研实验时产生废液的量及含有的污染物不同。如石油化工、冶金工业、纺织印染以及造纸等轻工业这些都是产生废水非常严重的行业。在炼油过程中会产生大量的含油废水以及高酸碱的废水，因而实验室模拟生产也就会产生这些废液；在进行冶金方面科研的实验室会有含有金属离子的废水大量产生；在轻工行业中，如制浆造纸实验过程中有碱煮、漂白等工序，会消耗大量的水，而碱、蒸煮添加剂、漂白剂以及木质素等残留在水中，也会产生大量的废水；在制药、日化行业，会产生大量的有机废液以及含有各种有机物、无机物的废水。

3. 废气的来源

实验室产生的废气有挥发性有机物、粉尘、有毒有害气体等。在化学、食品、制药等实验室都会用到有机溶剂，有些溶剂容易挥发，如苯、甲苯、甲醛、二氯甲烷、乙醚、丙酮等容易挥发到空气中，对空气造成污染，人长时间待在其中会危害身体健康。还有一些化学试剂，如盐酸、硝酸、三氟乙酸等，在使用过程中也会产生酸雾。而在一些实验室中会有大量的粉尘产生，如金属加工会产生金属粉尘、面粉加工实验室会产生面粉粉尘、纳米材料实验室也会有纳米颗粒悬浮在空气中，这些粉尘达到一定浓度遇明火会引起粉尘爆炸，人长期吸入也会对人体造成危害。在一些医学、生物学的实验室中会产生生物污染物，如一些病毒、致病菌等会扩散到空气中，经呼吸道吸入引起人体病害。还有就是在实验过程中产生的有毒有害气体，如 CO、Cl_2、SO_2、NO_2、H_2S 等。

二、废弃物危害

我国拥有各类高校、科研单位、卫生、检验检疫、环保以及企业的实验室超过2万家，这些实验室在运行过程中会产生大量废弃物，很多含有剧毒、致突变、致畸形、致癌等物质。这些废弃物，如果不经处理或处理不善，将对相关人员的生命健康和环境安全造成严重危害。例如，上海一所中学的一位清洁工，在打扫卫生时看到一个玻璃瓶，便打算清洗再利用，不料，瓶子中有化学品残留物，遇水突然发生强烈反应并导致瓶子炸裂，致使她的面部和手部多处划伤；2003年，我国台湾地区研究 SARS 病毒的科研人员在实验室清除废弃物时出现疏失，导致感染 SARS 病毒。

(一) 对人体的危害

科研人员暴露在有害的实验室废弃物中会对人体产生毒害作用，主要有中毒、腐蚀、引起刺激、过敏、缺氧、昏迷、麻醉、致癌、致畸、致突变、尘肺等。在实验室环境中，有毒害作用的废弃物可通过直接接触以及空气、食物、饮水等方式对人体造成伤害。如操作不当或防护不当，在处理废弃物的过程中皮肤直接碰触到有毒有害的废弃物，可导致皮肤脱落，引起皮肤干燥、粗糙、疼痛、皮炎等症状，有的化学物品、致病菌、病毒可能通过皮肤进入血管或脂肪组织，侵害人体健康；实验室废弃物中的有机物 (如苯、甲苯等) 会挥发到空气中，长时间吸入可引起头痛、头昏、乏力、苍白、视力减退、中毒等症状，长期在这种环境中会造成免疫力下降，增加患癌症的风险；在一些管理不严格的实验室，实验人员将饮用水、食物等带到实验室，飘浮在空气中的有害物质会附着在食品上，同时残留在手上的试剂等有害物质也会通过饮食进入体内，危害人体健康；另外，排放到环境中的废弃物会将有害物质释放到空气、水及土壤中，然后经过植物、动物的富集，最终通过饮食将有害物质富集到人体中。如日本水俣病事件就是含有重金属汞的废液排放到水体后转化为甲基汞，鱼虾生活在被污染的水体中渐渐被甲基汞所污染，而居民长期食用这些鱼虾以后，最终汞在体内富集，造成严重伤害。

（二）对环境的危害

随着高校、科研单位、卫生、检验检疫、环保以及企业的实验室的科研活动越来越频繁深入，实验室试剂的用量和废弃物的排放量也在迅速增长，废气、废液、固体废弃物等的排放及其污染问题日渐凸显，越来越引起社会的关注。实验室产生的废弃物不仅会直接污染环境，而且有些化学废弃物在环境中经化学或生物转化形成二次污染，危害更大。固体废物对环境污染的危害具有长期潜在性，其危害可能在数十年后才能表现出来，而且一旦造成污染危害，由于其具有的反应呆滞性和不可稀释性，一般难以清除。一些实验室的酸碱废液及有机废液不经处理便经下水道排放，日积月累的任意排放必定会成为污染源，如富含氮、磷的废水会使水体富营养化，水中藻类和微生物大量繁殖生长，消耗大量溶解在水中的氧气，造成水体缺氧，导致鱼类无法生存，破坏水中的生态系统。而且大量藻类死亡后会发生腐烂，释放出甲烷、硫化氢、氨等难闻气味，造成严重的环境污染。高校及科研单位的实验室一般都在城市人口密集区，其众多的实验室同时长期的通过通风橱向外排放实验中产生的有毒有害气体，会对附近的空气质量产生影响。

（三）废弃物贮存一般注意事项

实验室每次产生的废弃物量较少，且废弃物种类不同、性质各异，一般是分类收集废弃物到一定量后再集中处理，或是交由具备相应处置资质的单位处理。因此，在废弃物处理前需要对不同废弃物进行分类收集、贮存，避免其扩散、流失、渗漏或产生交叉污染。在贮存实验室废弃物时，应达到以下要求：①贮存区域要远离热源，通风良好，对高温易爆或易腐败的废弃物还应在低温下贮存。②在常温常压下易爆、易燃及排出有毒气体的危险废弃物必须进行预处理，使之稳定后贮存，否则，按易燃、易爆危险品贮存，并尽快处理。③危险废弃物必须装入容器内，容器要完好无损，且容器材质和衬里不能与危险废弃物反应。④禁止将不相容（相互反应）的危险废弃物在同一容器内混装，如过氧化物与有机物；氰化物、硫化物、次氯酸盐与酸；盐酸、氢氟酸等挥发性酸与不挥发性酸；浓硫酸、磺酸、羟基酸、聚磷酸等酸类与其他的酸；铵盐、挥发性胺与碱。⑤ 装载液体、半固体危险废弃物的容器内必须预留足够的空间，以防止膨胀，确保容器内的液体废弃物在正常的处理、存放及运输时，不因温度或其他物理状况的改变而膨胀，造成容器泄漏或变形。⑥ 对实验使用后的培养基、标本和菌种保存液、一次性的医疗用品及一次性的器械，都应严格按规定进行有效消毒并放置到指定的容器内。⑦ 实验过程中产生的放射性废弃物应同人类生活环境长期隔离，利用专用容器收集、包装、贮存，指定专人负责保管，并采取有效防火、防盗等安全措施，严防放射性物质泄漏。⑧ 盛装危险废弃物的容器上必须粘贴标签，标明成分、含量等信息。

第二节　废弃物的处理原则与方法

一、废弃物处理原则及注意事项

废弃物处理就是通过有效的方法对其中可再利用的部分进行回收，使废弃物可以再资源化，变废为宝，对无法利用或回收成本过高的废弃物进行无害化处理，达到国家相关标准后排放。

(一) 普通废弃物的处理原则

① 实验室要严格遵守国家环境保护工作的有关规定，不随意排放废气、废液、固体废弃物，不得污染环境。

② 处理废弃物的过程中尽量不产生新的废弃物，能回收利用的废弃物在合理的成本条件下回收，不浪费，循环使用。

③ 对于量少或浓度不大的废弃物，可以在经过无害化的处理以后排入或倒入专门的废液缸中统一处理，如不超过环境中的最高允许值，可以随下水道排出。

④ 对于量大或浓度较大的废弃物可以进行回收处理，达到废弃物的资源化利用的目的。

⑤ 对特殊的废弃物则要进行单独的收集，如贵重金属废液或废渣，单独收集可以便于对其进行回收处理。

⑥ 不能混合的废弃物或者是混合后会不利于处理的废弃物，要分类并且及时地采取措施处理。

⑦ 无论液体还是固体，凡能安全焚烧者则焚烧，但数量不宜太大，焚烧时不能

产生有害气体或焚烧残余物。如不能焚烧时，要选择安全场所，按照要求填埋，不得使其裸露在地面上。

⑧ 废液处理前可尽量浓缩，进行减量化处理，减少贮存体积以及后续处理量。

⑨ 对具有放射性的废弃物，放射性水平极低的废液可采取排入海洋、河流和湖泊等水域的方法，利用水体的稀释及扩散作用将其放射性水平降至安全无害的水平；而对于其他放射性水平的放射性废液，需要采取措施，采取将其与人类的生活环境长期隔离，让其自然衰变，等待放射性废液的放射性水平降至最低限度。

（二）处理时注意事项

① 不同的废弃物要分类收集、贮存，并制定相应的处理方法。实验室废弃物处理时，要根据废弃物的物性、组成、浓度、有害性、易燃易爆性、感染性、放射性等进行不同的处理。不同的废弃物应有不同的贮存方法，不能随意倒入下水道，也不能随意丢弃在垃圾桶。尤其对具有危害性、污染性、感染性、易燃易爆性废弃物的处理，应制定相应的处理措施，在实验室预处理的基础上，进行统一收集处理，并有一定的规范记录。

② 废弃物的性质、组成不同，在处理过程中，可能会有产生有毒有害气体、大量放热、爆炸等危险发生。因此，处理前必须充分了解废弃物的性质，分析处理过程中可能出现的状况，避免发生或提前做好应对措施，然后再进行处理。在处理过程中，必须边操作边注意观察，一定要有安全意识。

③ 在收集贮存前，要了解各废弃物之间的相容性，不同废弃物在混合放置之前要检测其相容性，禁止将不相容的废液混装在同一废液桶内，以防发生化学反应出现爆炸、有毒气体释放等危险情况。同时，废弃物盛装容器上要有显著的标签，按标签指示分门别类倒入相应的废液收集桶中，且要及时密封，防止有害物质挥发出来。

④ 要选择没有破损及不会被废液腐蚀的容器进行收集。将所收集的废液的成分及含量，标记明显的标签，并置于安全的地点保存。特别是量大的废液，尤其要十分注意。

⑤ 不能随意掩埋、丢弃有害、有毒废渣、废弃化学品，须放入专门的收集桶中。危险物品的空器皿、包装物等，必须完全消除危害后，才能改为他用或弃用。

⑥ 对浓度较小或者量小的废物，经无害化处理后可以排放或倒入废液缸中统一处理。对浓度较高或者量大的废物应及时回收处理，或定期统一处理。

⑦ 有些废液不能互相混合，过氧化物与有机物；氰化物、硫化物、次氯酸盐与酸；盐酸、氢氟酸等挥发性酸与不挥发性酸；浓硫酸、磺酸、羟基酸、聚磷酸等酸

类与其他的酸；铵盐、挥发性胺与碱。

⑧ 对有臭味的废弃物（如硫醇）、会释放出有毒有害气体的废弃物及易燃的废弃物要进行适当的处理，防止泄漏出来，并尽快处理。

⑨ 对含有过氧化物、硝化甘油之类的爆炸性物质的废弃物，要谨慎处理，远离热源，避免碰撞摩擦，并应尽快处理。

⑩ 在实验过程中，由于操作不慎、容器破损等原因，造成危险物质撒泼或倾翻在地上，要及时快速进行处理，降低人员在危害物中的暴露风险。首先，是要用药剂与危害物进行中和、氧化或还原等反应，破坏或减弱其危害性；其次，用大量水喷射冲洗。如为固体污染物，可先扫除再用水冲；如为黏稠状污染物、油漆等不易冲洗物，可用沙揉搓和铲除；如为渗透性污物，如联苯胺、煤焦油等，经洗刷后再用蒸气促其蒸发来清除污染。

二、废弃物处理方法

（一）固体废弃物的处理

实验室产生的有害固体废弃物通常量不多，但也不能与生活垃圾混在一起丢弃，必须按规定进行处理，方法有化学稳定、土地填埋、焚烧处理、生物处理等。若固体废弃物可以燃烧，应及时焚烧处理；若为非可燃性固体废弃物，应加漂白粉进行氯化消毒后，进行填埋处理；一次性使用制品，如手套、帽子、口罩、滴管等，使用后应放入指定容器收集后焚烧；可重复利用的玻璃器材，可先用 1～3g/L 有效氯溶液浸泡 2～6h，再清洗后重新使用或废弃；盛标本的玻璃、塑料、搪瓷容器，可煮沸 15min，或用 1g/L 有效氯漂白粉澄清液浸泡 2～6h 消毒后，再用洗涤剂及清水刷洗、沥干；若曾用于微生物培养，须用压力蒸气灭菌后使用。常见的处理方式有以下几种：

1. 对固体废弃物的预处理

固体废弃物复杂多样，其形状、大小、结构与性质各异，为了使其转变得更适合运输、贮存、资源化利用，以及可利用某一特定的处理方式的状态，往往需要进行一些前期准备加工程序，即预处理。预处理的目的是使废弃物减容以利于运输、贮存、焚烧或填埋等。固体废弃物的预处理一般可分为两种情况：一种情况是分选作业之前的预处理，主要包括筛分、分级、压实、破碎和粉磨等操作，使得废弃物单体分离或分成适当的级别，更有利于下一步工序的进行；另一种情况是运输前或处理前的预处理，通过物理或化学的方法来完成，主要包括破碎、压缩和各种固化方法等的操作。预处理的操作常常涉及其中某些目标物质的分离和集中，同时，往往又是有用成分从中回收的过程。

2. 物理法处理固体废弃物

指的是通过利用固体废弃物物理化学性质，用合适的方法从其中分选或者分离出有用和有害的固体物质。常用的分选方法有重力分选、电力分选、磁力分选、弹道分选、光电分选、浮选和摩擦分选等。

3. 化学法处理固体废弃物

指的是通过让固体废弃物发生一系列的化学变化，进而可以转换成能够回收的有用物质或能源。常见的化学处理方法有煅烧、焙烧、烧结、热分解、溶剂浸出、电力辐射、焚烧等。

4. 生物法处理固体废弃物

指的是利用微生物的作用来处理固体废弃物。此方法主要是利用微生物本身的生物—化学作用，使复杂的有机物降解成为简单的小分子物质，使有毒的物质转化成为无毒的物质。常见的生物处理法有沼气发酵和堆肥。

5. 固体废弃物的最终处理

对于没有任何利用价值或暂时不能回收利用的有毒有害固体废弃物，就需要进行最终处理。常见的最终处理的方法有焚烧法、掩埋法、海洋投弃法等。但是，固体废弃物在掩埋和投弃入海洋之前都需要进行无害化的处理，而且深埋在远离人类聚集的指定的地点，并要对掩埋地点做下记录。

（二）废液的处理

废液的处理方法有物理法、化学法及生物法。

物理法处理主要是利用物理原理和机械作用，对废液进行治理，方法简便易行，是废水处理的重要方法。物理法包含有沉淀法、气浮法、过滤法、吸附法、离子交换法、膜处理等方法。沉淀法是利用污染物与水密度的差异，使水中悬浮污染物分离出来，从而达到废水处理的目的。沉淀法可以单独作为废水的处理方法，也可以作为生物法的预处理。气浮法是通过将空气通入废水中，并形成大量的微小气泡。这些气泡附着在悬浮颗粒上，共同快速上浮到水面，实现颗粒与水的快速分离。形成的浮渣用刮渣机从气浮池中排出。气浮法特别适合于去除密度接近于水的颗粒，如水中的细小悬浮物、藻类、微絮体、悬浮油、乳化油等。过滤法是利用过滤介质将废水中的悬浮物截留。吸附法是利用具有较大吸附能力的吸附剂，如活性炭，使水中的污染物被吸附在固体表面而去除的方法。离子交换法是利用离子交换剂的离子交换作用来置换废水中离子态污染物的方法，常用的离子交换剂有沸石、离子交换树脂等。膜处理是新兴的废水处理技术，是利用半渗透膜进行分子过滤，使废水中的水通过特殊的膜材料，而水中的悬浮物和溶质被分离在膜的另一边，从而达到废水处理的目的。

化学法是指向废水中加入化学物质，使之与污染物发生化学反应。通过化学反应使污染物转变为无害的新物质，或者转变成易分离的物质，再设法将其分离除去。常见的化学法有中和法、化学沉淀法、氧化还原法、混凝法等。中和法常用于废酸液和废碱液的处理。实验室废水中有较多的含酸废水和含碱废水，可将废酸液和废碱液混合，或加入化学药剂，将溶液的 pH 调至中性附近，消除其危害。化学沉淀法是通过向废液中投加化学物质，与污染物发生反应生成沉淀，再通过沉降、离心、过滤等方法进行固液分离，从而达到去除污染物的目的。该方法是处理含重金属离子的废液最有效的方法。氧化还原法是通过氧化还原反应将废液中的污染物转化为无毒或毒性较小的物质，达到净化废液的目的，电解法也属于氧化还原法。常用的氧化剂有空气中的氧、纯氧、臭氧、氯气、漂白粉、次氯酸钠、高锰酸钾等；常用的还原剂有硫酸亚铁、亚硫酸盐、氯化亚铁、铁屑、锌粉、硼氢化钠等。混凝法是通过向废液中加入混凝剂，使得其中的污染物颗粒成絮凝体沉降而达到去除目的。常用的混凝剂有明矾、硫酸亚铁、聚丙烯酰胺等。

生物法是利用微生物的新陈代谢作用将有机污染物降解，适用于含有机物废水的处理。生物法可分为好氧生物处理法、厌氧生物生物处理法以及生物酶处理法。好氧生物处理法是微生物在有氧的条件下，利用废水中的有机污染物质作为营养源进行新陈代谢活动，有机污染物被降解及转化。厌氧处理法是利用厌氧微生物或兼氧微生物将有机物降解为甲烷、二氧化碳等物质。生物酶处理法是在废水中加入酶制剂，使有机污染物与酶反应形成游离基，然后游离基发生化学聚合反应生成高分子化合物沉淀而被去除。

(三) 废气的处理

实验室的废气具有量少且多变的特点。对于废气的处理就应满足两点要求：第一个要求是要控制实验环境里的有害气体不得超过现行规定的空气中的有害物质的最高容许的浓度；第二个要求是要控制排出的气体不得超过居民区大气中有害物质的最高容许浓度。实验室排出的废气量较少时，一般可由通风装置直接排出室外，但排气口必须高于附近屋顶3m。少数实验室若排放毒性大且量较多的气体，可参考工业废气处理办法，在排放废气之前，采用吸收、吸附、回流燃烧等方法进行预处理。

1. 吸收法

采用合适的液体作为吸收剂来处理废气，达到除去其中有毒害气体的目的的方法。一般分为物理吸收和化学吸收两种。比较常见的吸收溶液有水、酸性溶液、碱性溶液、有机溶液和氧化剂溶液。它们可以被用于净化含有 SO_2、Cl_2、NO_4、H_2S、HF、NH_3、HCl、酸雾、汞蒸气、各种有机蒸气以及沥青烟等废气。有些溶液在吸收完废气后，又可以被用于配制某些定性化学试剂的母液。

2. 固体吸附法

吸附是一种常见的废气净化方法，一般适合用于对废气中含有的低浓度的污染物质的净化，是利用表面积、多孔的吸附剂的吸附作用，将废气中含有的污染物（吸附质）吸附在吸附剂表面，从而达到分离有害物质、净化气体的目的。根据吸附剂与吸附质之间的作用力不同，可分为物理吸附（通过分子间的范德华力作用）和化学吸附（化学键作用）。常见的吸附剂有活性炭、活性氧化铝、硅胶、硅藻土以及分子筛等。吸附常见的有机及无机气体，可以选择将适量活性炭或者新制取的木炭粉，放入有残留废气的容器中；若要选择性吸收 H_2S、SO_2 及汞蒸气，可以用硅藻土；分子筛可以选择性吸附 NO_x、CS_2、H_2S、NH_3、CCl_4、烃类等气体。

3. 回流法

对于易液化的气体，可以通过特定的装置使易挥发的污染物，在通过装置时可以在空气中冷液化为液体，再沿着长玻璃管的内壁回流到特定的反应装置中。如在制取溴苯时，可以在装置上连接一根足够长的玻璃管，使蒸发出来的苯或溴沿着长玻璃管内壁回流到反应装置中。

4. 燃烧法

通过燃烧的方法来去除有毒害气体。这是一种有效的处理有机气体的方法，尤其适合处理量大而浓度比较低的含有苯类、酮类、醛类、醇类等各种有机物的废气。如对于 CO 尾气的处理以及 H_2S 等的处理，一般都会采用此法。

5. 颗粒物的捕集

在废气中去除或捕集那些以固态的或液态形式存在的颗粒污染物，这个过程一般称为除尘。除尘的工艺过程是先将含尘气体引入具有一种或是几种不同作用力的除尘器中，使颗粒物相对于运载气流可以产生一定的位移，从而达到从气流中分离出来的目的，然后颗粒物沉降到捕集器表面上被捕集。根据颗粒物的分离原理，除尘装置一般可以分为过滤式除尘器、机械式除尘器、湿式除尘器及静电除尘器。

6. 其他方法

还有其他的一些方法可以净化空气，如：臭氧氧化法，可与很多无机及有机污染物发生氧化还原反应，达到降解污染物、净化气体的目的；光催化技术可将气体中的有机物降解；等离子体技术，是利用高能电子射线激发、离解、电离废气中各组分，使其处于活化状态，再发生反应将有害物转化为无害物质形式的一种方法，可以处理成分复杂的废气。

(四) 放射性废弃物处理

采用一般的物理方法、化学方法及生物方法处理放射性废弃物无法将放射性物质去除或破坏，只有依靠其自身的衰变使其放射性衰减到一定的水平，如碘 -131、磷 -32 等半衰期短的放射性废弃物，通常在放置十个半衰期后才进行排放或焚烧处理。而对于许多半衰期十分长的放射性废弃物，如铁 -59、钴 -60 等，以及一些放射性废弃物衰变成新的放射物，则需经过专门的处理后，装入特定容器集中埋于放射性废弃物坑内。

①放射性废气。通常会先进行预过滤，再通过高效过滤后排出。

②放射性废液。如果其放射性水平符合国家放射性污染排放标准可以将其排入下水道，但必须注意排水系统，不能使其造成放射性物质积累而使放射性水平超标。放射性水平比容许排放的水平高的液体废弃物应贮存起来，让其逐渐衰变至安全水平，或者采取某种特殊方法处理。放射性废液的处理方法主要有稀释排放法、放置衰变法、混凝沉降法、离子变换法、蒸发法、沥青固化法、水泥固化法、塑料固化法、玻璃固化法等。

③放射性固体废弃物主要是指被放射性物质污染而不能再用的各种物体。固态废物须贮存起来等待处理或让其放射性衰变。处理方法主要有焚烧、压缩、去污、包装等。

(五) 生物性废弃物处理

实验室废弃物中的生物活性实验材料特别是细胞和微生物必须及时进行灭活和消毒处理。微生物培养过的琼脂平板应采用压力灭菌 30min，趁热将琼脂倒弃处理，未经有效处理的固体废弃培养基不能作为日常生活垃圾处置；液体废弃物如菌液等需用 15% 次氯酸钠消毒 30min，稀释后排放，以最大限度地减轻对周围环境的影响。尿液、唾液、血液等样本加漂白粉搅拌作用 2 ~ 4h 后，倒入化粪池或厕所，或进行焚烧处理。

同时，无论在动物房或实验室，凡废弃的实验动物尸体或器官必须及时按要求进行消毒，并用专用塑料袋密封后冷冻储存，统一送有关部门集中焚烧处理，禁止随意丢弃动物尸体与器官；严禁随意堆放动物排泄物，与动物有关的垃圾必须存放在指定的塑料垃圾袋内，并及时用过氧乙酸消毒处理后方可运离实验室。

高级别生物安全实验室的污染物和废弃物的排放的首要原则是必须在实验室内对所有的废弃物进行净化、高压灭菌或焚烧，确保感染性生物因子的"零排放"。

生物实验过程中产生的一次性使用的制品，如手套、帽子、工作服、口罩、吸头、吸管、离心管、注射器、包装等，使用后应放入污物袋内集中烧毁；可重复利用的玻璃器材，如玻片、吸管、玻璃瓶等可以用 1~3g/L 有效氯溶液浸泡 2~6h，然后清洗重新使用，或者废弃；盛标本的玻璃、塑料、搪瓷容器煮沸 15min 或者用 1g/L 有效氯漂白粉澄清液浸泡 2~6h，消毒后可清洗重新使用；无法回收利用的器材，尤其是废弃的锐器（如污染的一次性针头、碎玻璃等），因容易致人损伤，通过耐扎容器分类收集后应送焚烧站焚烧毁形后掩埋处理。

（六）常见废弃物的处理

1. 废酸、废碱液的处理

在实验室中，经常要用到各种酸、碱，并产生较多的废酸液、废碱液。对废酸、废碱液的处理一般采取中和法，即调 pH 至中性左右。一般是将收集的废酸废碱倒进废液缸相互中和或加入酸碱物质进行中和。例如，含无机酸类废液，将废酸液慢慢倒入过量的含碳酸钠或氢氧化钙的水溶液中或用废碱互相中和；含氢氧化钠、氨水的废碱液，用盐酸或硫酸溶液中和，或用废酸互相中和。当溶液 pH 调至 6~8 时，再用大量水把它稀释到 1% 以下的浓度后，即可排放。排放后用大量的清水冲洗。

2. 含磷废液的处理

对含有黄磷、磷化氢、卤氧化磷、卤化磷、硫化磷等废液，可在碱性条件下，先用双氧水将其氧化后作为磷酸盐废液进行处理。对缩聚磷酸盐的废液，应用硫酸将其酸化，然后将其煮沸进行水解处理。

3. 含无机卤化物废液的处理

对含无机卤化物的废液处理，如含 $AlBr_3$、$AlCl_3$、$SnCl_2$、$TiCl_4$、$FeCl_3$ 等无机类卤化物的废液，可将其放入蒸发皿中，撒上 1:1 的高岭土与碳酸钠干燥混合物，将它们充分混合后，喷洒 1:1 的氨水，至没有 NH_4Cl 白烟放出为止。再将其中和，静置析出沉淀。再将沉淀物过滤掉，滤液中若无重金属离子，则用大量水稀释滤液，即可进行排放。

4. 含氟废液的处理

在处理含氟废液时，在废液中加入消石灰乳，至废液呈碱性为止，充分搅拌后，静置一段时间，再进行过滤除去沉淀。滤液作为含碱废液进行处理。若此法不能将含氟量降低到 8mg/kg 以下，则要进一步降低含氟量，可用阴离子交换树脂做进一步处理。

5. 重金属离子废液的处理

对含有锌、镉、汞、锰等重金属离子的废液的处理常采用化学沉淀法，常用的有硫化物沉淀法和碱液沉淀法。即加入碱或硫化钠，使重金属离子变成难溶性的氢氧化物或硫化物而沉积下来，然后再通过过滤除去含重金属的沉淀。

碱液沉淀法的操作步骤如下：首先，在废液中注入 $FeCl_3$ 或 $Fe_2(SO_4)_3$ 后，充分搅拌；其次，将 $Ca(OH)_2$ 制成乳状后再加入上述废液中，调节 pH 为 9 ~ 11，如果 pH 过高，沉淀便会溶解；再次，静置过夜，过滤沉淀物；最后，滤液中经检查无重金属离子后，即可进行排放。常见的含重金属废液的处理如下：

（1）含铬废液的处理

实验室可采用氧化还原 – 中和法处理含铬废液，即向含铬废液中投加还原剂（如硫酸亚铁、亚硫酸氢钠、二氧化硫、水合肼等），在酸性条件下将 Cr（Ⅵ）还原至 Cr（Ⅲ），然后投加碱剂（如氢氧化钠、氢氧化钙、碳酸钠等），调节 pH 至中性左右，使 Cr^{3+} 形成低毒性的 Cr（OH）沉淀除去，并经脱水干燥后综合利用。

（2）汞的处理

温度计等含汞玻璃仪器不小心打碎致使汞撒漏，须立即用滴管、毛笔等收集起来用水覆盖，并在地面喷洒 20% 三氯化铁水溶液或硫黄粉后清扫干净。如室内汞蒸气浓度 > $0.01mg/m^3$ 可用碘净化，生成不易挥发的碘化汞。含汞的废气可以通过高锰酸钾溶液，除去汞而排放。

含汞盐的废液处理有化学凝聚法和汞齐提取法。化学凝聚法可先调节 pH 至 6 ~ 10，加入过量硫化钠，生成硫化汞沉淀，再加入硫酸亚铁等混凝剂，过滤掉沉淀，滤液可用活性炭吸附或离子交换等方法进一步处理。汞齐提取法是在含汞废液中加入锌屑或铝屑，锌或铝可将废液中的汞置换析出来。此外，汞还能与锌生成锌汞齐，从而使废水达到净化的目的。

（3）含砷废液的处理

可以加入 FeCl 溶液及石灰乳，调 pH 至 8 ~ 10，使砷化物沉淀而分离。也可以在废液中加入硫化钠生成硫化砷而除去。

（4）含锰废物的处理

含锰离子废液可以与碱、碳酸盐及硫化物反应生成相应的氢氧化锰、碳酸锰及硫化锰沉淀，过滤后去除，滤液可直接排放。用作催化剂的二氧化锰可加快反应速度，但本身并没有损耗。其回收处理方法是，将混合物溶解于水，经多次洗涤、过滤，再把滤渣蒸干便可得到二氧化锰。

（5）含钡废液的处理

含钡废液的处理，只要在废液中加入 Na_2SO_4 溶液，过滤掉生成的沉淀物 $BaSO_4$ 后，滤液即可进行排放。

（6）含银废液的处理

含有银的废液可用沉淀法、电解法以及置换法处理。实验室由于废液产生的量相对较少，一般常用沉淀法处理，即加入硫化物或氯化钠、盐酸，产生硫化银或氯化银沉淀，过滤、去除、回收。

（7）含铅废液处理

含铅废液处理可用石灰乳做沉淀剂，使 Pb^{2+} 生成 $Pb(OH)_2$ 沉淀，再吸收空气中的 CO_2 气体变为溶解度更小的 $PbCO_3$ 沉淀，沉淀经洗涤、过滤后可回收利用。

6. 氰化物的处理

在废液中加入 NaOH 溶液，调 pH 至碱性，然后加入约 10% 的 NaOCl，搅拌约 20min，再加入 NaOCl 溶液，搅拌后，放置数小时，加入盐酸，调节 pH 至 7.5～8.5，放置过夜。加入过量的 Na_2SO_3，还原剩余的氯。经检测废液确实没有 CN^- 后才可排放。

氰化钠、氰化钾等氰化物撒漏，可用硫代硫酸钠溶液浇在污染处，使其生成毒性较低的硫氰酸盐，然后再用热水冲，最后用冷水冲。也可用硫酸亚铁、高锰酸钾、次氯酸钠代替硫代硫酸钠。

7. 有机废液的处理

有机废液的处理方法有焚烧法、溶剂萃取法、吸附法、氧化分解法、水解法及生物化学处理法等。对于易被生物分解的物质，其稀溶液用水稀释后，即可排放。对有机废液中的可燃性物质，用焚烧法处理。对难以燃烧的物质及可燃性物质的低浓度废液，则用溶剂萃取法、吸附法、氧化分解法及生物法处理。如果废液中含有重金属时，要保管好焚烧残渣，以免排放造成新的污染。

（1）焚烧法

焚烧法处理有机废弃液指的就是在高温的条件下对有机物进行深度氧化分解，促使其生成水、CO_2 等对环境无害的产物，然后将这些产物排入大气中，是工业上常用的有机废液处理方法。焚烧有机物要尽量避免因燃烧不完全产生新的污染物。实验室产生的有机废液相对较少，可把它装入铁制或瓷制容器，选择室外安全的地方把它燃烧。点火时，取一长棒，在其一端扎上沾有油类的布，或用木片等，站在上风方向进行点火燃烧，并且，必须监视至烧完为止。对难以燃烧的物质，可把它与可燃性物质混合燃烧，或者把它喷入配备有助燃器的焚烧炉中燃烧。对含水的高浓度有机类废液，此法亦能进行焚烧。对会产生有毒有害气体的废液进行焚烧处理，需要在装有洗涤器的焚烧炉中进行，产生的燃烧废气被洗涤器吸收除去后才能排放。

（2）溶剂萃取法

萃取是利用物质在两种互不相溶（或微溶）的溶剂中溶解度或分配系数的不同，使溶质物质从一种溶剂内转移到另外一种溶剂中的方法。有机废液经过反复多次的萃取，就可以将很大一部分的化合物质提取回收。

（3）吸附法

对一些有机物质含量相对较低的废液处理可用活性炭、硅藻土、矾土、层片状织物、聚丙烯、聚酯片、氨基甲酸乙酯泡沫塑料、稻草屑及锯末之类吸附剂吸附有机物，经充分吸附后，与吸附剂一起焚烧。

（4）氧化分解法

氧化分解法最常采用的工艺过程是先让废弃液经过一系列氧化还原的反应，而使高毒性的污染物质转化成为低毒性的污染物质，然后再通过其他方法将其除去。常用的氧化剂有 H_2O_2、$KMnO_4$、$NaOCl$、$H_2SO_4+HNO_3$、HNO_3+HClO_4、$H_2SO_4+HClO_4$ 及废铬酸混合液等。

（5）水解法

对含有容易发生水解的物质的废液的处理，如有机酸或无机酸的酯类，以及一部分有机磷化合物等，可加入 $NaOH$ 或 $Ca(OH)_2$，在室温或加热下进行水解。水解后，若废液无毒害，把它中和、稀释后，即可排放；如果含有有害物质，则用吸附等适当的方法加以处理。

（6）生物化学处理法

废弃液中生物化学处理法指的是利用微生物的代谢，使废弃液中呈现溶解或胶体状态的有机污染物质转化成为无害的污染物质，从而达到净化目的的方法。

具体的一些有机废液处理方法如下：

① 甲醇、乙醇及醋酸等的废液

由于甲醇、乙醇及醋酸等易被自然界细菌分解，故对含有这类溶剂的稀溶液，经用大量水稀释后，即可排放。对甲醇、乙醇、丙酮及苯等用量较大的溶剂，可通过蒸馏、精馏、萃取等方法将其回收利用。

② 油、动植物性油脂的废液

对于含石油、动植物性油脂的废液，如含苯、己烷、二甲苯、甲苯、煤油、轻油、重油、润滑油、切削油、冷却油、动植物性油脂及液体和固体脂肪酸等的废液，可用焚烧法进行处理；对其难以燃烧的物质及低浓度的废液，则可用溶剂萃取法或吸附法处理；对含机油等物质的废液，含有重金属时，要保管好焚烧残渣。

③ 含 N、S 及卤素类的有机废液

此类废液包含的物质有：吡啶、喹啉、甲基吡啶、氨基酸、酰胺、二甲基甲酰胺、苯胺、二硫化碳、硫醇、烷基硫、硫脲、硫酰胺、噻吩、二甲亚砜、氯仿、四氯化碳、氯乙烯类、氯苯类、酰卤化物和含 N、S、卤素的染料、农药、医药、颜料及其中间体等。对其可燃性物质，用焚烧法处理，但必须采取措施除去由燃烧而产生的有害气体（如 SO_2、HCl、NO_2 等），如在焚烧炉中装有洗涤器。对多氯联苯等物质，会有一部分因难以燃烧而残留，要加以注意，避免直接排出。对难以燃烧的物质及低浓度的废液，用溶剂萃取法、吸附法及水解法进行处理。但对氨基酸等易被微生物分解的物质，经用水稀释后，即可排放。

④ 酚类物质的废液

此类废液包含的物质有苯酚、甲酚、萘酚等。对其浓度大的可燃性物质，可用焚烧法处理，或用乙酸丁酯萃取，再用少量氢氧化钠溶液反萃取，经调节 pH 后进行重蒸馏回收；对浓度低的废液，则用吸附法、溶剂萃取法或氧化分解法处理。如可以加入次氯酸钠或漂白粉，使酚转化成邻苯二酚、邻苯二醌、顺丁烯二酸。

⑤ 苯废液

含苯的废液可以用萃取、吸附富集等方法回收利用，还可以采用焚烧法处理，即将其置于铁器内，在室外空旷地方点燃至完全燃尽为止。

⑥ 有酸、碱、氧化剂、还原剂及无机盐类的有机类废液。

此类废液包括：含有硫酸、盐酸、硝酸等酸类，含有氢氧化钠、碳酸钠、氨等碱类，以及含有过氧化氢、过氧化物等氧化剂与硫化物、联氨等还原剂的有机类废液。首先，按无机类废液的处理方法，先将废液中和。其次，若有机类物质浓度大，用焚烧法处理。若能分离出有机层和水层时，则将有机层焚烧，对水层或其浓度低的废液，则用吸附法、溶剂萃取法或氧化分解法进行处理。对易被微生物分解的物质，用水稀释后，即可排放。

⑦ 重金属等物质的有机废液

可先将其中的有机质分解，再作为无机类废液进行处理。

⑧ 有机磷的废液

此类废液包括：含磷酸、亚磷酸、硫代磷酸及磷酸酯类，磷化氢类以及含磷农药等物质的废液。对其浓度高的废液进行焚烧处理(因含难以燃烧的物质多，故可与可燃性物质混合进行焚烧)；对浓度低的废液，经水解或溶剂萃取后，用吸附法进行处理。

⑨ 含天然及合成高分子化合物的废液

此类废液包括：含有聚乙烯、聚乙烯醇、聚苯乙烯、聚二醇等合成高分子化合物，以及蛋白质、木质素、纤维素、淀粉、橡胶等天然高分子化合物的废液。对其含有可燃性物质的废液，用焚烧法处理；而对难以焚烧的物质及含水的低浓度废液，经浓缩后，将其焚烧；但对蛋白质、淀粉等易被微生物分解的物质，其稀溶液不经处理即可排放。

参考文献

[1] 涂云贵，杜琼.医学实验室认可范例分析及应用 [M].昆明：云南科技出版社，2022.

[2] 董治宝.高校实验室科学技术（第 1 辑）[M].西安：陕西科学技术出版社，2022.

[3] 李时鑫，赵贺春.化学仪器计量检测与实验室管理 [M].延吉：延边大学出版社，2022.

[4] 王华梁，居漪.临床实验室质量管理实践指南 [M].上海：上海科学技术出版社，2022.

[5] 黄靓，圣丹丹.实验室内部审核理论与实务 [M].北京：企业管理出版社，2022.

[6] 汪建红，廖立敏.高等院校化学课实验系列教材精细化学品化学实验 [M].武汉：武汉大学出版社，2022.

[7] 王明存.高分子化学实验 [M].北京：北京航空航天大学出版社，2022.

[8] 鲁登福，朱启军.化学实验室安全与操作规范 [M].武汉：华中科技大学出版社，2021.

[9] 张延荣，李震彪.环境科学与工程实验室安全与操作规范 [M].武汉：华中科技大学出版社，2021.

[10] 王华梁，杨颖华.医学实验室建设与质量管理 [M].上海：上海科学技术出版社，2021.

[11] 施盛江.高校实验室安全准入教育 [M].北京：航空工业出版社，2021.

[12] 葛红卫，王迅.实验室质量管理体系手册 [M].北京：中华医学电子音像出版社，2021.

[13] 张琳.临床实验室管理 [M].武汉：华中科技大学出版社，2020.

[14] 龚道元，赵建宏.临床实验室管理学 [M].武汉：华中科技大学出版社，2020.

[15] 孟敏.实验室安全管理教育指导 [M].咸阳：西北农林科技大学出版社，2020.

[16] 万李.互联网时代实验室安全管理与实践 [M].长春：吉林大学出版社，

2020.

[17] 王磊，樊燕鸽. 化学实验室管理 [M]. 成都：电子科技大学出版社，2020.

[18] 曾晖，李瑞编. 化工实践实验室安全手册 [M]. 广州：中山大学出版社，2020.

[19] 衷友泉，孙立平. 无机化学 [M]. 武汉：华中科学技术大学出版社，2020.

[20] 王志江，曾琦斐. 无机化学 [M]. 广州：世界图书出版广东有限公司，2020.

[21] 任慧，刘洁. 含能材料无机化学基础 [M]. 北京：北京理工大学出版社，2020.

[22] 郑文杰. 无机生物化学 [M]. 广州：暨南大学出版社，2020.

[23] 彭小芹. 无机材料性能学基础 [M]. 重庆：重庆大学出版社，2020.

[24] 林营. 无机材料科学基础 [M]. 西安：西北工业大学出版社，2020.

[25] 贾德昌. 无机聚合物及其复合材料 [M]. 哈尔滨：哈尔滨工业大学出版社，2020.

[26] 赵景联. 环境生物化学 [M]. 北京：机械工业出版社，2020.

[27] 王国清，王绍宁. 无机化学 [M]. 北京：中国医药科技出版社，2019.

[28] 安玉民. 无机化学实验 [M]. 银川：宁夏人民教育出版社，2019.

[29] 王越. 无机化学实验与指导 [M]. 北京：中国医药科技出版社，2019.

[30] 张前前. 无机化学简明教程（第 2 版）[M]. 青岛：中国海洋大学出版社，2019.

[31] 张桂香，崔春. 无机及分析化学实验 [M]. 天津：天津大学出版社，2019.

[32] 杨爱萍，蒋彩云. 实验室组织与管理 [M]. 北京：中国轻工业出版社，2019.

[33] 吴佳学. 临床实验室管理 [M]. 北京：中国医药科技出版社，2019.

[34] 周攀登，孟俐俐. 实验室化学安全基础 [M]. 成都：电子科技大学出版社，2019.

[35] 余上斌，陈晓钎. 医学实验室安全与操作规范 [M]. 武汉：华中科技大学出版社，2019.

[36] 潘璐. 走进科学实验室 [M]. 苏州：苏州大学出版社，2019.

[37] 钟冲. 新形势下高校实验室管理 [M]. 成都：西南交通大学出版社，2019.

[38] 周芸，李小兰. 检测实验室管理手册 [M]. 南宁：广西人民出版社，2018.

[39] 周西林，杨培文. 化学实验室建设基础知识 [M]. 北京：冶金工业出版社，2018.

[40] 李宁，冷雪. 医学实验室管理与大型仪器使用 [M]. 天津：天津科学技术出版社，2018.